Einführung in die Mikrocomputertechnik
8-Bit- und 16-Bit-Systeme

Von Dipl.-Ing. Rainer Scholze
Professor an der
Fachhochschule Ulm

4., überarbeitete und erweiterte Auflage
Mit 190 Bildern, 55 Beispielen
und 32 Tafeln

B. G. Teubner Stuttgart 1993

Prof. Dipl.-Ing. Rainer Scholze

1940 geboren in Warnsdorf/Sudetenland, Abitur 1960
in Gunzenhausen/Mfr. Nach der Wehrpflicht Studium
der Nachrichtentechnik von 1961 bis 1966 an der
Technischen Hochschule München. 1967 Eintritt in
die Firma AEG-Telefunken. Nach eineinhalbjähriger
Tätigkeit in verschiedenen Bereichen der Firma ab
1968 Entwicklungsingenieur im Rechnerbereich
Konstanz, ab 1971 als Leiter eines Labors für die
Planung von Rechner-Zentraleinheiten. Seit 1974
Dozent für Computer- und Mikrocomputertechnik
sowie der Elektrotechnik an der Fachhochschule Ulm.

Die Deutsche Bibliothek - CIP-Einheitsaufnahme

Scholze, Rainer :
Einführung in die Mikrocomputertechnik : 8-Bit und
16-Bit-Systeme / von Rainer Scholze. -
4., überarb. u. erw. Aufl. - Stuttgart : Teubner, 1993
  (Teubner Studienskripten ; 104 : Elektrotechnik, Informatik)
  ISBN 3-519-30104-0
NE: GT

Das Werk einschließlich aller seiner Teile ist urheberrechtlich
geschützt. Jede Verwertung außerhalb der engen Grenzen des
Urheberrechtsgesetzes ist ohne Zustimmung des Verlages
unzulässig und strafbar. Das gilt besonders für Vervielfältigungen, Übersetzungen, Mikroverfilmungen und die Einspeicherung und Verarbeitung in elektronischen Systemen.

© B. G. Teubner Stuttgart 1993

Printed in Germany
Gesamtherstellung: Druckhaus Beltz, Hemsbach/Bergstraße
Umschlaggestaltung M. Koch, Reutlingen

Vorwort zur 4. Auflage

Die vorliegende Einführung in die Mikrocomputertechnik ist aus Vorlesungen und Laborübungen entstanden, die der Verfasser an der Fachhochschule Ulm hält. Eingegangen sind auch Erfahrungen aus der Durchführung zahlreicher Weiterbildungsveranstaltungen für Ingenieure und Techniker aus der Industrie.

Obwohl die Hardware-Struktur und die Programmierung der weit verbreiteten Mikroprozessoren 8085, 8086 und 8088 und ihrer wichtigsten Peripheriebausteine in praxisnaher Form behandelt sind, wurde gleichzeitig großer Wert auf eine allgemein gültige Darstellung der Strukturen und Verfahren in der Mikrocomputertechnik gelegt; die arithmetischen und gerätetechnischen Grundlagen nehmen einen breiten Raum ein.

Das Buch beinhaltet eine Einführung in die 8085- und 8086-Assemblerprogrammierung mit vielen Beispielen und eine Beschreibung der üblichen Programmentwicklungs- und Testhilfsmittel. Großes Gewicht hat der Verfasser auf den Systementwurf und die grundsätzliche Behandlung der Ein-/Ausgabeschnittstellen und -verfahren gelegt. In Entwurfsbeispielen wird ihre Realisierung mit den INTEL-Peripheriebausteinen am 8-Bit- und am 16-Bit-Systembus gezeigt.

Da der recht umfassende Einführungsband zu einem echten "Studentenpreis" ein großes Echo auf dem Markt fand, wurde in die 4. Auflage eine Einführung in die 16-Bit-Mikroprozessorsysteme 8086 und 8088 aufgenommen. Die Kenntnis des 8086-Systems ist eine notwendige Voraussetzung für den Zugang zu den weiterführenden Prozessoren der 80x86-Familie (80286, 80386, 80486) und den Mikrocomputer-Bausteinen 80186/80188. Die beschriebenen Peripherie- und Hilfsbausteine werden bei allen Mitgliedern der Familie eingesetzt.

Die kompakte Darstellung der 8086/8088-Struktur einschließlich der Segmentierung und ihrer Behandlung auf Assemblerebene sowie der Besonderheiten des 16-Bit-Datenbus ist nur durch konsequentes Aufbauen auf den vorhergehenden Abschnitten möglich. Trotzdem findet der Leser mit den entsprechenden Voraussetzungen im Abschnitt 6 eine auf das Wesentliche reduzierte geschlossene Ausarbeitung der 16-Bit-Thematik.

Gedacht ist das Skript hauptsächlich für Studenten der Informatik und elektrotechnischer Fachrichtungen an Fachhochschulen, Berufsakademien und Universitäten, sowie für Ingenieure und Techniker in der beruflichen Praxis. Es soll nicht die Daten- und Handbücher der Hersteller ersetzen, sondern die Voraussetzungen zu deren Gebrauch schaffen. Für das Verständnis des Inhalts ist die Kenntnis der digitalen Schaltungstechnik erforderlich; von Vorteil sind allgemeine EDV- und/oder Programmierkenntnisse.

An dieser Stelle möchte ich Herrn Dipl.-Ing. S. Görges, Konstanz für wertvolle Anregungen danken und das Automatisierungslabor der Fachhochschule Ulm nennen, dessen Personal stets bemüht ist, die gerätetechnischen Voraussetzungen für zeitgemäßes Arbeiten auf dem schnellebigen Gebiet der Mikrocomputertechnik zu schaffen. Herzlichen Dank auch meinem Sohn Florian für die Mitarbeit am Personal Computer.

Dem TEUBNER-Verlag sei für die angenehme Zusammenarbeit gedankt.

Ulm, im September 1992

                                        Rainer Scholze

Inhalt

		Seite
1.	**Grundlagen der Mikrocomputertechnik**	11
1.1	Informationsdarstellung	11
1.1.1	Binäre Darstellung von Information	11
1.1.2	Binäre Zahlendarstellungen	13
1.1.2.1	Dualzahlensystem	13
1.1.2.2	Darstellung negativer Dualzahlen	17
1.1.2.3	Oktalzahlen und Hexadezimalzahlen	20
1.1.2.4	Binär codierte Dezimalzahlen	23
1.1.3	ASCII-Zentralcode	23
1.1.4	Befehle, Adressen, Operanden, Assemblernotation	27
1.2	Struktur und Arbeitsweise von Mikrocomputern	31
1.2.1	Funktionseinheiten des Mikrocomputers	31
1.2.2	Bus-Architektur von Mikrocomputern	34
1.2.3	Hauptspeicher	37
1.2.3.1	Organisation des Hauptspeichers	37
1.2.3.2	Speicherarten und -technologien	39
1.2.3.3	Aufbau und Schnittstelle von Speicherbausteinen	42
1.2.4	Mikroprozessoren	46
1.2.5	Abläufe im Mikroprozessor	50
1.2.5.1	Startvorgang	51
1.2.5.2	Befehlsablauf	51
1.2.5.3	Adressierung	54
1.2.6	Ein-/Ausgabe und Peripheriegeräte	59
1.2.7	Ergänzungseinheiten	64
1.3	Arithmetische und logische Operationen	66
1.3.1	Addition und Subtraktion von Dualzahlen	66
1.3.1.1	Addition vorzeichenloser Festpunktzahlen	66
1.3.1.2	Subtraktion vorzeichenloser Festpunktzahlen	67
1.3.1.3	Addition und Subtraktion von Zweierkomplementzahlen	69
1.3.1.4	Mehrfachlange Addition und Subtraktion	71

			Seite
	1.3.2	Multiplikation und Division von Dualzahlen	72
	1.3.3	Logische Operationen	74
1.4	Programmieren von Mikrocomputern		76
	1.4.1	Problemanalyse und Programmablaufplan	76
	1.4.2	Programmieren in Assemblersprache	80
		1.4.2.1 Maschinencode und Assemblersprache	80
		1.4.2.2 Speicherplan	81
		1.4.2.3 Programmzeilen in Assemblersprache	82
		1.4.2.4 Assembleranweisungen	84
	1.4.3	Programmerstellung mit maschinellem Assembler	87
	1.4.4	Höhere Sprachen und Struktogramme	89

2 Der Mikroprozessor 8085

			90
2.1	Struktur des Mikroprozessors 8085		90
	2.1.1	Register- und Transportstruktur	91
	2.1.2	Maschinenzyklen und Ablaufsteuerung	95
	2.1.3	Systembus und Ablaufsteuerung	100
	2.1.4	Signal-Zeitdiagramm für 8085-Befehle	107
	2.1.5	Serielle Ein-/Ausgabeleitungen des 8085	110
	2.1.6	Stackorganisation	111
2.2	Befehlsliste des Mikroprozessors 8085		113
	2.2.1	Übersichtsliste der 8085-Befehle	113
	2.2.2	8085-Operationscodes in hexadezimaler Verschlüsselung	113
2.3	Beschreibung der 8085-Befehle		114
	2.3.1	Transferbefehle	119
	2.3.2	Arithmetikbefehle	124
	2.3.3	Logikbefehle	130
	2.3.4	Sprungbefehle	137
	2.3.5	Unterprogramm-Aufruf- und Rückkehrbefehle	142
	2.3.6	Sonder- und Steuerbefehle	152
	2.3.7	Zur Verarbeitung von BCD-Zahlen	152
	2.3.8	Zur Unterprogrammorganisation	154
2.4	Programm-Unterbrechungssystem		158
	2.4.1	Programm-Unterbrechung allgemein	158

		Seite
2.4.2	Die Unterbrechungssteuerung des 8085	161
2.4.3	Aufbau von Unterbrechungsprogrammen	167
2.4.4	Unterbrechungssystem mit externen Unterbrechungs-Steuerbausteinen	174

3 Hilfsmittel zur Programm-Entwicklung — 178

3.1 Übersicht — 178

3.2 Programm-Entwicklung in Assemblersprache — 182

3.3 Monitor-Betriebsprogramm — 190

    3.3.1 Monitor-Kommandos — 191

    3.3.2 Aufbau des Monitor-Programms — 195

    3.3.3 Hilfsprogramme des Monitors — 199

3.4 Mikrocomputer-Entwicklungssysteme — 199

    3.4.1 Struktur eines Mikrocomputer-Entwicklungssystems — 200

    3.4.2 Grundbegriffe und Bedienhinweise — 205

    3.4.3 Programmtest mit dem Testemulator — 210

4 Aufbau von 8-Bit-Mikrocomputersystemen — 218

4.1 Mikrocomputer-Konfiguration — 218

    4.1.1 Blockschaltbild für 8085-Mikrocomputersysteme — 219

    4.1.2 Realisierungsformen von Mikrocomputern — 221

4.2 Anschaltung von Funktionseinheiten an den 8085-Systembus — 225

    4.2.1 Isolierte und speicherbezogene Ein-/Ausgabe — 225

    4.2.2 Auswahl der Funktionseinheiten — 227

    4.2.3 Dekodierung der Speicher- und Ein-/Ausgabeadresse — 230

    4.2.4 Anschluß von 8085-Spezialbausteinen — 235

    4.2.5 Die 8080-Standard-Schnittstelle — 239

4.3 Gesamtschaltung eines 8085-Mikrocomputersystems — 242

5 Mikrocomputer-Ein-/Ausgabeorganisation — 249

5.1 Schnittstellen von peripheren Einheiten — 250

    5.1.1 Passive Parallel-Ein-/Ausgabe — 250

		Seite
5.1.2	Parallele Handshake-Schnittstelle	254
5.1.3	Serielle Ein-/Ausgabeschnittstelle	256

5.2 Steuerung der Ein-/Ausgabe durch den Mikrocomputer — 264

- 5.2.1 Polling-Verfahren — 265
- 5.2.2 Interrupt-gesteuerte Ein-/Ausgabe — 270
- 5.2.3 Block-Ein-/Ausgabe im DMA-Betrieb — 274

5.3 Parallel-Ein-/Ausgabebaustein 8255 — 277

- 5.3.1 Struktur des Bausteins 8255 — 277
- 5.3.2 Programmierung des Bausteins 8255 — 280
- 5.3.3 Handshake-Schnittstelle des Bausteins 8255 — 286
- 5.3.4 Anschluß eines Druckers mit CENTRONICS-Schnittstelle — 291

5.4 Serieller Schnittstellen-Baustein 8251A — 295

- 5.4.1 Struktur des Bausteins 8251A — 296
- 5.4.2 Programmierung des 8251A im Asynchronmodus — 299

5.5 Zeitgeber-Baustein 8253 — 301

- 5.5.1 Struktur und Programmierung des 8253 — 301
- 5.5.2 Betriebsarten des Zeitgebers 8253 — 305
- 5.5.3 Einsatz des Bausteins 8253 als programmierbarer Taktgenerator — 308

6 Die Mikroprozessoren 8086 und 8088 — 312

6.1 Struktur der Mikroprozessoren 8086 und 8088 — 314

- 6.1.1 Funktionseinheiten der Mikroprozessoren 8086 und 8088 — 314
- 6.1.2 Blockschaltbild und Programmiermodell — 316

6.2 Segmentierung des Hauptspeichers — 321

- 6.2.1 Segmente und Segmentregister — 322
- 6.2.2 Speicherzugriff und Segmentregisterauswahl — 325

6.3 Befehle, Adressierung und Operanden im 8086/8088 — 328

- 6.3.1 8086/8088-Befehlsformat — 329
- 6.3.2 Bildung der Effektiven Adresse, Adressierungsarten — 331
- 6.3.3 Operanden im 8086/8088-System — 334
- 6.3.4 8086/8088-Befehlsliste — 337

			Seite
6.4	8086-Assemblersprache		340
	6.4.1	Segmentierung im Assembler	341
	6.4.2	8086/8088-Assembler-Programmentwicklung	348
	6.4.3	Zu Sprüngen und Prozedurorganisation	349
6.5	Aufbau von 16-Bit-Mikrocomputersystemen		351
	6.5.1	Systembus und Systemmodi	351
	6.5.2	Hauptspeicher am 16-Bit-Bus	353
	6.5.3	Ein-/Ausgabe am 16-Bit-Bus	355
	6.5.4	8086/8088-Interrupt-Organisation	358

Literaturverzeichnis — 360

Sachverzeichnis — 364

Chip Select : Freigabesignal, Auswahlsignal (bei I/O-Steuerung)
Flags : Bedingungskennzeichen (kennzeichnen Ergebnisse von ALU-Operationen → S. 48)
Latch : Zwischenspeicher
Carry flag : Übertragskennzeichenbit
low active : gewünschte Funktion wird bei "low" ausgelöst
H-Zustand : kann nur durch Reset- oder Interruptsignal befreit werden
memory mapped I/O : speicherbezogene Ein-/Ausgabeverfahren
polling : wiederholtes Abfragen
DMA : Direct memory access

1 Grundlagen der Mikrocomputertechnik

Mit der Erfindung des Mikrocomputers wurde Computerleistung mit rasch zunehmendem Leistungsumfang auf Chip-Ebene verfügbar. <u>Mikrocomputer sind Rechner auf kleinstem Raum;</u> sie haben den gleichen logischen Aufbau, die gleiche interne Arbeitsweise wie ihre großen Brüder und nutzen dieselben mathematischen Verfahren.

In diesem Abschnitt sollen die Grundlagen der Informationsverarbeitung soweit dargestellt werden, wie dies für das Verständnis der im folgenden behandelten 8-Bit- und 16-Bit-Mikrocomputersysteme erforderlich ist. Die Gleitpunktarithmetik wird weggelassen, da sie überwiegend auf Hochsprachenebene zu finden ist.

1.1 Informationsdarstellung

Bevor auf die Verarbeitung der Information und die dafür erforderlichen gerätetechnischen Einrichtungen des Mikrocomputers eingegangen wird, ist die Darstellung der Information zu klären. Die angegebenen Beispiele beziehen sich hierbei schwerpunktmäßig auf den Mikroprozessor 8085. Ausführlich wird die Informationsdarstellung in Computern und Mikrocomputern behandelt in |1| |2| |3|.

1.1.1 Binäre Darstellung von Information

Mikrocomputer sind <u>digital</u> arbeitende Geräte, die ihre Information (Daten) in <u>binären</u>, d.h. zwei Zustände fähigen Elementen speichern und binäre Signale verarbeiten. Entsprechend ist die gesamte Information im Mikrocomputer aus binären Zustandsgrößen oder Binärstellen zusammenzusetzen. Eine binäre Zustandsgröße kann nach |4| die <u>Binärzeichen 0 und 1</u> annehmen. <u>Bit ist nach DIN 44300 |4| die Kurzform für Binärzeichen.</u> <u>Sprechweise</u>: Das Bit ist 0, oder: das Bit ist 1. Mit den Binärzeichen 0 und 1 lassen sich zweiwertige technische Zustände beschreiben (Tafel 1).

Tafel 1 Zuordnung der Binärzeichen zu technischen Zuständen

Binärzeichen	Schalter	Spannung	Flipflop	Strom
0	AUS	LOW	rückgesetzt	0 mA
1	EIN	HIGH	gesetzt	20 mA

Will man die Schaltzustände von 8 Schaltern darstellen, so
benötigt man 8 Binärzeichenstellen (Bitstellen), die zu einem
logischen Binärwort zusammengefaßt werden können. Ein 8-Bit
langes Binärwort wird als Byte bezeichnet. Es ist üblich, die
Bitstellen eines Binärworts rechts mit Stellen-Nr. 0 beginnend
durchzunumerieren (Bild 1). Legt man die in Tafel 1 getroffene
Zuordnung zugrunde, so ist gemäß Bild 1 im 8-Bit Wort
der Schalter 3 in EIN-Stellung, der Schalter 4 in AUS-Stellung
usw.

```
                    7 6 5 4 3 2 1 0  ← Bitstellen-Nr.
8-Bit Wort:        |0|1|1|0|1|0|1|0|  ≙ Schalter-Nr.

16-Bit Wort:
15 14 13 12 11 10 9 8 7 6 5 4 3 2 1 0  ← Bitstellen-Nr.
|1|0|1|1|0|0|0|1|1|1|1|0|0|0|0|1|
```

Bild 1 8-Bit- und 16-Bit Binärwort

Im Mikrocomputer werden Binärwörter fester Länge verarbeitet.
Die einmal festgelegte Wortlänge bestimmt im wesentlichen die
Leistungsklasse eines Mikrocomputersystems. Üblich sind Wortlängen
von 4 Bit, 8 Bit, 16 Bit und 32 Bit. Beim Mikrocomputersystem
8085 beträgt die Wortlänge 8 Bit (1 Byte). Daneben
können im 8085 auch 16-Bit Worte, die sich aus 2 Bytes zusammensetzen,
als Einheit angesprochen und verarbeitet werden
(Bild 1).

Ein Binärwort ist zunächst nur eine Kombination von Binärzeichen
(Bitkombination bestimmter Länge), die im Mikrocomputer
vom jeweiligen Verarbeitungszustand abhängig:

* als <u>logisches Wort</u> eine Anzahl von Binärzuständen, z.B. Schalterstellungen, repräsentiert
* eine <u>Zahl</u> in einem vereinbarten Zahlensystem darstellt (s. Abschn. 1.1.2)
* als <u>Zeichen</u> eines zur Textverarbeitung vereinbarten Zeichencodes behandelt wird (s. Abschn. 1.1.3)
* als <u>Maschinenbefehl</u> interpretiert und ausgeführt wird (s. Abschn. 1.1.4).

1.1.2 Binäre Zahlendarstellung

Das Dezimalsystem mit den Ziffern $0,1,2,3..9$ hat als Basis des Zahlensystems die kleinste, gerade nicht mehr in einer Ziffer darstellbare Zahl 10. Das Dezimalsystem ist ein polyadisches Zahlensystem. Die Ziffernfolge $x_3 x_2 x_1 x_0$ (Stellenschreibweise) hat den aus der Potenzschreibweise ersichtlichen dezimalen Wert $x_3 \cdot 10^3 + x_2 \cdot 10^2 + x_1 \cdot 10^1 + x_0 \cdot 10^0$.

Ordnet man den Binärzeichen 0 und 1 (Abschn. 1.1.1) die Zahlenwerte 0 und 1 zu, so erhält man die <u>Binärziffern 0 und 1</u>. Zahlendarstellungen, die mit einem Ziffernvorrat von zwei Ziffern auskommen, sind binäre Zahlensysteme.

1.1.2.1 Dualzahlensystem.
Wendet man das Bildungsgesetz für polyadische Zahlensysteme auf den Ziffernvorrat 0 und 1 an, so erhält man das Dualzahlensystem mit der Basis 2. Eine Folge von Binärziffern bzw. Dualziffern $x_3 x_2 x_1 x_0$ (Stellenschreibweise) hat im Dualsystem den dezimalen Wert $x_3 \cdot 2^3 + x_2 \cdot 2^2 + x_1 \cdot 2^1 + x_0 \cdot 2^0$ (Potenzschreibweise). Dabei werden die Ziffernstellen mit steigenden Potenzen zur Basis 2 gewichtet. Bei ganzen Zahlen stellt man sich das Komma rechts von der Stelle mit dem Gewicht 2^0 vor: $x_3 x_2 x_1 x_0,$. In der Potenzschreibweise

<u>Beispiel 1</u>: Dual-Dezimal-Umwandlung. Die (vorzeichenlose) Dualzahl $a = 1101_2$ ist in eine Dezimalzahl umzuwandeln.

$$a = 1101_2 = 1 \cdot 2^3 + 1 \cdot 2^2 + 0 \cdot 2^1 + 1 \cdot 2^0 = 1 \cdot 8 + 1 \cdot 4 + 0 \cdot 2 + 1 \cdot 1$$
$$= 8 + 4 + 0 + 1 = 13_{10};$$

ist schon die Vorschrift für die Umwandlung ganzer Dualzahlen in Dezimalzahlen (Beispiel 1) enthalten.

Beim Arbeiten mit verschiedenen Zahlensystemen empfiehlt es sich, die jeweils zugrundeliegende Zahlenbasis als tiefgestellten Index an die Zahl anzuhängen (vgl. Beispiel 1).

Bei der Umwandlung von Dezimalzahlen in Dualzahlen prüft man, welche Potenzen zur Basis des Zielsystems - hier Basis 2 - in der gegebenen Dezimalzahl enthalten sind. Man beginnt mit der höchsten enthaltenen Zweierpotenz, subtrahiert deren Wert von der Dezimalzahl, wiederholt dasselbe mit dem verbleibenden Rest usw. (Beispiel 2).

Beispiel 2: Dezimal-Dual-Umwandlung (Subtraktionsmethode).
Die Dezimalzahl $a = 165_{10}$ ist in die entsprechende Dualzahl umzuwandeln.

$165 - 128 = 37;$ $37 - 32 = 5;$ $5 - 4 = 1;$ $1 - 1 = 0;$
$\quad\quad 2^7 \quad\quad\quad\quad 2^5 \quad\quad\quad\quad 2^2 \quad\quad\quad 2^0$

Dualzahl $a = 1 0 1 0 0 1 0 1_2;$

Das beschriebene Verfahren eignet sich zur Umwandlung von Dezimalzahlen in Zahlensysteme mit beliebiger Basis. Dasselbe gilt für die Divisionsmethode (Beispiel 3). Die Zahl des Zielsystems (hier Dualzahl) entsteht durch die Notierung der Reste

Beispiel 3: Dezimal-Dual-Umwandlung (Divisionsmethode). Die Zahl $a = 366_{10}$ ist in die duale Darstellung zu bringen.

Basis		Quotient	Rest
366 : 2	=	183	0
183 : 2	=	91	1
91 : 2	=	45	1
45 : 2	=	22	1
22 : 2	=	11	0
11 : 2	=	5	1
5 : 2	=	2	1
2 : 2	=	1	0
1 : 2	=	0	1 → MSB ... LSB

Dualzahl $a = \boxed{1\ 0\ 1\ 1\ 0\ 1\ 1\ 1\ 0} \cdot 2^0$

bei fortlaufender Division der Dezimalzahl bzw. der entstehenden Quotienten durch die Basis des Zielsystems (hier 2). Bei dieser Methode wird zuerst das am weitesten rechts stehende least significant bit (LSB) und zuletzt das höchstwertige linksstehende most significant bit (MSB) ermittelt. Zur Darstellung der dreistelligen Dezimalzahl benötigt man eine neunstellige Dualzahl. Allgemein gilt, daß eine Dualzahl etwa 3,3-mal mehr Stellen hat als die entsprechende Dezimalzahl.

Da die Binärziffern der Dualzahl in den binären Elementen des Mikrocomputers einfach abbildbar und Rechenoperationen mit binären Ziffern technisch einfach realisierbar sind |5|, werden Zahlwerte im Computer fast durchweg als Dualzahlen dargestellt. In einem 8-Bit langen Register eines Mikrocomputers kann eine 8-stellige Dualzahl, in einem doppeltlangen Register (Registerpaar) eine 16-stellige Dualzahl gespeichert werden. In Bild 2 sind die Wertebereiche der zwei Zahlenformate für vorzeichenlose, ganze (Festpunkt-) Zahlen angegeben.

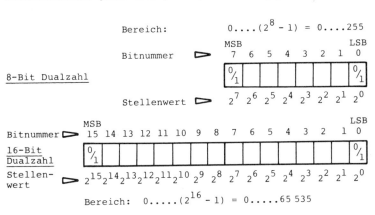

Bild 2   Darstellung und Zahlenbereich von ganzen vorzeichenlosen Dualzahlen

Entsprechend den gebrochenen Dezimalzahlen sind auch die <u>gebrochenen Dualzahlen</u> definiert:
$a = 0,x_{-1}\,x_{-2}\,x_{-3}\,.. = x_{-1} \cdot 2^{-1} + x_{-2} \cdot 2^{-2} + x_{-3} \cdot 2^{-3}\,..;$

Die Umwandlung gebrochener Dualzahlen in gebrochene Dezimalzahlen und umgekehrt sei an Hand der Beispiele 4 und 5 erläutert.

Beispiel 4: Dual-Dezimal-Umwandlung von Brüchen.

$a = 0{,}1101_2 = 1 \cdot 2^{-1} + 1 \cdot 2^{-2} + 0 \cdot 2^{-3} + 1 \cdot 2^{-4} =$
$= 1 \cdot 0{,}5 + 1 \cdot 0{,}25 + 0 \cdot 0{,}125 + 1 \cdot 0{,}0625 = 0{,}8125_{10};$

Die Umwandlung in Beispiel 4 ergibt sich direkt aus der Potenzschreibweise der gebrochenen Dualzahl. Zur Umwandlung von Dezimalbrüchen in Dualbrüche wird die Multiplikationsmethode angewendet (Beispiel 5). Dabei multipliziert man den Dezimalbruch mit der Basis 2 des Zielsystems, wobei die sich ergebende Stelle vor dem Komma die höchstwertige Ziffer des Dualbruchs ist; der gebrochene Rest des Ergebnisses wird erneut mit 2 multipliziert usw.

Beispiel 5: Dezimal-Dual-Umwandlung von Brüchen (Multiplikationsmethode).

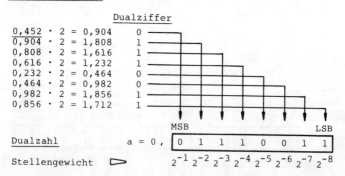

Der Dualbruch a (Beispiel 5) kann in einem Register mit 8 Binärstellen gespeichert werden, indem man sich das Komma links vor dem Register vorstellt. Die Umwandlung "geht nicht auf". Wandelt man die erhaltene Dualzahl $a = 0{,}01110011$ entsprechend Beispiel 4 in einen Dezimalbruch zurück, so erhält man $a^* = 0{,}4492187_{10}$. Die Abweichung von der Ausgangszahl $a = 0{,}452_{10}$

ergibt sich, weil die Umwandlung in Beispiel 5 nach 8 Dualstellen abgebrochen wurde.

Bei Zahlen mit ganzem und gebrochenem Anteil wird gemäß den besprochenen Verfahren jeder Teil für sich umgewandelt und anschließend die vollständige Zahl wieder zusammengesetzt.

1.1.2.2 Darstellung negativer Dualzahlen.

Zur Unterscheidung von positiven und negativen Dualzahlen müssen - wie im Dezimalsystem üblich - die Vorzeichen + und - eingeführt werden.

In der Vorzeichen-Betragsdarstellung wird der Betragszahl im Dualsystem eine Vorzeichenstelle VZ hinzugefügt, für die festgelegt ist:
0 entspricht +,
1 entspricht -.
Eine 8-Bit lange Dualzahl nach Bild 3 hat den Wertebereich - 127....0.... + 127.

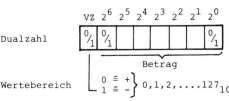

Bild 3 Vorzeichen-Betragsdarstellung

Für die computerinterne Darstellung und Verarbeitung von Zahlen ist die Vorzeichen-Betragsdarstellung ungeeignet, da Vorzeichenstelle und Ziffernstellen gesondert behandelt werden müssen. Die Darstellung negativer Zahlen als Komplemente der positiven Zahlen gestattet dagegen eine einheitliche Behandlung von Vorzeichen- und Ziffernstellen im Rechenwerk des Mikrocomputers und ermöglicht außerdem eine einfache Rückführung der Subtraktion auf die Addition komplementärer Zahlen.

Bei den Dualzahlen unterscheidet man Einerkomplement und Zweierkomplement. Das Einerkomplement $\bar{a}$ der Dualzahl a ist die Ergänzung der Zahl a zur größten darstellbaren Zahl des Zahlenbereichs. Für eine n-stellige Dualzahl gilt $\bar{a} = (2^n - 1) - a$. Schematisch entsteht das Einerkomplement im Dualsystem durch bitweise Invertierung der Dualzahl (Beispiel 6).

Das <u>Zweierkomplement</u> $\bar{a}_2$ der Dualzahl a ist deren Ergänzung zur nächsthöheren Zweierpotenz 2^n, also zur kleinsten im Zahlenbereich gerade nicht mehr darstellbaren Zahl. Für eine n-stellige Dualzahl ist das Zweierkomplement $\bar{a}_2 = 2^n - a$. Schematisch bildet man das Zweierkomplement durch bitweises Invertieren der Dualzahl a (Einerkomplement) und anschließende Addition einer 1 (Beispiel 6).

<u>Beispiel 6:</u> Bildung des Zweierkomplements. In einem 4-stelligen Dualzahlensystem ist das Zweierkomplement zu a = 5_{10} zu bilden.

a) durch Subtraktion   b) schematisch

$$\text{Hilfsgröße } 2^n = 10000_2 = 16_{10} \qquad a = 5_{10} = \boxed{0101}_2$$

$$2^n = 16_{10} = 1\,\boxed{0000}_2 \qquad \bar{a} = 10_{10} = \boxed{1010}_2 \quad \text{Einer-}$$
$$-\,a = -\,5_{10} = -\,\boxed{0101}_2 \qquad +\,1 = +\,1 \quad = +\,0001_2 \quad \text{komplement}$$

$$\bar{a}_2 = 11_{10} = 0\,\boxed{1011}_2 \qquad \bar{a}_2 = 11_{10} = \boxed{1011}_2 \quad \text{Zweier-komplement}$$

In einem 4-stelligen Dualsystem nach Beispiel 6 ist die nächsthöhere Zweierpotenz $2^4 = 16$ (Hilfsgrösse); das Zweierkomplement zu a = 5_{10} ist $\bar{a}_2 = 1011_2 = 11_{10}$. Bildet man entsprechend das Zweierkomplement für a = 5_{10} in einem 8-stelligen Dualsystem, so erhält man $\bar{a}_2 = 11111011_2 = 251_{10}$.

Die Komplementierung eines Zahlenkomplements führt wieder auf die Ausgangszahl zurück, wie leicht nachzuweisen ist:

$$\overline{(\bar{a}_2)}_2 = \overline{(2^n - a)}_2 = 2^n - (2^n - a) = a \,;$$

Trägt man die in 4 Binärstellen darstellbaren Dualzahlen 0000_2 bis 1111_2 in einen Zahlenring (Bild 4) ein, so kann man die Dualzahlen 0000 bis 0111 mit MSB = 0 als <u>positive Zahlen 0 bis +7</u> und die Dualzahlen 1000 bis 1111 mit MSB = 1 als <u>negative Zahlen -1 bis -8</u> auffassen. Es läßt sich leicht zeigen, daß bei der Zuordnung gemäß Bild 4 die negativen Zahlen die Zweierkomplemente der entsprechenden positiven Zahlen sind. Man vergleiche z.B. das Zweierkomplement der Zahl 5 (Beispiel 6) mit der -5 des Zahlenrings.

Auch in der Zweierkomplementdarstellung hat das höchstwertige Bit die Funktion einer Vorzeichenstelle. Bei positiven Zahlen (MSB = 0) steht rechts der Betrag der Zahl, bei negativen Zahlen (MSB = 1) das Komplement des Betrags. Das Vorzeichen ist in der Zweierkomplementdarstellung

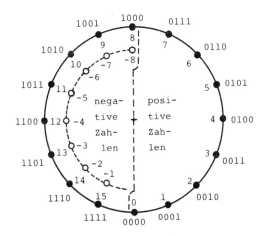

Bild 4   Zahlenring für die Zweierkomplementdarstellung (4 Bit)

- im Gegensatz zur Vorzeichen-Betragsdarstellung - jedoch Bestandteil der Zahl und wird genauso behandelt wie die Ziffernstellen. Beim Übergang von einer positiven zur entsprechenden negativen Zahl und umgekehrt wird die Vorzeichenstelle einfach mit in die Komplementbildung einbezogen (vgl. Beispiel 6).

Die schematische Komplementbildung ist in einem Rechenwerk einfach auszuführen. In Mikrocomputern wird zur Darstellung negativer Zahlen fast durchweg das Zweierkomplement verwendet; das Einerkomplement spielt eine untergeordnete Rolle.

Aus dem Zahlenring (Bild 4) ergibt sich der Zahlenbereich allgemein für n-stellige Dualzahlen in Zweierkomplementdarstellung

$$Z = -2^{n-1} \ldots \ldots 0 \ldots \ldots +(2^{n-1} - 1);$$

Für 8-Bit- und 16-Bit-Dualzahlen in Zweierkomplementdarstellung erhält man die in Bild 5 angegebenen Zahlenbereiche.

Nach der Vorzeichenregelung (Bild 4) ist die Zahl 0 eine positive Zahl. Der Betrag einer negativen Zahl im Zahlenbereich ist gleich dem Betrag der positiven Zahl nach der (Rück-)Kom-

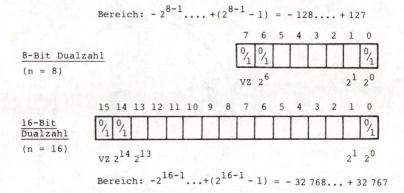

Bild 5 Bereich von ganzen Dualzahlen in Zweierkomplementdarstellung

plementierung (s. Beispiel 7). Der Betrag einer im Zweierkomplement vorliegenden negativen Dualzahl läßt sich auch einfach nach folgender Regel ermitteln: Man zählt die <u>Nullen als signifikante Ziffern</u>, multipliziert sie mit ihrem Stellenwert, addiert die so erhaltenen Teilprodukte und zusätzlich eine Eins (Beispiel 7).

<u>Beispiel 7</u>: Bildung des Zweierkomplements im 8-Bit-Dualsystem.
Es ist der dezimale Wert der Zweierkomplementzahl 10010110 zu ermitteln!
$a = 10010110 = -(1 \cdot 2^6 + 1 \cdot 2^5 + 1 \cdot 2^3 + 1 \cdot 2^0 + 1) = -106_{10}$;

Wie lautet die Dualzahl mit dem dezimalen Wert + 106 ?

$a = 10010110 = -106_{10}$; Betrag = 150
Einerkomplement $\bar{a} = 01101001 = +105_{10}$; Ergänzung zu 255
Zweierkomplement $\bar{a}_2 = 01101010 = +106_{10}$; Ergänzung zu 256

1.1.2.3 <u>Oktalzahlen und Hexadezimalzahlen.</u>

Neben dem Dualsystem sind in der Datenverarbeitung das Oktal- und das Hexadezimalsystem bekannt. Sie werden weniger zum Rechnen als vielmehr zur kompakten Darstellung von Binärworten unterschiedlicher Bedeutung (u.a. Dualzahlen) verwendet.

Faßt man 3 Bitstellen eines Binärwortes zu einer Gruppe zusammen und ordnet man den möglichen Binärkombinationen 000 bis 111 die Oktalziffern 0,1,2..7 zu, so erhält man das Oktalsystem zur Basis 8_{10} (Tafel 2).

In der Mikrocomputertechnik weiter verbreitet als das Oktalsystem ist das Hexadezimalsystem (auch Sedezimalsystem) zur Basis 16_{10}. Dabei faßt man 4 Bitstellen zu einer Gruppe (Tetrade) zusammen und weist den 16 möglichen Binärkombinationen 0000 bis 1111 die Hexadezimalziffern 0,1,2,....9,A,B,..F zu.

Tafel 2 Binäre Verschlüsselung von Oktal-, Dezimal- und Hexadezimalzahlen

Binärcode $2^4 2^3 2^2 2^1 2^0$	oktal $8^1 8^0$	dezimal $10^1 10^0$	hexadezimal $16^1 16^0$
0 0 0 0 0	0	0	0
0 0 0 0 1	1	1	1
0 0 0 1 0	2	2	2
0 0 0 1 1	3	3	3
0 0 1 0 0	4 (Oktalcode)	4	4
0 0 1 0 1	5	5 (BCD-Code)	5
0 0 1 1 0	6	6	6
0 0 1 1 1	7	7	7
0 1 0 0 0	1 0	8	8
0 1 0 0 1	1 1	9	9
0 1 0 1 0	1 2	1 0	A
0 1 0 1 1	1 3	1 1	B
0 1 1 0 0	1 4	1 2 (Pseudotetraden)	C (Hexadezimalcode)
0 1 1 0 1	1 5	1 3	D
0 1 1 1 0	1 6	1 4	E
0 1 1 1 1	1 7	1 5	F
1 0 0 0 0	2 0	1 6	1 0
1 0 0 0 1	2 1	1 7	1 1
1 0 0 1 0	2 2	1 8	1 2
1 0 0 1 1	2 3	1 9	1 3
1 0 1 0 0	2 4	2 0	1 4

In Tafel 2 sind die Dezimalstellen 0 bis 20 in verschiedenen Zahlensystemen angegeben.

Ein Binärwort wird in das Oktalsystem gewandelt, indem man von rechts beginnend Dreiergruppen bildet und für jede Dreiergruppe die in Tafel 2 angegebene Oktalziffer hinschreibt. Falls notwendig, ist das Binärwort nach links mit Nullen zu einer vollen Dreiergruppe zu ergänzen (Beispiel 8). Die so gewonnene Oktalzahl wird zur Kennzeichnung noch mit einem tiefgestellten Index 8 versehen. Bei der Rückumwandlung sind die Oktalziffern durch ihre binäre Verschlüsselung nach Tafel 2 zu ersetzen.

Beispiel 8: Darstellung von Binärworten im Oktal- und Hexadezimalsystem.

16-Bit Binärwort   0110101000111110

Darstellung
im Oktalcode $\underbrace{000}_{\emptyset}\underbrace{110}_{6}\underbrace{101}_{5}\underbrace{000}_{\emptyset}\underbrace{111}_{7}\underbrace{110}_{6}$ B $_8$ = $\emptyset 65\emptyset 76\underline{O}$

    ⌐ Ergänzung

Darstellung
im Hexadezimalcode $\underbrace{0110}_{6}\underbrace{1010}_{A}\underbrace{0011}_{3}\underbrace{1110}_{E}$ B $_{16}$ = 6A3E$\underline{H}$

Ganz entsprechend erfolgt die Umwandlung zwischen Binärworten und Hexadezimalzahlen. Statt Dreiergruppen faßt man hier Vierergruppen zusammen und kennzeichnet die Hexadezimalzahl mit einem tiefgestellten Index 16 (Beispiel 8).

In der maschinellen Datenverarbeitung bereitet der Umgang mit tiefgestellten Indizes Schwierigkeiten. Zur Kennzeichnung der geltenden Zahlenbasis hängt man deshalb einen Buchstaben an die Zahl an, und zwar ein O für Oktal, ein H für Hexadezimal, ein B für Binär und ein D für Dezimal. Zur Unterscheidung der Ziffer 0 vom Buchstaben O wird die Ziffer 0 üblicherweise mit einem Schrägstrich / versehen dargestellt: $\emptyset$ (s. Beispiel 8).

Bei Mikrocomputern geschieht die Ein-/Ausgabe von Programmen und Daten auf maschinennaher Ebene vielfach im Hexadezimalsystem. Ein 8-Bit langes Binärwort im Speicher, z.B. 111$\emptyset$1$\emptyset\emptyset$1,

wird auf dem Bildschirm hexadezimal ausgegeben als E9, eine
16-Bit-lange Adresse kann in Form von 4 Hexadezimalziffern
über die Tastatur eingegeben werden.

1.1.2.4 Binär codierte Dezimalzahlen.

Da viele Mikrocomputer
eine einfache Dezimalarithmetik durch Befehle unterstützen,
soll kurz auf das BCD-Zahlensystem (d.h. binary coded decimal)
eingegangen werden. Mit dem in Tafel 2 enthaltenen (natürlichen BCD-Code werden die Dezimalziffern Ø bis 9 einzeln binär
verschlüsselt. Zur Unterscheidung von anderen bekannten Zifferncodes (Aiken-Code, Gray-Code) wird der BCD-Code auch als
Dualcode oder 8-4-2-1-Code bezeichnet.

Bei der Darstellung einer BCD-codierten Dezimalzahl im Rechner
bleibt die Struktur der Dezimalzahl erhalten; z.b. wird die
Dezimalzahl 1984 intern als Folge von 4 BCD-Ziffern gespeichert: 1984 = 0001 1001 1000 0100. Nach der Potenzschreibweise
ergibt sich der Wert der BCD-Zahl wie erwartet:

$$(0001)_2 \cdot 10_{10}^3 + (1001)_2 \cdot 10_{10}^2 + (1000)_2 \cdot 10_{10}^1 + (0100)_2 \cdot 10_{10}^0 = 1984 ;$$

Da in einer Tetrade 16 verschiedene Binärkombinationen 0000
bis 1111 existieren und durch die Dezimalziffern nur die ersten 10 Kombinationen belegt sind, bleiben 6 Kombinationen ungenutzt, die man Pseudotetraden nennt (Tafel 2).

Bei der Verarbeitung von BCD-Zahlen sind durch die Existenz
der Pseudotetraden Dezimalkorrekturen erforderlich, die bei
der Beschreibung der 8085-Befehle noch erläutert werden.

1.1.3 ASCII-Zentralcode

In Computern wie in Mikrocomputern will man in der Regel
nicht nur Zahlen, sondern auch Text ein-/ausgeben und verarbeiten. Deswegen sind neben den Dezimalziffern Ø bis 9 auch
die Buchstaben des Alphabets (groß und wahlweise klein) und
Sonderzeichen binär zu verschlüsseln. Neben diesem darstellbaren alphanumerischen Zeichenvorrat (Ziffern, Buchstaben, Sonderzeichen) müssen im Zentralcode eines Computers bzw. Mikro-

computers noch <u>Steuerzeichen</u> für die Steuerung des Datenaustauschs und der angeschlossenen Peripheriegeräte definiert sein. Anders als die darzustellenden Schriftzeichen werden die Steuerzeichen von den peripheren Geräten interpretiert und ausgeführt. Beispielsweise bewirkt das Steuerzeichen CR (engl. <u>c</u>arriage <u>r</u>eturn) einen Wagenrücklauf bei druckenden Geräten bzw. das Rückstellen des Cursors (= Lichtmarke) an den Zeilenanfang bei Bildschirmen.

In der Mikrocomputertechnik wird ausschließlich der aus dem amerikanischen Fernschreibcode hervorgegangene <u>7-Bit-ASCII-Code</u> (Tafel 3) als Zentralcode zugrundegelegt. <u>ASCII</u> ist die Abkürzung für <u>A</u>merican <u>S</u>tandard <u>C</u>ode for <u>I</u>nformation <u>I</u>nterchange. Der ASCII-Code wurde als Norm von dem internationalen Normengremium <u>ISO</u> (<u>I</u>nternational <u>S</u>tandardization <u>O</u>rganization) als ISO-7-Bit Code, vom <u>CCITT</u>-Komitee (<u>C</u>omité <u>C</u>onsultatif <u>I</u>nternational <u>T</u>élégraphique et <u>T</u>éléphonique) als CCITT-Nr. 5 und vom Deutschen Normenausschuß (DNA) in der DIN-Vorschrift 66003 als Norm übernommen |6|.

Mit der 7-Bit langen Binärkombination $b_7...b_1$ laut Codetabelle sind 128 Zeichen verschlüsselbar. Die niederwertige Tetrade $b_4b_3b_2b_1$ (Ziffernteil) wählt eine von 16 Zeilen in der Zeichenmatrix aus, die höherwertigen 3 Bitstellen $b_7b_6b_5$ (Zonenteil) wählen eine von 8 Spalten aus und fixieren somit ein Zeichen in der Matrix.

<u>Im Mikrocomputer wird ein 7-Bit-ASCII-Zeichen rechtsbündig in einem 8-Bit-Register oder einer 8-Bit-Speicherzelle gespeichert. Die freibleibende Bitstelle in der höherwertigen Tetrade wird entweder fest mit Ø oder zur Datensicherung mit einem Paritätsbit (engl. parity bit) belegt</u> (Bild 6).

Bei geradzahliger Parität (engl. even parity) wird die Anzahl der Einsen im ASCII-Zeichen durch ein hinzugefügtes Paritätsbit zu einer insgesamt <u>geraden Anzahl</u> von Einsen ergänzt (s. Beispiel 9). Das Paritätsbit wird vom Sender zu jedem Informationswort erzeugt und hinzugefügt, vom Empfänger geprüft und gegebenenfalls entfernt. Stimmt im Empfänger die vereinbarte Parität nicht, so ist die Information während der Übertragung

Tafel 3 ASCII-Codetabelle nach DIN 66003 |6|
         Internationale Referenzversion

b_7	b_6	b_5	b_4	b_3	b_2	b_1	$b_7 \rightarrow$	0	0	0	0	1	1	1	1
							$b_6 \rightarrow$	0	0	1	1	0	0	1	1
							$b_5 \rightarrow$	0	1	0	1	0	1	0	1
							Spalte hex / hex Zeile	0	1	2	3	4	5	6	7
			0	0	0	0	0	NUL	DLE	SP	0	@*	P	`	p
			0	0	0	1	1	SOH	DC1	!	1	A	Q	a	q
			0	0	1	0	2	STX	DC2	"	2	B	R	b	r
			0	0	1	1	3	ETX	DC3	#	3	C	S	c	s
			0	1	0	0	4	EOT	DC4	¤*	4	D	T	d	t
			0	1	0	1	5	ENQ	NAK	%	5	E	U	e	u
			0	1	1	0	6	ACK	SYN	&	6	F	V	f	v
			0	1	1	1	7	BEL	ETB	'	7	G	W	g	w
			1	0	0	0	8	BS	CAN	(	8	H	X	h	x
			1	0	0	1	9	HT	EM	)	9	I	Y	i	y
			1	0	1	0	A	LF	SUB	*	:	J	Z	j	z
			1	0	1	1	B	VT	ESC	+	;	K	[*	k	{*
			1	1	0	0	C	FF	FS	,	<	L	*	l	|*
			1	1	0	1	D	CR	GS	-	=	M	]*	m	}*
			1	1	1	0	E	SO	RS	.	>	N	^	n	~*
			1	1	1	1	F	SI	US	/	?	O	_	o	DEL

Für die deutsche Referenzversion sind in der Tabelle die mit
* markierten Zeichen wie folgt zu ersetzen:

    [durch Ä   und   { durch ä   und   ¤ durch $
    \ durch Ö | durch ö   @ durch §
    ] durch Ü   } durch ü   _ durch ß

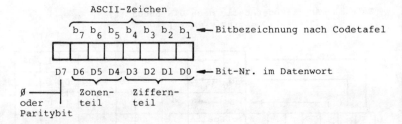

Bild 6 ASCII-Zeichen im Byte

verfälscht worden. Beispiel 9 zeigt einen Text im ASCII-Code ohne und mit Paritätsbit. Neben der geradzahligen ist auch die ungeradzahlige Parität (engl. odd parity) üblich.

Beispiel 9: Textdarstellung im ASCII-Code. "79ØØ ULM"

Text	ASCII-Verschlüsselung			
	ohne Paritybit		mit Paritybit (even parity)	
	0 binär	hex	binär	hex
7	0011 0111	37	1011 0111	B7
9	0011 1001	39	0011 1001	39
Ø	0011 0000	30	0011 0000	30
Ø	0011 0000	30	0011 0000	30
(SP)	0010 0000	20	1010 0000	A0
U	0101 0101	55	0101 0101	55
L	0100 1100	4C	1100 1100	CC
M	0100 1101	4D	0100 1101	4D

In der Codetabelle (Tafel 3) sind in den Spalten 2 und 3 die Sonderzeichen und Dezimalziffern verschlüsselt. In den Spalten 4 und 5 sind die Großbuchstaben, in den Spalten 6 und 7 die Kleinbuchstaben abgebildet. Tafel 3 gibt die <u>internationale</u> Referenzversion des ASCII-Alphabets wieder; die mit * gekennzeichneten Bitkombinationen können <u>national</u> unterschiedliche Zeichen zugeordnet werden. Die Besonderheiten der deutschen Referenzversion sind als Fußnote in Tafel 3 angegeben.

Welche der in Spalte 0 und 1 definierten Steuerzeichen in peripheren Geräten und Datenübertragungseinrichtungen jeweils verwendet werden, ist den Geräte-Handbüchern zu entnehmen. Im folgenden sind einige für das Arbeiten mit dem Datensicht-

gerät wichtigen Steuerzeichen erklärt, im übrigen sei auf
|6| verwiesen:

- CR Wagenrücklauf (carriage return); Cursor an Zeilenanfang
- LF Zeilenvorschub (line feed); Cursor eine Zeile weiter
- SP Zwischenraum (space); Cursor ein Schritt nach rechts
- BS Rückwärtsschritt (back space); Cursor ein Schritt zurück

Die Steuerzeichen können auf der ASCII-Standardtastatur zum Teil durch gleichzeitiges Drücken der CTRL-Taste (control) und einer Buchstabentaste erzeugt werden, sofern keine Steuerzeichen-Taste vorhanden ist. Dabei bewirkt die gedrückte CTRL-Taste das Löschen der Bitstellen-Nr. 7 im Buchstaben-Code. Zum Beispiel können die Steuerzeichen für das Einschalten (DC1) und Ausschalten (DC3) der Bildschirm-Ausgabe durch folgende Tastenkombinationen erzeugt werden:

CTRL - Q = DC1 bewirkt Sender einschalten ⎫ X-ON/X-OFF-
CTRL - S = DC3 bewirkt Sender ausschalten ⎭ Steuerzeichen

1.1.4 Befehle, Adressen, Operanden, Assemblernotation

Die Aufgaben, die ein Mikrocomputer letztlich ausführt, werden ihm in Form einer Befehlsfolge vom Programmierer vorgegeben. Die zentrale Verarbeitungseinheit des Mikrocomputers, der Mikroprozessor, interpretiert die einzelnen Befehle der Reihe nach und führt sie nacheinander aus. Hierzu muß die Befehlsfolge in einem Speicher liegen, zu dem der Mikroprozessor Zugang hat. Zu einem Programm gehören neben den Befehlen auch Operanden. Das sind Zahlen, logische Binärworte und Zeichen gemäß Abschn. 1.1.1, 1.1.2 und 1.1.3, die von den Befehlen verarbeitet werden.

Die Plätze, auf denen Befehle und Operanden im Speicher liegen, werden durch Adressen (Speicheradressen) identifiziert. Ein Speicherplatz oder eine Speicherzelle nimmt jeweils ein Byte auf. Adressen sind natürliche Zahlen. Beim 8085 sind Speicheradressen 16 Bit lang, d.h. der Adreßbereich geht von 0 bis 65 535$_{10}$ (Bytes), hexadezimal von ØØØØ bis FFFF.

Sämtliche Befehle, die ein Mikroprozessor eines bestimmten

Typs versteht und ausführt, sind in einer <u>Befehlsliste</u> festgelegt; in der mittleren Leistungsklasse liegt die Anzahl der realisierten Befehle etwa zwischen 50 und 150. Befehle gleichartiger Wirkung werden im allgemeinen in Gruppen zusammengefaßt, was die Übersicht über den Befehlvorrat eines Prozessors erleichtert. Beim 8085 unterscheidet man folgende <u>Befehlsfamilien</u>:

- <u>Transferbefehle</u> übertragen Daten zwischen verschiedenen Orten im Mikrocomputer.
- <u>Arithmetikbefehle</u> verarbeiten Operanden unterschiedlicher Länge (Addition und Subtraktion).
- <u>Logikbefehle</u> bewirken logische Verknüpfungen von Operanden.
- <u>Schiebefehle</u> zum Verschieben von Registerinhalten
- <u>Sprungbefehle</u> für Programmverzweigungen auf beliebige Speicheradressen
- <u>Unterprogramm-Aufruf- und Rückkehrbefehle</u>
- <u>Sonder- und Steuerungsbefehle</u>.

Mikrocomputerbefehle können ausführlich, wie folgt, angeschrieben werden:

1. Befehl: Lade das Register A mit dem Inhalt des Speicherplatzes, auf den die Adresse im Befehl zeigt
2. Befehl: Transportiere den Inhalt des Registers A in das Register B
3. Befehl: Addiere die Zahl 24_{10} zum Inhalt des Registers A

Es wird wesentlich kürzer und übersichtlicher, wenn man für die einzelnen Befehle eine <u>mnemotechnische Kurzschreibweise</u> einführt. Sie ist in der Assemblersprache eines Mikroprozessors festgelegt, die zudem noch die Verwendung von symbolischen Adressen statt absoluter Speicheradressen zuläßt. In Bild 7.a sind die drei Befehle in der 8085-Assemblerschreibweise |7| wiedergegeben. Die Befehlsfolge beginnt an der symbolischen Adresse START. Der erste Befehl enthält die symbolische Speicheradresse SPADR, die den Operanden im Speicher bezeichnet, der zweite Befehl spricht 2 Register mit den Registernamen A und B an, und im dritten Befehl ist der Operand in dezimaler Form im Befehl selbst angegeben (Direktoperand). Für den Mikroprozessor ist die symbolische Schreibweise der Befehle jedoch noch nicht ausführbar. Er versteht Befehle nur in Form binärer Muster. Vor der Ausführung der Befehle durch den Mikroprozessor muß deshalb ein Übersetzungsvorgang (Assembliervorgang) stattfinden, der die symbolischen Assemblerbefehle von Bild 7.a in Bitmuster gemäß Bild 7.b umwandelt. Dabei werden die mnemotechnischen Operationscodes (Op-Codes) durch ihre Binärmuster gemäß Befehlsliste ersetzt, für

a) Befehle in 8085-Assemblerschreibweise

Symbolische Adresse	Op-Code	Adresse/Operand	
START:	LDA	SPADR	1. Befehl
	MOV	B,A	2. Befehl
	ADI	24D	3. Befehl

b) Befehle im 8085-Maschinencode (binär und hexadezimal)

Op-Code	Adresse/Operand		hexadezimal:		
00111010	00000000	00001010	3A	ØØ ØA	1. Befehl
01000111			47		2. Befehl
11000110	00011000		C6	18	3. Befehl

c) 8085-Maschinencode im Hauptspeicher (binär und hexadezimal)

Absolute Adresse	Maschinencode binär		Maschinencode hexadezimal
Ø5ØØH:	00111010		3A
Ø5Ø1H:	00000000	1. Befehl	ØØ
Ø5Ø2H:	00001010		ØA
Ø5Ø3H:	01000111	2. Befehl	47
Ø5Ø4H:	11000110	3. Befehl	C6
Ø5Ø5H:	00011000		18

Bild 7 Befehle in 8085-Assemblernotation und 8085-Maschinencode |7|

die symbolische Adresse SPADR wird eine natürliche Dualzahl
als absolute Speicheradresse des Operanden eingesetzt, die Registernamen A und B machen den dafür festgelegten Bitnummern
Platz und der dezimale Operand 24 wird dual verschlüsselt.

Wie in Bild 7.b ersichtlich, ist der erste Befehl 3 Bytes (Op-
-Code und Adresse), der zweite Befehl 1 Byte lang, und der
dritte Befehl benötigt 2 Bytes für Op-Code und Operand. Es
fällt auf, daß die Registeradressen für A und B mit im ersten
Befehlsbyte, das den Operationscode enthält, untergebracht
werden. Das ist bei vielen Mikrocomputertypen der Fall. Durch
die Dekodierung des Operationscodes erfährt der Mikroprozessor, aus wievielen Bytes der aktuelle Befehl besteht.

In einem Speicher, in dem jede adressierbare Zelle ein Byte
aufnimmt, sind die 3 Befehle z.B. ab der absoluten Adresse
Ø5ØØH Byte für Byte angeordnet (Bild 7.c); der symbolischen
Adresse START wird die absolute Adresse Ø5ØØH zugewiesen.

Die für den Menschen unhandlichen Bitmuster werden in Programmprotokollen und bei Ein-/Ausgabevorgängen in der Regel
hexadezimal dargestellt (s. Bild 7.b und 7.c).

Professionelle Mikrocomputeranwender lassen den eben beschriebenen Assembliervorgang durch ein Übersetzerprogramm (Assembler) automatisch von einem Computer ausführen.

Ein-Byte-Befehl	Op-Code/r	Befehle mit Registerbezug
Zwei-Byte-Befehl	Op-Code/r	Befehle mit Registerbezug
	Konstante	und Direktoperand
Drei-Byte-Befehl	Op-Code/r	Befehle mit Registerbezug
	Adresse low	und vollständiger
	Adresse high	Speicheradresse

Abkürzungen: Op-Code d.h. Operationscode
             r d.h. Registeradresse

Bild 8   Befehlsformate des Mikroprozessors 8085 |7|

Der vollständige Befehlssatz des Mikroprozessors 8085 ist in Abschn. 2.2 und 2.3 beschrieben. In Bild 8 sind die Möglichkeiten des Befehlsaufbaus (Befehlsformate) im Mikroprozessor 8085 in allgemeiner Form zusammengestellt.

1.2 Struktur und Arbeitsweise von Mikrocomputern

1.2.1 Funktionseinheiten des Mikrocomputers

Der Mensch als Informationsverarbeitungssystem nimmt Information aus seiner Umgebung auf, speichert und verarbeitet sie und gibt die Ergebnisse bei Bedarf weiter. Er führt damit die 4 Grundfunktionen der Informations- oder Datenverarbeitung aus:

      EINGEBEN   SPEICHERN   VERARBEITEN   AUSGEBEN

Setzt man automatische Informationsverarbeitungssysteme ein, dann übernehmen diese die Steuerung und Ausführung der vier Grundfunktionen. Der Mensch wird in die Rolle des Bedieners gedrängt.

Die elektronische Ladenwaage ist ein gut überschaubares automatisches Datenverarbeitungssystem (Bild 9), das die Grundfunktionen selbständig ausführt: Es liest das ermittelte Gewicht vom externen mechanischen Wiegesystem ein und erhält den Grundpreis der Ware vom Bediener über die Dezimaltastatur; es

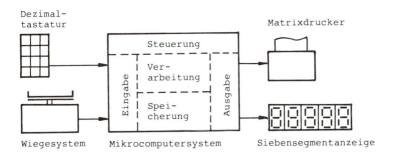

Bild 9 Elektronische Ladenwaage als Datenverarbeitungssystem

speichert diese Daten, führt den Verarbeitungsvorgang Preis = Gewicht x Grundpreis aus und gibt den Preis der abgewogenen Ware über die externen Ausgabeeinrichtungen Siebensegmentanzeige und Matrixdrucker aus.
Weitere Datenverarbeitungsvorgänge können nach Bedarf veranlaßt werden, z.b. die Summierung mehrerer Einzelposten zu einem Gesamtbetrag. Die Steuerung und Ausführung der Funktionen gemäß Bild 9 übernimmt heute ein in die Waage eingebautes Mikrocomputersystem.
Eine Weiterentwicklung stellt das Kassenterminal (in Kaufhäusern) dar, das im allgemeinen eine Strichcode-Leseeinrichtung besitzt und zum Datenaustausch mit einem zentralen Computer verbunden ist.

Der Begriff Mikrocomputer umfaßt alle Hardware-Komponenten eines Systems mit Ausnahme der peripheren Geräte (Matrixdrukker, Tastatur, Wiegesystem usw.); er entspricht der Zentraleinheit gemäß DIN-Norm 44300 |4|.

Den Grundfunktionen in Bild 9 entsprechend besteht der Mikrocomputer aus 3 Funktionseinheiten, dem Mikroprozessor als zentraler Verarbeitungseinheit, dem zentralen Speicher (Hauptspeicher) und den Ein-/Ausgabekanälen (Bild 10).

Unter einem Mikrocomputersystem versteht man den zentralen Mikrocomputer und die angeschlossenen peripheren Einheiten sowie die erforderliche Software (Bild 10).
Als Software bezeichnet man die Gesamtheit der Programme, die auf einem Computer bzw. Mikrocomputer ablaufen. Die peripheren Einheiten (PE) umfassen sämtliche Ein-/Ausgabegeräte (z.B Datensichtgerät, Tastatur, Drucker, Digital-Ein-/Ausgabe, Analog-Ein-/Ausgabe) und die peripheren Speicher (z.B. Floppy-Disc, Bubble-Speicher, Kassettenspeicher). Diese sind vom Hauptspeicher innerhalb des Mikrocomputers zu unterscheiden.

Nach Bild 10 stehen die Funktionseinheiten über Datenpfade miteinander in Verbindung. Über die Ein-/Ausgabekanäle werden Daten (Befehle und Operanden) von den Eingabegeräten gelesen und in den Mikroprozessor übertragen. Der Mikroprozessor verarbeitet Programme, d.h. er holt Befehle aus dem Hauptspeicher und führt sie aus; er überträgt Operanden in den Speicher, die dieser aufbewahrt, und liest sie bei Bedarf wieder aus. Die Ausgabe von Daten erfolgt vom Mikroprozessor über die Ein-/Ausgabekanäle zu den Ausgabegeräten. Größere Datenmengen werden auf peripheren Speichern abgelegt; von dort müssen sie vor ihrer Verarbeitung im Mikroprozessor in den Hauptspeicher geladen werden.

Der in Bild 10 gestrichelt eingetragene Datenpfad zwischen Speicher und Ein-/Ausgabekanälen ermöglicht eine direkte Daten-Ein-/Ausgabe vom/zum Mikrospeicher unter Umgehung des Mikroprozessors (engl. direct memory access, DMA).

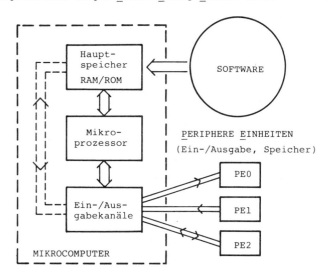

Bild 10 Funktionseinheiten eines Mikrocomputersystems

In Tafel 4 sind übliche Begriffe für Mikrocomputer-Funktionseinheiten und ihre Abkürzungen zusammengestellt. Sie entsprechen im wesentlichen DIN 44 300.

Tafel 4 Bezeichnungen und Abkürzungen für Mikrocomputer-Funktionseinheiten

deutsch	englisch
Mikrocomputer MC, µC	Microcomputer MC
Zentraleinheit ZE	
Mikroprozessor MP, µP	Microprocessor MP
Zentralprozessor ZP	Central Processing Unit CPU
Hauptspeicher HSP	Main Memory
(Mikro-) Speicher	Memory
Ein-/Ausgabekanal EA-Kanal	Input/Output Channel IOC
	Input/Output Port IO-Port
Ein-/Ausgabeprozessor EAP	Input/Output Processor IOP
Periphere Einheit PE	Peripheral Unit PU
Mikroperipherie	
Peripheres Gerät	Peripheral Device

1.2.2 Bus-Architektur von Mikrocomputern

Bei Mikrocomputern sind die Funktionseinheiten meist durch Busleitungen miteinander verbunden. Bild 11 zeigt die typische Architektur eines Mikrocomputers.

Ein Bus besteht aus einer Anzahl Sammelleitungen, an die alle Funktionseinheiten des Mikrocomputers angeschlossen sind. Ein Busteilnehmer kann abhängig von seiner Funktion am Bus Sender, Empfänger oder beides sein. Für jede Busleitung gilt, daß zu einer Zeit nur ein Sender aktiv sein darf; alle übrigen Sender müssen abgeschaltet sein. Bei den fast durchweg üblichen Tri State-Bussen in TTL-Technik müssen daher alle Senderausgänge - mit Ausnahme des aktiven - hochohmig sein. Die Information auf einer Busleitung kann von mehreren Bus-Empfängern gleichzeitig übernommen werden. Das Buskonzept stellt die einfachste Möglichkeit dar, viele Funktionseinheiten miteinander zu verbinden. Eine sternförmige Verbindung der Funktionseinheiten wäre wesentlich aufwendiger. Die Leistungsfähigkeit eines Bussystems ist jedoch insofern beschränkt, als zu einer Zeit -

während eines Buszyklus - nur eine Informationseinheit zwischen 2 Busteilnehmern übertragen werden kann.

Im Systembus eines Mikroprozessors sind alle Busleitungen definiert, die für die Übertragung von Daten zwischen den angeschlossenen Funktionseinheiten benötigt werden. Er besteht aus 3 Teilbussen: Datenbus, Adreßbus und Steuerbus (s. Bild 11).

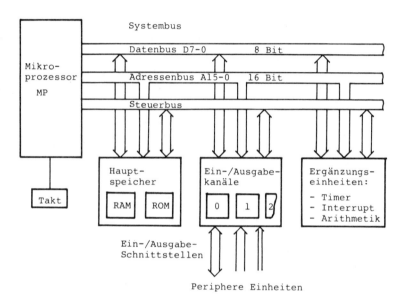

Bild 11 Struktur eines 8-Bit Mikrocomputers

Der Datenbus ist beim 8-Bit-Mikroprozessor 8 Bit breit (D7-∅), so daß während eines Buszyklus ein Byte parallel übertragen werden kann. Der Datenbus ist bidirektional, d.h. der Datentransfer erfolgt - abhängig von der Art des Buszyklus - wahlweise in eine der beiden Richtungen (vom Mikroprozessor weg, bzw. zum Mikroprozessor hin).

Über den Adreßbus überträgt der Mikroprozessor die aktuelle Adresse einer Speichereinheit, eines Ein-/Ausgabekanals oder eines Ergänzungsbausteins (Bild 11). Der Adreßbus ist unidi-

rektional, d.h. die Adresse wird stets vom Mikroprozessor (als
Sender) aufgeschaltet und von den übrigen Busteilnehmern emp-
fangen. Bei einem 16-Bit breiten Adressenbus (A15-∅) sind 64 K =2
Adressen ansprechbar. Durch die Dekodierung eines Teils der
Adreßleitungen werden Selektionssignale gebildet, die jeweils
einen der passiven Busteilnehmer auswählen und aktivieren.

Sämtliche Steuer- und Meldeleitungen, die für den Betrieb der
Speicher, der Ein-/Ausgabekanäle und Erweiterungsbausteine
notwendig sind, faßt man im Steuerbus (engl. control bus) zusammen, obwohl manche Steuersignale nur für einzelne Busteilnehmer relevant sind. Die wichtigsten Steuersignale sind
Schreib- und Lesesignale. Sie sagen der adressierten Speicher-
oder Ein-/Ausgabeeinheit, ob sie ein Informationsbyte auf den
Datenbus legen (Funktion Lesen bzw. Eingeben) oder die auf dem
Datenbus stehende Information übernehmen soll (Funktion
Schreiben bzw. Ausgeben). Die Steuerleitungen sind großenteils
unidirektional. Der Steuerbus des Mikroprozessors 8085 wird
im Abschnitt 2.1.3 erklärt.

Die dominierende Stellung des Mikroprozessors am Systembus
nach Bild 11 beruht darauf, daß der Mikroprozessor oft der
einzige aktive Busteilnehmer ist: er betreibt den Bus; er
schaltet Adressen und Steuersignale auf und veranlaßt die
passiven Busteilnehmer (Speicher, Ein-/Ausgabekanäle, Ergänzungsbausteine) zu bestimmten Reaktionen. Die passiven Funktionseinheiten am Bus können Baugruppen, einzelne hochinte-
grierte Bausteine oder einfache Pufferbausteine sein, deren
Anzahl vom Ausbau des Gesamtsystems abhängt. Die Ergänzungseinheiten stellen im wesentlichen eine Erweiterung der Pro-
zessoreigenschaften, z.B. des Interruptsystems oder der Arith-
metik-Hardware dar.

Aufwendigere Mikrocomputer-Konfigurationen erhält man, wenn
mehrere (aktive) Mikroprozessoren an einem Systembus zusam-
menarbeiten und sich bei einer zentralen Bus-Zuteilungslogik
um die zeitlich begrenzte Regie über den Systembus bewerben
(Multi-Mikrosysteme). Auch beim DMA-Betrieb (vgl. Abschn.

1.2.1) von schnellen peripheren Speichern erhält ein DMA-Controller als aktiver Busteilnehmer für die Dauer des Datenaustauschs die Regie über den Systembus. Der Mikroprozessor hängt sich inzwischen vom Systembus ab, indem er seine Ausgänge in den hochohmigen Zustand schaltet.

Der Systembus ist die Schnittstelle des Mikroprozessors zu den übrigen Komponenten des Mikrocomputersystems. In der vom Prozessortyp abhängigen Busdefinition ist neben der Anzahl und Bedeutung der Signalleitungen auch der zeitliche Ablauf der Buszyklen festgelegt. Darüberhinaus gibt es Standardbusse für Mikrocomputer-Platinensysteme, z.B. MULTIBUS oder VME-Bus, die verschiedene Funktionseinheiten über die Rückwandverdrahtung des Baugruppenträgers miteinander verbinden.

1.2.3 Hauptspeicher

Die folgenden Betrachtungen beziehen sich auf Speichereinheiten, die als Teil des Mikrocomputers direkt an den Systembus angeschlossen sind (Bild 11). Nach |4| zeichnen sich Hauptspeicher dadurch aus, daß Zentralprozessoren und bestimmte Ein-/Ausgabeeinheiten die einzelnen Speicherplätze durch Adressen (Speicheradressen) unmittelbar aufrufen können. Statt Hauptspeicher werden auch die allgemeineren Begriffe Zentralspeicher und Speicher verwendet.
Nach Abschn. 1.2.1 muß die aktuell im Mikroprozessor zu verarbeitende Information im Hauptspeicher stehen. Stehen Programme und Daten auf peripheren Speichern (Hintergrundspeichern), so müssen sie vor ihrer Bearbeitung in den Hauptspeicher geladen werden.

1.2.3.1 Organisation des Hauptspeichers. Die kleinste adressierbare Einheit des Hauptspeichers ist das binäre Speicherwort, das in einer Speicherzelle oder einem Speicherplatz steht. Bei 8-Bit Mikroprozessoren ist das Speicherwort im allgemeinen ein Byte lang. Informationseinheiten, die länger sind als 8 Bit, werden in zwei, drei oder vier aufeinanderfolgende

Speicherplätze gelegt. Nach Bild 12 ist jedem 8-Bit-Speicherplatz einer Speichereinheit eindeutig eine <u>Speicheradresse</u> zugeordnet. Der Umfang des verfügbaren Speicher-Adressenraums n hängt von der Bitanzahl der Speicheradresse ab. Da Speichereinheiten an den Systembus des Mikroprozessors angeschlossen werden, bestimmt die Breite des Adressenbus (vgl. Abschn. 1.2.2) die Anzahl der adressierbaren Hauptspeicherplätze. Ein 16-Bit breiter Adressenbus erschließt einen Adressenraum von 64 K Worten mit Adressen von 0 bis $2^{16} - 1$ bzw. 0 bis 64 K - 1, wobei 1 K = 2^{10} = 1024.

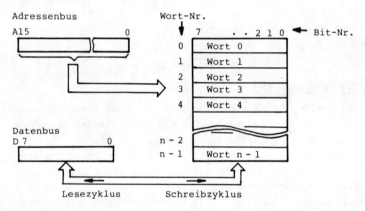

Bild 12 Wortstruktur des Hauptspeichers

Vom Adressenraum zu unterscheiden ist der tatsächlich mit Speicherbausteinen bestückte Teil des verfügbaren Adressenraums, die <u>Speicherkapazität</u>. <u>Die Hauptspeicherkapazität</u> - gemessen in KB = K Bytes - <u>ist ein wichtiges Kriterium für die Beurteilung der Leistungsfähigkeit eines Mikrocomputersystems</u>. Die Größe der verwendeten Speicherbausteine bestimmt die möglichen Ausbaustufen des Hauptspeichers. Verwendet man z.B. Bausteine mit 2 KB Umfang, so kann der verfügbare Speicher-Adressenraum nach Bedarf in Stufen von 2 K Bytes ausgebaut werden (s. Bild 13).

Wird eine Speichereinheit vom Bus her ausgewählt, so kann in einem Speicherzyklus ein Byte vom Datenbus in die durch die Adresse ausgewählte Speicherzelle eingeschrieben (Speicher-Schreibzyklus) oder in einem Speicher-Lesezyklus ein Byte aus dem Hauptspeicher ausgelesen und auf den Datenbus geschaltet werden. Während des Speicherzyklus muß die gültige Adresse am Speicher anstehen. Welche Zyklusart auszuführen ist, erfährt die Speichereinheit durch die Interpretation des Lese-Steuersignals READ und des Schreib-Steuersignals WRITE. Näheres hierzu in Abschn. 1.2.3.3.

Als Hauptspeicher sind nur Speichereinheiten mit wahlfreiem Zugriff einsetzbar, d.h. der direkte Zugriff auf beliebige Adressen innerhalb des Adressenraums muß ohne Einhaltung einer bestimmten Adressenreihenfolge (sequentieller Zugriff) möglich sein.

1.2.3.2 Speicherarten und -technologien.

Hauptspeicher von Mikrocomputern werden fast ausschließlich als Halbleiterspeicher in verschiedenen MOS-Technologien (metal oxid semiconductor) realisiert. Von den Zugriffsmöglichkeiten her unterscheidet man Schreib-/Lesespeicher und Festwertspeicher.

Schreib-/Lesespeicher zur Speicherung veränderlicher Daten sind im normalen Betrieb lesbar und beliebig oft beschreibbar. Sie werden als RAM (random access memory) bezeichnet, was im Deutschen "Speicher mit wahlfreiem Zugriff" bedeutet. Es gibt statische RAMs, deren Speicherelemente Flipflops sind, und dynamische RAMs, bei denen die Binärinformation in den Gate-Substratkapazitäten von MOS-Feldeffekttransistoren gehalten wird. Beide Speicherformen vergessen bei Abschalten der Versorgungsspannung ihren Speicherinhalt.

Der Festwertspeicher verliert seine einmal eingeschriebene Information beim Abschalten der Versorgungsspannung nicht. Er kann im Normalbetrieb nicht beschrieben, sondern nur gelesen werden und heißt daher ROM (read only memory). Der Zugriff auf einzelne Worte ist auch hier wahlfrei. Der Festwertspeicher wird zur Speicherung von Programmen und Konstanten im Mikrocomputer eingesetzt, die man nicht nach jedem Abschalten der Spannung neu eingeben will. Das Einschreiben der Information ist ein gesonderter Vorgang, der entweder schon bei der Herstellung des Speichers stattfindet (maskenprogrammierte ROM-Bausteine) oder vom Anwender in speziellen Programmiergeräten vorgenommen wird (PROM- und EPROM-Bausteine, d.h. programmable ROM und erasable programmable ROM). Für die EEPROM-Bausteine (electrically erasable PROM) benötigt man weder eigene Programmiergeräte noch UV-Löscheinrichtungen wie für EPROMs.

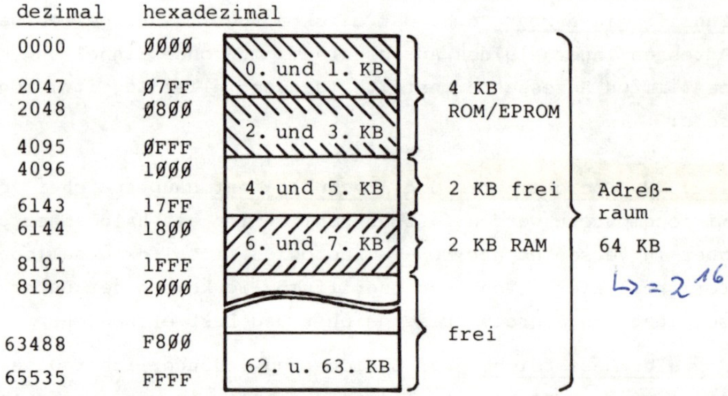

dezimal	hexadezimal		
0000	0000	0. und 1. KB	4 KB ROM/EPROM
2047	07FF		
2048	0800	2. und 3. KB	
4095	0FFF		
4096	1000	4. und 5. KB	2 KB frei
6143	17FF		
6144	1800	6. und 7. KB	2 KB RAM
8191	1FFF		
8192	2000		frei
63488	F800		
65535	FFFF	62. u. 63. KB	

Adreßraum 64 KB $\hookrightarrow = 2^{16}$

Bild 13 Beispiel für Adreßraum und Speicherausbau

Festwertspeicher und Schreib-/Lesespeicher können im Mikrocomputer nach Bedarf nebeneinander eingebaut werden. In Bild 13 ist ein Beispiel für den Speicherausbau eines Mikrocomputers mit 2-KB-RAM- und ROM-Bausteinen gegeben. Man beachte die Gegenüberstellung der dezimalen und der bei Mikrocomputern üblichen hexadezimalen Zählweise.

Da die Halbleiter-Hersteller zu den gängigen EPROM-Bausteinen (z.B. Typ 2764 mit 8 K x 8 Bit) statische RAM-Bausteine mit nahezu identischer Belegung der Bausteinanschlüsse (z.B. Typ HM 6264 mit 8 K x 8 Bit) liefern, kann derselbe Sockel in einer Mikrocomputer-Schaltung (nach Umstecken weniger Anschlüsse) mit EPROM- oder RAM-Bausteinen bestückt werden. In der Entwicklungsphase werden als Programmspeicher bevorzugt EPROM-Bausteine eingesetzt, die der Entwickler durch UV-Bestrahlung selbst löschen und mit geeigneten Programmiergeräten erneut beschreiben kann. Beim Übergang zur Serienfertigung können die EPROM-Bausteine durch PROM- oder ROM-Bausteine ersetzt werden, deren Inhalt nicht mehr korrigierbar ist.

Ohne hier eine vollständige Übersicht über die aktuellen Bausteintypen und Technologien geben zu können |57| |58|, sind in Tafel 5 einige viel verwendete Speicherbausteine zusammengestellt. Die Tafel zeigt die Steigerung der Integrationsgrade bis 1 M Bit pro Baustein. Zu erwarten ist auch eine weitere Verkürzung der Zugriffszeiten. Die Schnittstellensignale

Tafel 5 Auswahl aktueller Speicherbausteine (1988)

Organisation	Speicherart	Typ	Technologie	Zugriffszeit	Hersteller
4 K x 4	RAM STATIC	2168	NMOS	100 ns	INTEL
2 K x 8	RAM STATIC	2128	NMOS	150 ns	INTEL
	RAM STATIC	HM6116	CMOS	120 ns	HITACHI
	EPROM	2716	NMOS	350 ns	AMD
	EEPROM	2816	NMOS (H)	250 ns	INTEL
4 K x 8	EPROM	2732A	NMOS (H)	200 ns	INTEL
8 K x 8	RAM STATIC	HM6264	CMOS	100 ns	HITACHI
	EPROM	2764A	NMOS (H)	200 ns	INTEL
	EPROM	R87C64	CMOS	250 ns	ROCKWELL
	ROM	TC5365	CMOS	250 ns	TOSHIBA
64 K x 1	RAM STATIC	µPD4361	CMOS	40 ns	NEC
	RAM DYNAMIC	M5K4164	NMOS	150 ns	MITSUBISHI
16 K x 8	EPROM	27128	NMOS (H)	200 ns	INTEL
	ROM	23C128	CMOS	150 ns	NEC
32 K x 8	EPROM	27C256	CHMOS	170 ns	INTEL
	RAM STATIC	µPD43256	CMOS	100 ns	NEC
256 K x 1	RAM DYNANIC	HM50257	NMOS	120 ns	HITACHI
1 M x 1	RAM DYNAMIC	HYB511000		100 ns	SIEMENS

Abk.: (H) d.h. HMOS-Technologie von INTEL

der Bausteine sind - unabhängig von der angewandten Technologie - TTL-kompatibel. Die Versorgungsspannungen sind bis auf wenige Ausnahmen einheitlich + 5 V. Bei höheren Integrationsgraden gehen viele Hersteller von der NMOS-Technologie auf die wesentlich verlustärmere CMOS-Technologie über, da bei steigenden Integrationsgraden die Verlustleistung pro Bit gesenkt werden muß.
Statische RAM-Bausteine sind in der Anwendung einfacher als dynamische RAMs, da sie keine Refresh-Logik zum zyklischen Erneuern der flüchtigen Speicherinhalte benötigen. Trotzdem werden dynamische RAM-Bausteine wegen ihres niedrigen Preises pro Bit viel eingesetzt.
Zu allen EPROM-Bausteinen sind schnittstellengleiche, maskenprogrammierte ROMs lieferbar. Die neueren EEPROM-Bausteine erfordern für den zeitaufwendigen Lösch- und Schreibzyklus (10 ms/Byte beim Typ 2816) im Vergleich zu den EPROMs zusätzliche Schaltungsmaßnahmen. Die Weiterentwicklung der EEPROM-Technologie könnte langfristig die RAM- und ROM/EPROM-Bausteine ersetzen |58|.

1.2.3.3 Aufbau und Schnittstelle von Speicherbausteinen.

Hauptspeicher von Mikrocomputern können aus einem oder mehreren hochintegrierten Speicherbausteinen bestehen. Beim Zusammenschalten mehrerer Bausteine werden aus den höherwertigen Bitstellen der Speicheradresse A15 - $\emptyset$ die Freigabesignale (chip select-Signale $\overline{CS}$, low active) für die einzelnen Bausteine gewonnen (s. Abschn. 4.2.2 und 4.2.3), während die niederwertigen Adreßbits zur Auswahl der Speicherworte innerhalb des Bausteins direkt an den Schaltkreis anzulegen sind. Bild 14 zeigt die interne Struktur eines statischen Lese-/Schreib-Speicherbausteins mit der Kapazität 2 K x 8 Bits. Die einzelnen Speicherelemente (Bitspeicher) werden durch Koinzidenz von Zeilen- und Spaltenleitungssignalen ausgewählt, die sich aus der internen Dekodierung der 11 Adreßleitungen A10 - $\emptyset$ ergeben. Die Datenleitungen D7 - $\emptyset$ sind im Ruhezustand hochohmig und damit vom Datenbus abgekoppelt. Die Datensender im Baustein werden nur aktiviert, wenn der $\overline{CS}$-Eingang und das Lese-Steuersignal $\overline{RD}$ (read) auf low-Pegel geschaltet werden: es liegt ein Speicher-Lesezyklus vor. Nehmen das $\overline{CS}$-Signal und das Schreib-Steuersignal $\overline{WR}$ (write) low-Pegel an, werden die Datenempfänger im Baustein aktiviert: in einem Speicher-Schreibzyklus wird das Datenwort vom Bus in ein Speicherwort eingeschrieben.

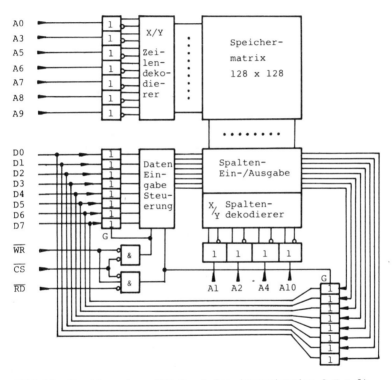

Bild 14 Struktur eines RAM-Bausteins (Organisation 2 K x 8)

Bei EPROM-Bausteinen gibt es statt der Daten-Eingabesteuerung eine Programmierlogik und statt des Schreib-Steuereingangs $\overline{WR}$ einen Programmiereingang. In ROM-Bausteinen sind keinerlei Vorkehrungen für Daten-Eingabe zu finden, es gibt auch keine

Lese-/Schreib-Steuerleitungen. Aufbau und Daten verschiedener
Speicherbausteine sind in |54| gegeben.

Die exakte Beschreibung des Lese- und Schreibvorgangs an der
Schnittstelle von Speicherbausteinen erfolgt mit Hilfe von
Signal-Zeitdiagrammen (Bild 15 und 16). Sie sind die Grundlage
für den Anschluß von Speicherbausteinen an den Systembus des
Mikrocomputers. Die Einhaltung der Min.-/Max.-Zeitangaben in
der angefügten Tabelle sichert der Hersteller zu.

Beim Lesezyklus (Bild 15) müssen die Adressen insgesamt mindestens 150 ns (t_{RC}) anstehen. Nach der Zugriffszeit von max.
150 ns (t_{ACC}) bzw. nach t_{CE} (max. 150 ns) bzw. nach t_{OE} (max.
50 ns) legt der Baustein 2128 den Inhalt der adressierten

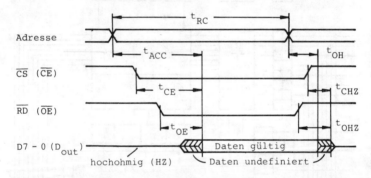

Einige, vom Hersteller garantierte Zeit-Parameter (Bsp. 2128):

Symbol	Parameter	min.	max.
t_{RC}	Read Cycle Time (Lese-Zykluszeit)	150 ns	-
t_{ACC}	Address Access Time (Zugriffszeit)	-	150 ns
t_{CE}	Chip Select Access Time	-	150 ns
t_{OE}	Output Enable Time		50 ns
t_{OH}	Output Hold Time from Address Change	0	-
t_{OHZ}	Output in HZ (hochohmig) from $\overline{OE}$	-	50 ns
t_{CHZ}	Output in HZ (hochohmig) from $\overline{CE}$	-	50 ns

Bild 15 Lesezyklus für RAM-Baustein (Daten 2128 |54|)

Byte-Zelle auf die Datenleitungen D7 - 0. Er schaltet sie nach den angegebenen Haltezeiten erst wieder ab, wenn sich die Adressen ändern und die Steuersignale $\overline{CS}$ und $\overline{OE}$ (output enable) inaktiv werden. Das Schreib-Steuersignal $\overline{WR}$ liegt während des Lesezyklus auf high-Pegel.

Auch beim Speicher-Schreibzyklus (Bild 16) muß die gültige Adresse insgesamt mindesten 150 ns (t_{WC}), bzw. mindestens 150 ns (t_{AW}) lang bis zur Beendigung des Schreibzyklus durch Abschalten der Steuersignale $\overline{CS}$ (= $\overline{CE}$) oder $\overline{WE}$ ($\overline{WR}$) anstehen. Der Speicherbaustein schaltet die internen Daten-Eingangspuffer zur Übernahme des Informationsbytes vom Datenbus ein, wenn die beiden Steuersignale $\overline{CS}$ und $\overline{WR}$ aktiviert sind. Während der

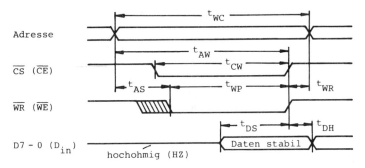

Einige, vom Hersteller garantierte Zeit-Parameter (Bsp. 2128):

Symbol	Parameter	min.	max.
t_{WC}	Write Cycle Time (Schreib-Zykluszeit)	150 ns	-
t_{CW}	Chip Selection to End of Write	150 ns	-
t_{AW}	Address Valid to End of Write	150 ns	-
t_{AS}	Address Setup Time (Adreß-Vorlaufzeit)	0	-
t_{WP}	Write Pulse Width (Schreib-Impulslänge)	75 ns	-
t_{WR}	Write Recovery Time	0	-
t_{DS}	Data Setup Time (Daten-Vorlaufzeit)	50 ns	-
t_{DH}	Data Hold Time	0	-

Bild 16 Schreibzyklus für RAM-Baustein (Daten 2128 |54|)

vorgeschriebenen Mindestzeiten für t_{CW} und t_{WP} muß die gültige
Adresse anstehen, da sonst fehlerhafterweise in einen anderen
Speicherplatz geschrieben wird. Die richtigen Eingangsdaten
müssen mindestens t_{DS} = 50 ns vor Beendigung des Schreibzyklus
stabil sein. Während des gesamten Ablaufs bleibt das Lese-
Steuersignal $\overline{RD}$ (= $\overline{OE}$) inaktiv.

Der Mikroprozessor, der das Zeitverhalten der Signale (mit
Ausnahme des DMA-Zyklus) auf dem Systembus bestimmt, muß die
beschriebenen Zeitanforderungen der Speicherbausteine während
des Lese- und Schreibzyklus einhalten, wenn ein einfacher
(synchroner) Speicheranschluß möglich sein soll (s. Abschn.
2.1.3).

1.2.4 Mikroprozessoren

Der Mikroprozessor führt die Befehle der Programme aus, die
alle Abläufe inner- und außerhalb des Mikroprozessors veranlassen. <u>Der Mikroprozessor besteht aus einem ausführenden
Teil, dem Rechenwerk, und einem steuernden Teil, dem Leitwerk
oder Steuerwerk</u>. Das Leitwerk liest während eines <u>Befehlzyklus</u>
einen Befehl aus dem Hauptspeicher des Mikrocomputers aus, interpretiert ihn und bringt ihn zur Ausführung. Die Ausführung
geschieht ganz oder teilweise im Rechenwerk.
Bild 17 zeigt die vereinfachte Struktur eines Mikroprozessors,
wobei die linke Bildhälfte das Leitwerk und die rechte Bildhälfte das Rechenwerk darstellt. Sämtliche Komponenten sind
über einen internen Datenbus miteinander verbunden. An den internen Datenbus sind über bidirektionale Puffer die Datenleitungen des Systembus angeschlossen.

Es werden Datenwörter fester Länge verarbeitet. Bei 8-Bit Mikroprozessoren beträgt die Verarbeitungsbreite 8 Bit, d.h. Register, Datenpfade und Verknüpfungseinheit (ALU) sind jeweils
8-stellig vorhanden. In der ALU geschieht die eigentliche Verarbeitung von Datenwörtern (Operanden) (Bild 17, rechte Hälfte). Die ALU ist eine kombinatorische Schaltung, die ständig
die zwei 8-Bit Operanden an ihren Eingängen A und B miteinan-

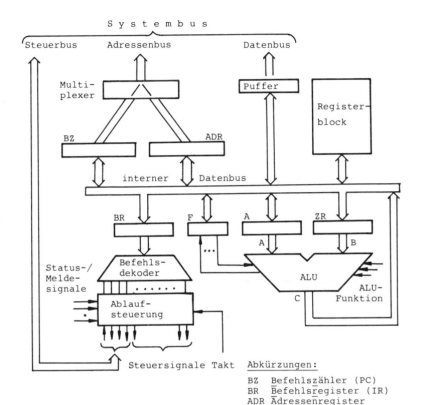

Bild 17 Struktur von Mikroprozessoren

Abkürzungen:

BZ Befehlszähler (PC)
BR Befehlsregister (IR)
ADR Adressenregister
F   Flag-Register
A   Akkumulator
ZR Zwischenregister
ALU Arithmetic and Logic Unit

der verknüpft, und zwar in der durch die Ablaufsteuerung vorgegebenen Art und Weise (ALU-Funktion). Die ALU führt einschrittige arithmetische Operationen (z.B. "A plus B", "A minus B", "A plus 1") und logische Operationen (z.B. "A UND B", "A ODER B", "Ā") aus. Das Ergebnis erscheint an ihrem Ausgang C. Mehrschrittige arithmetische Abläufe wie Multiplikation und

Division müssen der ALU als Folge von Additions- bzw. Subtraktionsschritten einzeln vorgegeben werden.

Der <u>Akkumulator</u> (Akku oder A-Register) ist ein Register von zentraler Bedeutung, da <u>stets ein Operand am ALU-Eingang A aus dem Akkumulator stammt</u> und bei vielen Befehlen das Ergebnis der ALU-Operation in den Akkumulator zurückgeschrieben wird. Der zweite Operand wird vom internen Datenbus über ein Zwischenregister auf den Eingang B geschaltet. Das Zwischenregister ZR dient ausschließlich zur Entkopplung der "Rechenschleife", die sich ergeben würde, wenn ein Operand auf dem Datenbus ansteht und der Ergebnisausgang der ALU ebenfalls auf denselben Bus führt.

Neben dem Akkumulator ist im allgemeinen ein Block von mehreren <u>programmierbaren</u> Registern an den internen Bus angeschlossen, die als Kurzzeitspeicher Operanden und Adressen aufnehmen.

Die <u>Bedingungskennzeichen (flags)</u> im <u>Flag-Register F</u> kennzeichnen die Ergebnisse von ALU-Operationen, z.B., ob ein Übertrag (carry) aufgetreten ist, ob das Ergebnis Null oder negativ ist.

Für die Funktion des <u>Leitwerks</u> (Bild 17 linke Hälfte) sind im Prinzip 3 verschiedene Register kennzeichnend. <u>Das Befehlszähler-Register</u> BZ (engl. <u>p</u>rogram <u>c</u>ounter PC) <u>enthält stets die Adresse des nächsten, aus dem Hauptspeicher auszulesenden Befehlsbytes;</u> nach Abschn. 1.1.4 kann ein Befehl ein, zwei oder drei Befehlsbytes lang sein. Nach jedem Befehlholzyklus (engl. instruction fetch) wird der Befehlszähler automatisch um 1 erhöht. Sprungbefehle laden eine neue Programmfortsetzungsadresse in den Befehlszähler.

Das erste Byte eines jeden Befehls wird im <u>Befehlsregister</u> BR (engl. <u>i</u>nstruction <u>r</u>egister IR) für die Dauer des Befehlszyklus zwischengespeichert. An das Befehlsregister ist der Befehlsdekodierer angeschlossen (Bild 17). Ergibt sich bei der Vordekodierung des Operationscodes, daß ein zweites Byte des Befehls einen 8-Bit Direktoperanden (Bild 8) enthält, so wird

der Befehlszähler nach seiner Inkrementierung erneut auf den
Adreßbus geschaltet und der Direktoperand in einem weiteren
Speicher-Lesezyklus geholt. Er gelangt auf den internen Datenbus und kann von hier aus beliebig weiterverarbeitet werden.
Ergibt die Vordekodierung des Operationscodes, daß zum Befehl
eine 16-Bit lange Speicheradresse gehört, dann werden in zwei
weiteren Speicherzyklen die zwei folgenden Adreßbytes ausgelesen und in ein spezielles, 16-Bit langes Adreßregister ADR
geladen, das für die Zwischenspeicherung von Operandenadressen
vorgesehen ist. Während der folgenden Ausführungsphase des Befehls wird diese Adresse zum Auslesen oder Einschreiben eines
Operanden aus/in den Hauptspeicher benötigt. Der Inhalt des
Adreßregisters ADR ist über einen Multiplexer auf die Adreßleitungen des Systembus aufschaltbar. In Bild 18 ist die Funktion der 3 wesentlichen Leitwerksregister BR, BZ und ADR während des Befehlszyklus grafisch veranschaulicht.

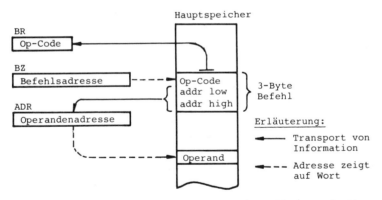

Bild 18   Zur Funktion der Leitwerksregister BR, BZ und ADR

Das eigentliche Steuerungszentrum innerhalb des Leitwerks ist
die Ablaufsteuerung. Zum Erzeugen der Steuersignale, die die
Abläufe auslösen, benötigt sie Informationen von verschiedenen
Seiten (Bild 17). Die Befehlsdekodierung liefert (operationscodeabhängige) Dekodiersignale, die der Ablaufsteuerung sagen,

was zu tun ist. Status- und Meldesignale zeigen den aktuellen
Zustand des Mikroprozessors (Prozessorstatus s. Abschn. 2.1)
und externe Bedingungen (Programmunterbrechung, Warteanforderung) an, die zu berücksichtigen sind. Eine Zeitschaltkette
erzeugt aus einem angelieferten Grundtakt die verschiedenen
Taktzustände T_1, T_2 ... T_n, die das zeitliche Raster für die
Steuersignale festlegen. Die üblichen Grundtakte liegen zwischen 2 MHz und 16 MHz.

Die Ablaufsteuerung kann entweder als synchrones Schaltwerk
aus Zustandsspeichern und logischen Verknüpfungen realisiert
sein (engl. hardwired logic) oder als speichermikroprogrammiertes Steuerwerk mit einem Mikroprogrammspeicher. Dieser Mikroprogrammspeicher ist zu unterscheiden vom Hauptspeicher,
der die Mikrocomputer-Befehle aufnimmt. Die letztgenannte Lösung ist oft in 16-Bit-Mikroprozessoren mit großem Befehlsvorrat realisiert, während das zuerst genannte Konzept vielen
einfacheren Mikroprozessoren, auch dem 8085, zugrundeliegt.
Auf die detaillierte Darstellung der zwei Realisierungsformen
wird hier verzichtet. Aus der Vielzahl der Veröffentlichungen
zum Schaltwerksentwurf seien hier |8|, |9|, |10| und |11| genannt.

Die erzeugten Steuersignale (auch Schaltwellen genannt) veranlassen sämtliche Mikrooperationen innerhalb und außerhalb des
Prozessors. Mikrooperationen sind kleinste, zeitlich nicht
weiter unterteilbare Hardware-Abläufe, z.B. Transporte zwischen Registern, Inkrementieren des Befehlszählers, ALU-Operationen, Verschieben eines Registerinhalts um eine Stelle. Ein
Mikrocomputer-Befehl setzt sich aus einer genau definierten
Folge von Mikrooperationen zusammen, die durch die entsprechenden Steuersignale veranlaßt werden.

1.2.5 Abläufe im Mikroprozessor

Nach Abschn. 1.2.4 setzt sich ein Mikroprozessorbefehl aus
einer Folge von Mikrooperationen zusammen, die auf der Mikroprozessorstruktur (Bild 17) ablaufen. Um zu einer übersicht-

lichen und aufwandsoptimierten Ablaufsteuerung zu gelangen, wird jeder <u>Befehlszyklus</u> in eine <u>Befehls-Abrufphase</u> und eine <u>Befehls-Ausführungsphase</u> unterteilt, die nach Bild 19 zyklisch aufeinanderfolgen.

<mark>1.2.5.1 Startvorgang.</mark> Wie wird die Ablaufsteuerung nach dem Einschalten der Versorgungsspannung gezielt zum Abarbeiten des ersten Befehls in einem Programm veranlaßt? Durch Drükken der Rücksetztaste (Reset-Taste) oder durch implizites Rücksetzen beim Einschalten der Versorgungsspannung (Einschalt-Reset) wird ein Rücksetzimpuls am Mikroprozessor erzeugt, der den Startvorgang einleitet. Das Resetsignal unterbricht alle Abläufe im Mikroprozessor und erzwingt eine Verzweigung des Programmablaufs auf eine festgelegte Startadresse (Kaltstartadresse). Hierzu überschreibt die interne Ablaufsteuerung das Befehlszähler-Register BZ hardwaremäßig mit der Kaltstartadresse und ruft den Befehl aus dem Hauptspeicher ab, auf den der Befehlszähler dann zeigt. Bei vielen Mikroprozessortypen bewirkt das Resetsignal einfach das Löschen des Befehlszähler-Registers, so daß der erste Befehl des Startprogramms auf der Speicheradresse ØØØØH stehen muß (Bild 20). In der Regel ist das Startprogramm unzerstörbar in einem ROM-Speicher abgelegt. Es belegt bestimmte Prozessorregister und Speicherzellen mit Ausgangswerten, nimmt Geräteeinstellungen vor, und meldet sich dem Bediener z.B. in der Form: "MONITOR V.1.0". Das Startprogramm wird deswegen auch als Initialisierungsprogramm bezeichnet.

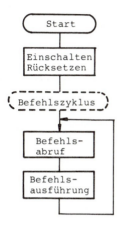

Bild 19
Einschaltvorgang und Befehlszyklus

<mark>1.2.5.2 Befehlsablauf.</mark> Die übrigen Befehlszähler-Funktionen nach Bild 20 werden im "normalen" Befehlsablauf benötigt. Die

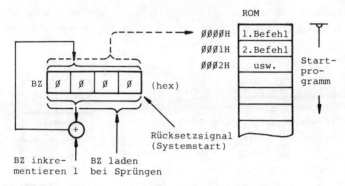

Bild 20 Funktionen des Befehlszähler-Registers BZ

Inkrementiereinrichtung erhöht den Befehlszählerinhalt nach jedem Auslesen eines Befehlsbytes aus dem Speicher um eins. Bei Programmverzweigungen (Sprüngen) wird der Befehlszähler mit der im Sprungbefehl angegebenen Adresse überschrieben. Eine Übersicht über die möglichen Abläufe bei Abruf und Ausführung der Mikroprozessorbefehle gibt Bild 21. Dieses allgemeine Befehlsablaufdiagramm liegt dem 8085 und vielen 8-Bit-Mikroprozessoren zugrunde.

Geht man von den üblichen Befehlsformaten eines Mikroprozessors gemäß Bild 8 aus, dann sind in der Befehls-Abrufphase - abhängig vom Operationscode im ersten Befehlsbyte - ein, zwei oder drei Befehlsbytes aus dem Speicher abzurufen. Danach wird der Operationscode im Leitwerk erneut auf andere Weise entschlüsselt, um den Einstieg in die richtige Befehls-Ausführungsphase zu finden. Dabei denkt man zunächst an die Ausführung der verschiedenen Operationsarten zur Datenverarbeitung wie Addition, Subtraktion, Logische Verknüpfungen, Datentransporte und Programmverzweigungen (vgl. Befehlsfamilien in Abschn. 1.1.4). Die Darstellung aller Operationsarten in dem allgemeinen Befehlsablaufdiagramm ergäbe sehr viele Verzweigungen der Ausführungsphase, die sich oftmals nur in der Steuerung der ALU-Funktion unterscheiden. Deshalb wird die eigentliche Befehlswirkung in Bild 21 einheitlich durch einen

- 53 -

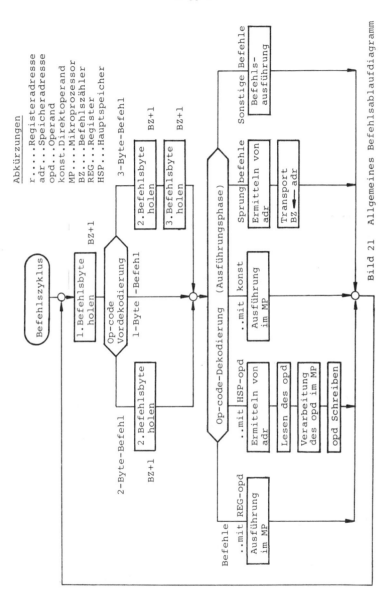

Bild 21 Allgemeines Befehlsablaufdiagramm

Ausführungsblock dargestellt. Von allgemeiner Bedeutung für alle Befehle sind Art und Herkunft der zu verarbeitenden Operanden, die vor der eigentlichen Ausführung der Operation bereitgestellt werden müssen. Nach Bild 21 können die Operanden wahlweise in einem oder mehreren Registern des Prozessors stehen (Registeroperand), im Befehl direkt angegeben sein (Direktoperand, engl. immediate operand) oder aus dem Hauptspeicher des Systems ausgelesen bzw. in diesen übertragen werden (Speicheroperand). Register- und Speicheroperanden können - vom Befehl abhängig - Quelloperand, Zieloperand (Ergebnisoperand) oder beides zugleich sein.

Beispiel 10: Register-Speicher-Befehl "ADD r,adr". Wirkung des Befehls: Der Inhalt eines Arbeitsregisters r ergibt sich durch Addition des Speicheroperanden (adr) zum bisherigen Registerinhalt:

Schreibweise: $(r)_{neu} \longleftarrow (r)_{alt} + (adr)$

Register-   Register-   Speicher-
Zieloperand   Quelloperand   Quelloperand

Da Befehlsfolgen durch das laufende Programm nicht verändert werden sollen, ist der Direktoperand ausschließlich Quelloperand. In einem Befehl können Operanden unterschiedlicher Herkunft verarbeitet werden (Bsp. 10).

In der Ausführungsphase (Bild 21) sind die Sprungbefehle als eigener Zweig dargestellt, weil hierbei die Speicheradresse das Verzweigungsziel angibt. Der Zweig "Sonstige Befehle" steht für Befehle ohne Operanden (z.B. HALT-Befehl), für Systembefehle (z.B. EI, d.h. enable interrupt) und Ein-/Ausgabebefehle, die eine Ein-/Ausgabeadresse mitführen.

1.2.5.3 Adressierung. Durch die drei unterschiedlich langen Befehlsformate in der 8-Bit-Mikroprozessortechnik paßt sich die Befehlslänge und damit der Speicherbedarf gut an die Erfordernisse der Operandenadressierung an. Man unterscheidet üblicherweise Einadreßbefehle mit einer expliziten Adreßangabe

und Zweiadreßbefehle mit zwei expliziten Adressen im Befehl.
Die Adreßangaben können Speicheradressen und Registeradressen
sein, sofern der Mikroprozessor außer dem Akkumulator über
mehrere programmierbare Mehrzweck-Register verfügt. Der Mikroprozessor 8085 hat mit dem Akkumulator sieben 8-Bit lange
Mehrzweckregister. Die implizite - im Operationscode festgelegte - Einbeziehung des Akkumulators zählt nicht als Adressierung.
Die ersten 4 Adressierungsarten (Bild 22 bis einschl. Bild 25)
sind im Mikroprozessor 8085 |12||13| realisiert. Die gewählten Befehle aus dem 8085-Befehlsvorrat sind Beispiele für die
jeweilige Adressierungsart und darüberhinaus für mögliche Ausführungsphasen nach Bild 21.

1. Registeradressierung

Im ersten Befehlsbyte ist die Adresse r eines Registers angegeben, das den Operanden enthält.

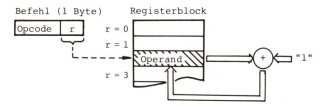

Bild 22   Registeradressierung im Befehl "INR r"

Der Befehl "INR r" (Inkrementiere Register r) hat die Wirkung: (r) ← (r) + 1 .

Zur Adressierung der Speicherzellen des Hauptspeichers (RAM
bzw. ROM) werden im Mikroprozessor reale, absolute Speicheradressen gebildet. Dabei stellt die Ablaufsteuerung nach Maßgabe des Operationscodes eine auf den Anfang des physikalischen Speichers bezogene, absolute Adresse bereit und überträgt diese an die Speichereinheit. Im Gegensatz dazu entsteht
bei virtueller Adressierung (z.B. paging) zunächst eine virtu-

elle Adresse, die vor dem Zugriff auf den Speicher in eine reale Speicheradresse übersetzt werden muß |14|.

2. Direkte Speicheradressierung

Der Befehl enthält im zweiten und dritten Befehlsbyte eine vollständige reale Speicheradresse adr, die auf einen Operanden im Hauptspeicher zeigt (Bild 23) oder ein Sprungziel angibt.

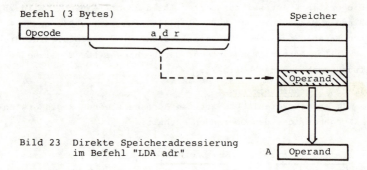

Bild 23   Direkte Speicheradressierung
          im Befehl "LDA adr"

Der Befehl "LDA adr" (Lade den Akkumulator mit dem Speicheroperand von Adresse adr) ist ein Einadreßbefehl mit der Wirkung: (A) ← (adr). Der Akkumulator A wird implizit adressiert.

3. Indirekte Speicheradressierung

Bei der register-indirekten Adressierung wird die 16-Bit lange Speicheradresse aus einem Register bzw. Registerpaar entnommen, das im Befehl explizit oder implizit angegeben ist. Voraussetzung ist dabei, daß die Speicheradresse (auch Index) vorher durch andere Befehle in das Registerpaar geschrieben wurde. Befehle mit register-indirekter Adressierung sind Ein-Byte-Befehle, die neben dem Operationscode ggfs. eine Registeradresse enthalten.

Der Befehl "ADD M" (Addiere den Speicheroperanden, dessen Adresse im Registerpaar HL steht, zum Akkumulatorinhalt) des 8085 entnimmt die Adresse adr des Speicheroperanden dem

Registerpaar HL des Registerblocks (Bild 24). In der formalen Beschreibung der Befehlswirkung: (A) ← (A) + ((HL)) ist ((HL)) der Speicheroperand, auf den die Speicheradresse (HL) im Registerpaar HL zeigt.

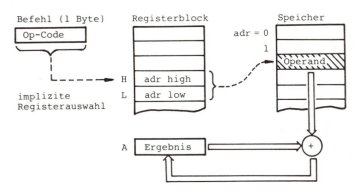

Bild 24 Register-indirekte Adressierung im Befehl "ADD M"

Bei der speicherindirekten Adressierung ist im Befehl eine Speicheradresse adr enthalten, die auf die im Speicher liegende Adresse eines Speicheroperanden zeigt; im Mikroprozessor 8085 nicht vorhanden.

4. Direktoperand-Adressierung

Bei der Direktoperand-Adressierung (engl. immediate operand) steht ein 1-Byte-Operand im zweiten Befehlsbyte (Bild 25), ein 2-Byte-Operand im zweiten und dritten Befehlsbyte. Der 8085-Befehl "MVI r,konst" (Lade Register r mit

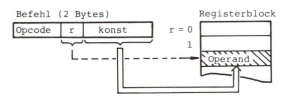

Bild 25 Direktoperand im Befehl "MVI r,konst"

Direktoperand konst) lädt den Direktoperanden in ein Arbeitsregister mit der Adresse r: (r) ← konst.

Der im Mikroprozessor 8085 häufig verwendete Befehl "LXI rp, adr" (Lade Index Immediate) lädt die im Befehl enthaltene 16-Bit Adresse adr unmittelbar in das angegebene Registerpaar rp: (rp) ← adr.

5. Indizierte Speicheradressierung

Nicht im 8085 realisiert, aber ansonsten weit verbreitet ist die indizierte Adressierung. Befehle mit dieser Adres-

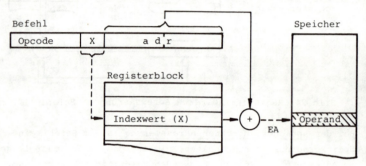

Abk.: EA d.h. Effektive Adresse

Bild 26   Indizierte Speicheradressierung

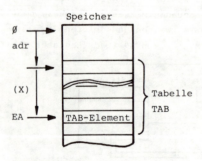

Bild 27   Indizierter Zugriff auf Tabelle

sierungsart addieren hardwaremäßig zu dem konstanten Adreßteil adr aus dem Befehl eine im Programm veränderbare Adreßkomponente aus einem Indexregister X, den Indexwert (X) (Bild 26). Vor jedem Speicherzugriff während der Ausführungsphase bildet der Prozessor die effektive Speicheradresse EA: EA ← adr + (X). Als Indexregister sind in der Regel die Mehrzweckregister ansprechbar. Die indizierte Adressierung erleichtert den Zugriff auf die Elemente einer Tabelle. Nach Bild 27 zeigt dabei adr auf den Anfang der Tabelle TAB, während der Indexwert (X) ein Element innerhalb der Tabelle auswählt. Durch Verändern von Indexwerten während des Programmlaufs kann eine Befehlsfolge unterschiedliche Tabellenelemente bearbeiten.

1.2.6 Ein-/Ausgabe und Peripheriegeräte

Zum Austausch von Information zwischen dem Mikrocomputer und seiner Umgebung werden Peripheriegeräte benötigt (Periphere Einheiten PE vgl. Bild 10). Ebenso wie die Speichereinheiten können periphere Geräte nur über die Systembus-Schnittstelle an den Mikroprozessor angeschlossen werden. Entsprechend den vielseitigen Einsatzmöglichkeiten von Mikrocomputern gibt es eine Vielzahl unterschiedlicher Peripheriegeräte:

Periphere Speicher
* Diskettenspeicher (floppy disc), Plattenspeicher (Winchester drive)
* Digital-Kassettenspeicher, Audio-Kassettenrecorder
* Magnetblasenspeicher (engl. magnetic bubble memory)

Ein-/Ausgabegeräte
* Schalter, Taster, Hexadzimaltastatur, ASCII-Tastatur
* LED (engl. light emitting diode), LED-Zeilen, Siebensegmentanzeigen, Punktmatrixanzeigen, Flüssigkristall-Displays
* Datensichtgeräte mit Tastatur, Grafiksichtgeräte, Monitore
* Fernschreiber, Teletypes
* Drucker (Matrixdrucker, Typenraddrucker), Plotter
* Digitalisier-Eingaben
* Lochstreifengeräte

Prozeßperipherie
* Digital-Ein-/Ausgabe (passiv/aktiv)
* Analog-Ein-/Ausgabe (passiv/aktiv)
* Sensoren für physikalische Größen
* Stellglieder

Eine spezielle Form der Ein-/Ausgabe ist die Kopplung von Mikrocomputern über lokale Netzwerke (<u>LAN</u> d.h. <u>Local area network</u>) oder Datenfernübertragungseinrichtungen.

Zur Anschaltung der Peripheren Einheiten mit unterschiedlichen elektrischen Schnittstellen und unterschiedlichem Zeitverhalten an den Systembus des Mikroprozessors sind eine Vielzahl von <u>Ein-/Ausgabebausteinen</u> (Interface-Bausteine) vorhanden (Bild 28). <u>Sie koordinieren den Datenaustausch zwischen dem</u>

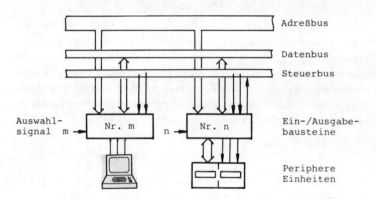

Bild 28 Anschluß von peripheren Einheiten über Ein-/Ausgabebausteine

<u>Systembus und den peripheren Geräten</u>, wobei an einem Ein-/Ausgabebaustein (EA-Baustein) meist nur ein oder zwei Geräte betreibbar sind. Man unterscheidet drei Gruppen von EA-Bausteinen:

<u>Einfache, nichtprogrammierbare Ein-/Ausgabebausteine</u> sind uni- oder bidirektionale Pufferbausteine ohne und mit Zwischenspeicher (engl. latch). Unidirektionale Pufferbausteine mit Zwischenspeicher sind die Typen 8212 und 8282 mit je 8 Bitstellen. Bidirektionale Pufferbausteine ohne latch sind die Typen 8216 (4 Bit breit) und 8286 (8 Bit breit) |54|.

<u>Programmierbare Standard-Ein-/Ausgabebausteine</u> (engl. general

purpose peripherals) benötigen vor der eigentlichen Ein-/Ausgabe der Daten bestimmte Steuerwörter (engl. control words) vom Mikroprozessor, die ihre Übertragungsfunktionen bestimmen, solange sie nicht durch neue Steuerwörter überschrieben oder durch einen Reset-Vorgang gelöscht werden. Ein auf Ein-/Ausgabe spezialisierter frei programmierbarer Mikrocomputer ist der UPI 8041 (engl. universal peripheral interface |17|. Er wird wie ein Ein-/Ausgabebaustein an den Haupt-Mikroprozessor (engl. host computer) angeschlossen und betreibt mehrere Ein-/Ausgabegeräte.

Programmierbare Spezial-Interface-Bausteine (engl. dedicated function peripherals) ermöglichen die direkte Anschaltung verschiedener Peripheriegeräte oder Übertragungssysteme mit einem oder wenigen hochspezialisierten Bausteinen an den Systembus des Mikroprozessors. Diese Spezial-Interface-Bausteine ersetzen einen Standard-EA-Baustein und die teilweise umfangreiche Gerätesteuerelektronik. Beispiele:
Die Bausteine 8271 |16| bzw. 279X |18| gestatten den Anschluß von Floppy Disk-Laufwerden an den Systembus von Mikrocomputern, die CRT-Controller-Bausteine (CRT d.h. cathod ray tube) 8275 |15| und 6845 (MOTOROLA) beinhalten die Steuerung für Video-Bildschirme. Für den Betrieb von Tastaturen und Hexadezimalanzeigen am Systembus des 8085 gibt es die Steuerbausteine 8278 und 8279 |15|, für den Anschluß von Digitalkassettenspeichern z.B. den Baustein uPD 371. Über den IEC-Bus (International Electrotechnical Commission), genormt als IEEE 488-Bus (Institute of Eelectronic and Electrical Engineers) läßt sich eine Umgebung von Meßgeräten, Funktionsgeneratoren u. dgl. an den Mikrocomputer anschließen. Die IEC-Bus-Controller-Bausteine 8291 und 8292 |15| generieren den IEC-Bus an den Mikroprozessoren der 80'er Reihe. Für das bitserielle lokale Netzwerk ETHERNET entstehen hochintegrierte Schnittstellen-Bausteine (engl. transceiver) für alle verbreiteten Mikrocomputersysteme. Diese wenigen Beispiele mögen einen Eindruck von der Leistungsfähigkeit der Spezial-Interface-Bausteine vermitteln.

Sämtliche Ein-/Ausgabebausteine (EA-Bausteine) werden vom Mikroprozessor entweder durch Ein-/Ausgabebefehle ("IN port", "OUT port") oder durch Lade-/Speicherbefehle zu Ein/Ausgabeoperationen veranlaßt. Der Datenfluß geht bei der Ausgabe vom Mikroprozessor über Systembus und EA-Baustein zur peripheren Einheit bzw. bei Eingabe vom Peripheriegerät über den EA-Baustein und den Systembus in den Mikroprozessor (Bild 29).

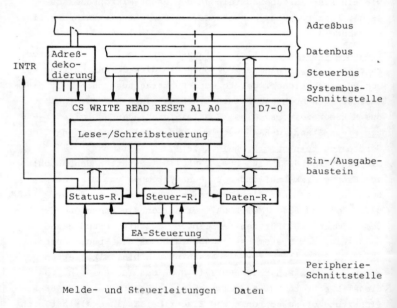

Abk.: R. d.h. Register   CS   d.h. chip select
      EA d.h. Ein-/Ausgabe INTR d.h. interrupt request

Bild 29 Prinzipieller Aufbau von programmierbaren Ein-/Ausgabebausteinen

Die EA-Befehle enthalten eine 8-Bit lange Ein-/Ausgabeadresse oder Kanaladresse (engl. input/output address oder port address), die u. a. das Auswahlsignal CS (engl. chip select) für den adressierten EA-Baustein am Systembus liefert. Nur die ausge-

wählte Einheit korrespondiert während des Ein-/Ausgabezyklus mit dem Systembus. Einzelne niederwertige Adreßleitungen des Systembus (z.B. A0 und A1 in Bild 29) werden direkt an den EA-Baustein geführt; sie wählen innerhalb des Bauseins verschiedene Datenkanäle, Steuerregister und Statusregister aus.
Der Befehl "IN port" schaltet das Lese-Steuersignal READ in den Aktivzustand, worauf die Lese-/Schreibsteuerung des Bausteins den Inhalt des Datenregisters auf den Datenbus legt. Vorher muß das Datenregister mit einem gültigen Wert von der Peripherie geladen worden sein. Der Befehl "OUT port" setzt das Schreib-Steuersignal WRITE aktiv und bewirkt damit die Übernahme der Information vom System-Datenbus in das Datenregister. Das Datenwort kann anschließend an die periphere Einheit weitergegeben werden.
Zur Programmierung (Initialisierung) des Bausteins überträgt der Mikroprozessor vor der eigentlichen Daten-Ein-/Ausgabe ein (oder mehrere) Steuerwort mit dem Befehl "OUT Steuer-R" in das Steuer-Register (engl. control register), das über die Ein-/Ausgabesteuerung des Bausteins fortan den Datenaustausch mit der peripheren Einheit bestimmt. Hierbei generiert der Baustein - vom Steuerwort abhängig - Steuersignale zur Peripherie hin und empfängt Meldesignale von der Peripherie.
Das Status-Register eines programmierbaren EA-Bausteins beschreibt dessen aktuellen Zustand, z.B. mit den Zustandsbits "Datenpuffer voll", "Ein-/Ausgabefehler" oder "Blockendemeldung". Bestimmte Zustandsbits nehmen Meldungen von der Peripherie auf. Der Status des Bausteins kann mit dem Befehl "IN Status-R" in den Mikroprozessor eingelesen und im Programm analysiert werden. Wichtige Zustände, auf die der Mikroprozessor sofort reagieren soll, können mit eigenen Unterbrechungsleitungen (INTR, Bild 29) direkt an den Mikroprozessor gemeldet werden (s. Interruptorganisation Abschn. 2.4). Das RESET-Signal bewirkt das Rücksetzen des Bausteins in einen normierten Zustand.

Bei den gerätespezifischen Peripherieschnittstellen unterscheidet man grundsätzlich parallele und bitserielle Schnittstellen. Parallele Schnittstellen übertragen ein Byte über 8 Leitungen gleichzeitig, serielle Schnittstellen transferieren die Bitstellen eines Bytes zeitlich nacheinander über eine Leitung. Weil auf dem Systembus die Daten stets byteweise transportiert werden, führt der serielle EA-Baustein eine Serien-Parallelwandlung der Daten durch. Abschnitt 5 behandelt die Ein-/Ausgabeorganisation ausführlich.

1.2.7 Ergänzungseinheiten

Unter Ergänzungseinheiten versteht man Bausteine, die die Eigenschaften des zentralen Mikroprozessors hardwaremäßig erweitern und damit seine Leistungsfähigkeit wesentlich steigern. Solche Ergänzungseinheiten können insbesondere programmierbare Zeitgeber, Unterbrechungs-Steuerungen und Arithmetikprozessoren sein. Obwohl dies im engeren Sinne keine Ein-/Ausgabebausteine sind, werden sie innerhalb des Mikrocomputersystems organisatorisch als solche behandelt. Sie sind an den Systembus des Mikroprozessors angeschlossen, werden mit den gleichen Befehlen wie die EA-Bausteine angesprochen und durch die Übertragung von Steuerwörtern zu bestimmten Aktionen und Meldungen an den Mikroprozessor veranlaßt.

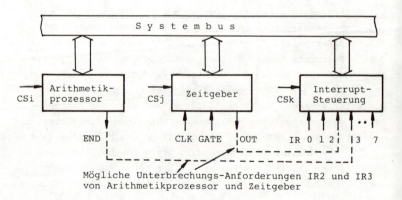

Bild 30 Ergänzungseinheiten am Systembus

Programmierbare Zeitgeberbausteine (engl. programmable interval timer) erzeugen mittels gesteuerter Zähler Zeitintervalle definierter Dauer bzw. verschiedene Impulsfolgen an einem Ausgang parallel zur Befehlsverarbeitung im Mikroprozessor. Für sehr viele Anwendungen aus der Meß-, Steuer- und Regelungstechnik ist eine exakte Zeitvermaßung Vorbedingung. Nach Bild 30 hat ein Zähler einen Takteingang CLK, eine GATE-Eingang, über den der Zähltakt gesperrt werden kann, und einen Ausgang OUT, der u.a. ein Signal beim Nulldurchgang des Abwärtszählers liefert.

Programmierbare Unterbrechungs-Steuerbausteine (engl. programmable interrupt controller) erweitern die Eigenschaften des Mikroprozessors dergestalt, daß sie zu Unterbrechungssignalen unterschiedlicher Herkunft hardwaremäßig eine Verzweigungsadresse adr(i) bilden, die der Unterbrechungsquelle i fest zugeordnet ist. Der Mikroprozessor verzweigt bei Auftreten eines Unterbrechungssignals IR(i) auf die angebotene Verzweigungsadresse adr(i). Näheres zur Unterbrechungsorganisation siehe Abschnitt 2.4.

Arithmetikprozessoren (engl. arithmetic processing unit, APU) erweitern den im allgemeinen bescheidenen Satz von Arithmetikbefehlen der 8-Bit-Mikroprozessoren und reduzieren die Ausführungszeiten arithmetischer Operationen erheblich. Die Arithmetikprozessoren Am 9511 |19| und 8231A |63| führen die 4 Grundrechnungsarten und weitere mathematische Funktionen (trigonometrische und logarithmische Funktionen, Potenzbildung) mit verschiedenen Festpunkt- und Gleitpunktzahlenformaten aus. Sie werden wie Ein-/Ausgabebausteine an den Systembus des Mikroprozessors angeschlossen und können den Abschluß einer übertragenen Rechenoperation mit einer Unterbrechung an den Mikroprozessor melden (Bild 30).

Die beschriebenen Funktionen der Ergänzungsbausteine können zwar alternativ durch Programme (software) im Mikroprozessor realisiert werden, wenn man die zusätzlichen Hardware-Komponenten einsparen will, sie belegen ihn aber andererseits auch. Beispielsweise belegt die Ausführung einer programmierten

Zählschleife den Mikroprozessor während des erzeugten Zeitintervalls vollständig.

1.3 Arithmetische und logische Operationen

Das Verständnis der vier Grundrechnungsarten mit Festpunkt-Dualzahlen ist einerseits erforderlich, um die hardwareseitig implementierten Arithmetikbefehle richtig anzuwenden, und andererseits, um die hardwareseitig nicht vorhandenen Rechenoperationen selbst durch Arithmetikprogramme realisieren zu können. Im Mikroprozessor 8085 sind z.B. lediglich die Addier- und Subtrahierbefehle für 8-Bit lange Festpunkt-Dualzahlen als Maschinenbefehle verfügbar (s. Abschn. 2.3.2), alle übrigen arithmetischen Operationen sind durch Programme auszuführen. Bei hohen Anforderungen an die Rechenleistung empfiehlt sich der Einsatz eines Arithmetikprozessors (vgl. Abschn. 1.2.7).

1.3.1 Addition und Subtraktion von Dualzahlen

1.3.1.1 Addition vorzeichenloser Festpunktzahlen.
Die Addition mehrstelliger Dualzahlen entspricht der Addition mehrstelliger Dezimalzahlen (Beispiel 11). Ist in einer Dualstelle die Summe größer oder gleich 2, dann entsteht in dieser Stelle ein Übertrag, der zur nächsthöheren Dualstelle hinzuaddiert wird. Liefert eine 8-stellige ALU einen Übertrag aus der höchstwertigen Stelle heraus, so ist - bei vorzeichenlosen Dualzahlen - das Ergebnis in einem 8-Bit Register nicht dar-

Beispiel 11: Addition vorzeichenloser 8-Bit Festpunktzahlen.

a) <u>ohne Überlauf</u>

```
         a          0 2 9            0 0 0 1 1 1 0 1
       + b        + 2 1 5          + 1 1 0 1 0 1 1 1
       Überträge        1       CY [0]   1 1 1 1 1
       Summe        2 4 4 $_{10}$      1 1 1 1 0 1 0 0 $_2$
```

b) <u>mit Überlauf</u>

```
         a            6 6            0 1 0 0 0 0 1 0
       + b        + 2 1 5          + 1 1 0 1 0 1 1 1
       Überträge        1       CY [1] 1       1 1
       Summe        2 8 1 $_{10}$      0 0 0 1 1 0 0 1 $_2$
```

stellbar: es liegt eine Überschreitung des Zahlenbereichs
(Überlauf, engl. o_verf_low OVF) vor. Der Übertrag (engl. c_arry,
CY) wird in ein Übertrags-Kennzeichenbit (engl. carry flag)
übernommen.
Die Ergebniszahl 244_{10} laut Beispiel 11.a liegt innerhalb des
definierten Zahlenbereichs 0.....255, das Übertragskennzeichen
ist Null. Im Beispiel 11.b liegt die Ergebniszahl mit 281_{10}
außerhalb des definierten Zahlenbereichs, das Übertragskennzeichen CY wird gesetzt und zeigt damit einen Überlauf an, das
Ergebnis im 8-Bit-Register ist falsch. Es würde stimmen, wenn
man das CY-Kennzeichen mit zur Zahlendarstellung hinzunehmen
und damit den darstellbaren Zahlenbereich verdoppeln dürfte.
Die 8-Bit Additionsbefehle des Mikroprozessors 8085 funktionieren in der beschriebenen Art und Weise.

1.3.1.2 Subtraktion vorzeichenloser Festpunktzahlen. Die Subtraktion von Dualzahlen (Differenz = Minuend - Subtrahend)
kann man wie im Dezimalen direkt, also ohne Umweg über das
Zweierkomplement vornehmen (Beispiel 12). Ein Borger (engl.
borrow) an die nächsthöhere Dualstelle tritt auf, wenn der
Subtrahend an dieser Stelle größer ist als der Minuend. Ein
Borger muß in der nächsthöheren Stelle vom Minuenden abgezogen
werden. Tritt ein Borger in der höchstwertigen Dualstelle auf,
dann ist der Subtrahend insgesamt größer als der Minuend und
die Differenz ist negativ. Da im definierten Bereich der vorzeichenlosen Betragszahlen 0.....255 negative Zahlen nicht
enthalten sind, liegt eine Überschreitung des Zahlenbereichs
vor. Ein Borger in der höchstwertigen Stelle zeigt also einen
Bereichsüberlauf (engl. overflow) an (Beispiel 12.b) In diesem
Falle ist das Ergebnis in den 8 Ziffernstellen falsch, wenn
man im Rahmen des vorgegebenen Zahlenbereichs bleibt. Bei genauerer Betrachtung stellt man fest, daß der Betrag des Ergebnisses (50) das Zweierkomplement des richtigen Ergebnisses
-206_{10} ist. Die Wirkung der Subtraktionsbefehle im Mikroprozessor 8085 ist so wie beschrieben, der sich ergebende Borger

wird hardwareseitig in das CY-Kennzeichenbit des Prozessors
übernommen (Beispiel 12).

Beispiel 12: Subtraktion vorzeichenloser 8-Bit Festpunktzahlen.

a) ohne Überlauf

```
    a          2 3 5              1 1 1 0 1 0 1 1
  - b        - 0 2 9            - 0 0 0 1 1 1 0 1
  Borger         1          B [0]    1 1 1
  Differenz  2 0 6 $_{10}$         1 1 0 0 1 1 1 0 $_2$
                            CY [0]
```

b) mit Überlauf

```
    b          0 2 9              0 0 0 1 1 1 0 1
  - a        - 2 3 5            - 1 1 1 0 1 0 1 1
  Borger       1 1          B [1]  1 1      1
  Differenz  ↑ 9 4 $_{10}$          0 0 1 1 0 0 1 0 $_2$
                            CY [1]
```

Unabhängig davon, wie die Festpunkt-Subtraktion in einem Mikroprozessor tatsächlich realisiert ist, läßt sich die beschriebene Subtraktion stets als Addition des Zweierkomplements einer Zahl auffassen. Für das folgende Beispiel 13 sei ein 4-Bit Dualzahlensystem ohne Vorzeichen mit dem Zahlenbereich $0\ldots15_{10}$ zugrundegelegt. Die Subtraktion wird auf die Addition zurückgeführt, indem man zunächst das Zweierkomplement des Subtrahenden bildet und dieses zum Minuenden hinzuaddiert. Dabei kann das Ergebnis im definierten Zahlenbereich $0\ldots15_{10}$ liegen (Beispiel 13.a) oder negativ werden, d.h. den erlaubten Zahlenbereich über- bzw. unterschreiten (Beispiel 13.b).

Welcher Fall vorliegt, ist dem Übertrag CY zu entnehmen, den die Addition des Zweierkomplements liefert: Bei korrektem Ergebnis (Beispiel 13.a) ist der Übertrag - auf Grund der Gesetzmäßigkeiten der Zweierkomplementbildung nach Abschnitt 1.1.2.2 - auf 1 gesetzt, man erhält den Borger der Subtraktion durch Invertieren des CY-Bit, also B = $\overline{CY}$ = 0. Im Überlauffall (Beispiel 13.b) liefert die Addition den Übertrag 0 und das Zweierkomplement $0101_2 = 5_{10}$ des richtigen Ergebnisbetrags $1011_2 = 11_{10}$. Da das zur vollständigen Darstellung des Ergebnisses erforderliche (negative) Vorzeichen in der 4-Bit-Zah-

lendarstellung keinen Platz hat, entspricht hier der Übertrag
CY = 0 dem Borger B = 1 der Subtraktion nach Beispiel 12.b.
Führt man in einem Programm die Subtraktion durch Addition des
Zweierkomplements aus, gilt für den Borger stets: $B = \overline{CY}$.

Beispiel 13: Subtraktion vorzeichenloser Festpunktzahlen durch
Addition des Zweierkomplements (4-Bit Dualsystem).

a) <u>ohne Überlauf</u> $d = a - b = 14 - 9 = 5_{10}$;   (Borger B = 0)

```
  a                        14  ─────────▶        1 1 1 0
- b                       - 9      - 1 0 0 1
+ b̄₂ (2er-Komplement)               0 1 1 1 ───▶ + 0 1 1 1
─────────────────────────────────────────────────────────
  d                         5₁₀            │ CY [1]  0 1 0 1 ₂
                                           │ B  [0]
```

b) <u>mit Überlauf</u> $d = a - b = 3 - 14 = -11_{10}$;   (Borger B = 1)

```
  a                         3  ─────────▶        0 0 1 1
- b                       -14      - 1 1 1 0
  b̄₂ (2er-Komplement)                0 0 1 0 ───▶ + 0 0 1 0
─────────────────────────────────────────────────────────
  d  (Komplement)          89₁₀            │ CY [0]  0 1 0 1 ₂
                                           │ B  [1]
```

1.3.1.3 Addition und Subtraktion von Zweierkomplementzahlen.

Hierbei wird von der üblichen, in Abschn. 1.1.2.2 beschriebenen Zahlendarstellung im Zweierkomplement mit Vorzeichenstelle ausgegangen, deren Zahlenbereiche für das 8-Bit- bzw. 16-Bit-Format gemäß Bild 5 definiert sind. Es können positive und negative Zahlen addiert werden; die Subtraktion kann durch die Addition des vorher komplementierten Subtrahenden ersetzt werden. Die Polarität des Ergebnisses ist aus der Vorzeichenstelle ersichtlich. Schwieriger ist die Erkennung des Überlauffalls beim Rechnen mit vorzeichenbehafteten Zweierkomplementzahlen. <u>Zunächst ist der sich bei der Addition ergebende Übertrag (CY) sehr sorgfältig von dem Überlauf (OVF) des Zahlenbereichs zu unterscheiden.</u> Bei dem 8-Bit-Zahlenformat nach Bild 5 liegt ein Überlauf vor, wenn die Ergebniszahl außerhalb des definierten Zahlenbereichs $-128\ldots\ldots 0\ldots\ldots +127_{10}$ liegt. Wäh-

rend der Übertrag aus der höchstwertigen Dualstelle heraus
durch die Besonderheiten der Zweierkomplementdarstellung bestimmt wird, entsteht ein Überlauf, wenn die Ziffernstellen in
die Vorzeichenstelle hinein überlaufen und diese in unzulässi-
ger Weise verändern. Eine Bereichsüberschreitung liegt genau
dann vor, wenn die Ausgangsoperanden a und b gleiche Vorzeichen haben und das Vorzeichen des Ergebnisses davon verschie-
den ist (Bild 31).

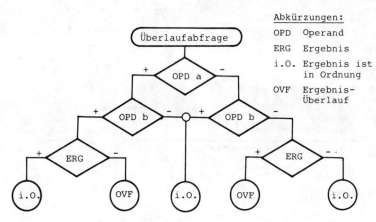

Bild 31 Überlaufabfrage bei Addition von Zweierkomplementzahlen

Einige Beispiele mögen die Mechanismen der Zweierkomplement-
arithmetik, die die Vorzeichenstelle rechnerisch genauso behandelt wie die Ziffernstellen, plausibel machen. Den Übertrag (carry) aus der höchstwertigen Dualstelle heraus liefert
die ALU des Rechenwerks automatisch, während die Feststellung
eines Überlaufs (OVF) nach der Addition durch eine zusätzliche
Logik nach Bild 31 erfolgen muß. Der besseren Übersicht wegen
wird in den Beispielen 14.a - d das 4-Bit-Zahlenformat mit dem
Zahlenbereich -8...∅...7 (dezimal) gewählt, das auch dem Zahlenring in Bild 4 zugrundeliegt.

Die oben erwähnte "zusätzliche Logik" zur Feststellung des
Überlauffalls kann entweder hardwaremäßig im Mikroprozessor
enthalten sein und ein Überlauf-Kennbit (OVF-flag) im Statuswort beeinflussen oder sie muß per Software realisiert werden.
Der 8085 besitzt kein OVF-flag. Beim Rechnen mit vorzeichenbehafteten Komplementzahlen muß die Überlauferkennung nach Bild
31 explizit programmiert werden.

<u>Beispiel 14: Addition und Subtraktion von Zweierkomplementen.</u>

a) Addition s = a + b

```
   a    (+4)           0 1 0 0
 + b   +(+3)         + 0 0 1 1
   s    (+7)    CY 0   0 1 1 1
                OVF 0  (+)
```

b) Addition s = a + b   (OVF!)

```
   a    (+4)           0 1 0 0
 + b   +(+7)         + 0 1 1 1
   s   (+11)    CY 0   1 0 1 1
                OVF 1  (-)
```

c) Subtraktion d = a - b

```
   a    (+7)                0 1 1 1
 - b   -(+4)    + b̄_2 =  + 1 1 0 0
   d    (+3)    CY 1        0 0 1 1
                OVF 0  (+)
```

d) Addition s = a + b   (OVF!)

```
   a    (-4)    + ā_2       1 1 0 0
 + b   +(-7)    + b̄_2 =  + 1 0 0 1
   s   (-11)    CY 1        0 1 0 1
                OVF 1  (+)
```

1.3.1.4 Mehrfachlange Addition und Subtraktion.

Oft benötigt
man einen größeren Zahlenbereich, als die relativ kurze Wortlänge von einem Byte zuläßt. Es müssen auch 16-Bit-, 24-Bit-
und 32-Bit-lange Dualzahlen verarbeitet werden. Sofern der Mikroprozessor keine Rechenbefehle für diese Zahlenformate enthält, muß der Anwender selbst Programme für die gewünschte
Mehrbyte-Arithmetik schreiben oder einer Programmbibliothek
entnehmen. Dabei werden zuerst die niederwertigen Zahlenbytes
und dann die höherwertigen unter Berücksichtigung des Über-
trags/Borgers aus dem niederwertigen Teil miteinander verknüpft. Es gibt geeignete Maschinenbefehle, die zwei Operanden
und das Übertragsbit (CY) als einlaufenden Übertrag/Borger
verarbeiten (engl. add with carry, subtract with borrow). <u>Der
8085 verfügt zusätzlich zur 8-Bit-Arithmetik über einen Ad-
dierbefehl für 16-Bit-Zahlen.</u>

1.3.2 Multiplikation und Division von Dualzahlen

Die <u>Multiplikation</u> von Dualzahlen gehorcht denselben Gesetzen
wie die Dezimalmultiplikation. Man bildet die Teilprodukte
Multiplikand x Multiplikatorstelle (i) und summiert die Teilprodukte stellenrichtig zum Produkt auf. Zwei n-stellige Dualzahlen ergeben ein Produkt von 2n Stellen. Ein Überlauf ist
bei der Multiplikation nicht möglich. Am einfachsten ist die
Multiplikation mit vorzeichenlosen Dualzahlen (Bild 32), bei
der Durchführung der Multiplikation mit Zweierkomplementzahlen
sind anschließend Korrekturoperationen erforderlich.

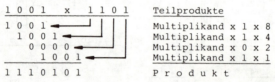

```
    Multiplikand x Multiplikator
    1 0 0 1   x   1 1 0 1         Teilprodukte
    1 0 0 1                       Multiplikand x 1 x 8
      1 0 0 1                     Multiplikand x 1 x 4
        0 0 0 0                   Multiplikand x 0 x 2
          1 0 0 1                 Multiplikand x 1 x 1
    ─────────────
    1 1 1 0 1 0 1                 P r o d u k t
```

Bild 32 Multiplikationsschema am Beispiel 9 x 13 = 117

Auf Grund der einfachen Multiplikation mit der Multiplikatorstelle 0 bis 1 sind die Teilprodukte entweder 0 oder gleich
dem Multiplikanden. In der ALU des Mikroprozessors wird die
Multiplikation als Folge von Verschiebe- und Addierschritten
realisiert. Ist dieser Ablauf im Mikroprogramm des Leitwerks
(hardwaremäßig) implementiert, dann stehen Multiplikationsbe-
fehle zur Verfügung. Bei vielen Mikroprozessoren der 8-Bit-
Klasse ist dies nicht der Fall; hier muß der Multiplikations-
algorithmus durch eine Befehlsfolge verwirklicht werden. Die
Ausführung dieses Programms benötigt natürlich mehr Zeit als
<u>ein</u> Multiplikationsbefehl.
Eine Multiplikation mit 2 oder Potenzen von 2 entspricht einer
oder mehreren Verschiebungen nach links (<u>Überlauf beachten!</u>).

Die <u>Division</u> (Dividend : Divisor) liefert einen Quotienten und
u.U. einen Rest. Im folgenden sollen die Divisionsverfahren an

Hand von vorzeichenlosen ganzen Dualzahlen betrachtet werden. Der einfachste Divisionsalgorithmus besteht darin, den Divisor so oft vom Dividenden zu subtrahieren, bis der verbleibende Rest negativ wird. Die letzte Subtraktion muß durch eine Addition des Divisors rückgängig gemacht werden, um einen positiven Rest zu erhalten. Der Quotient ist die Anzahl der tatsächlich durchgeführten Subtraktionen; er gibt an, wie oft der Divisor im Dividenden enthalten ist. Diese naheliegende Methode (Bild 33) kann angewendet werden, wenn die Laufzeit des Programms unkritisch ist.

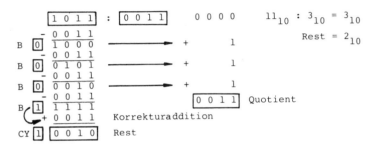

Bild 33 Einfacher Divisionsalgorithmus

Schneller kommt man zum Ziel, wenn man - ähnlich wie bei der manuellen Dezimaldivision - schrittweise den <u>gewichteten Divisor</u> vom Dividenden subtrahiert, wie dies in Bild 34 am Beispiel von 4-Bit langen vorzeichenlosen Festpunktzahlen gezeigt wird. Man beginnt hierbei mit der Ermittlung der höchstwertigen Quotientenstelle, d.h. man prüft, ob der Divisor $2^3 = 8$ mal im Dividenden enthalten ist. Zur Durchführung dieser Subtraktion ist der Dividend vor dem Ablauf um die erforderliche Anzahl von führenden Nullen aufzuweiten.
Liefert die Subtraktion von "Divisor x 2^3" keinen Borger, dann ist der Divisor 8 mal enthalten, die Quotientenstelle ist "1". Ergibt sich bei derselben Subtraktion ein Borger, dann ist der Zwischenrest negativ, der Divisor ist <u>nicht</u> 8 mal enthalten und die Quotientenstelle wird auf "0" gesetzt. Die vorwegge-

nommene Subtraktion muß durch die Addition von "Divisor x 2^3" wieder rückgängig gemacht werden (Korrekturaddition). Anschließend wird auf dieselbe Weise geprüft, ob der durch Hinzunahme der nächstniedrigen Dividendenstelle entstandene Zwischenrest den Quotienten $2^2 = 4$ mal enthält usw. Der letzte positive Zwischenrest nach n-maliger Subtraktion - bei n-stelligem Dividenden - ist der Rest der Division. Durch Fortsetzen der Division erhält man wie im Dezimalen <u>gebrochene</u> Dualstellen rechts vom Komma. Ausführlich ist die Division in |20| beschrieben.

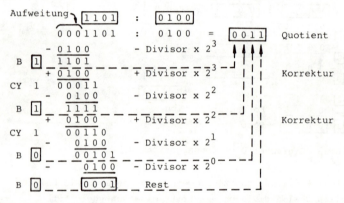

Bild 34   Divisionsalgorithmus mit Subtraktion des gewichteten Divisors (am Beispiel 13 : 4 = 3 Rest 1)

<u>Der Mikroprozessor 8085 hat keine hardwaremäßig realisierten Divisionsbefehle.</u> Eine einfache Division durch 2 erhält man durch eine Verschiebung des Operanden um eine Stelle nach rechts.

1.3.3 Logische Operationen

Ein Mikroprozessor arbeitet intern nach den Gesetzen der Boolschen Algebra und er verfügt auch über <u>Maschinenbefehle</u>, die logische Operanden nach Gesetzen der zweiwertigen Logik verar-

beiten. Die Befehle des Mikroprozessors 8085 beziehen sich auf
logische 8-Bit-Binärworte (logische Operanden) nach Bild 1;
sie verknüpfen die einzelnen logischen Binärstellen (z.B. A7.
...AØ) nach den Gesetzen der Boolschen Algebra mit den entsprechenden Binärstellen eines anderen logischen Worts (Multi-
bitoperation). Die am häufigsten als Maschinenbefehle realisierten logischen Operationen sind in Tafel 6 zusammenge-
stellt |21|. Zur Beschreibung der logischen Funktionen mittels

Tafel 6   Logische Operationen

Operation	Symbol DIN 66000	USA-Norm	Beispiel
UND-Verknüpfung Konjunktion	$\wedge$	$\cdot$	$a \wedge b$
ODER-Verknüpfung Disjunktion	$\vee$	$+$	$a \vee b$
EXCLUSIVES ODER Antivalenz	↔	$\oplus$	$a \leftrightarrow b$
NICHT-Operation Negation	$\bar{a}$ oder: $-a$	$\bar{a}$	$\bar{a}$

Wahrheitstabellen sei auf |5| verwiesen. Beispiele für die
Ausführung der logischen Verknüpfungen von 8-Bit-Binärworten
durch Maschinenbefehle (UND, ODER, EXOR, NICHT) sind in Bild
35.a-d gegeben. Alle weiteren logischen Funktionen lassen sich
im Programm aus den in Tafel 6 angegebenen Verknüpfungen realisieren. Die NICHT-Operation erzeugt das Einerkomplement $\bar{a}$
einer 8-Bit-Ausgangsgröße a; durch Addieren einer Eins erhält
man das Zweierkomplement $\bar{a}_2$. Beim 8085 verändern die logischen
Befehle mit Ausnahme des NICHT-Befehls (8085-Mnemonic: CMA)
die Statusbits (s. Abschn. 2.3.3).

Neben der Ausführung der logischen Verknüpfungen an sich ermöglichen die Logikbefehle die Verarbeitung von Einzelbits und
Bitgruppen innerhalb eines Bytes. Durch die UND-Verknüpfung
eines logischen Bytes (Operand a in Bild 35.a) mit einer Bit-
maske ØFH (Operand b in Bild 35.a) wird z.B. die linke Tetrade
von a auf Null gelöscht, so daß nur die Werte der rechten 4

Bitstellen im Wort die Einstellung der Status-flags bestimmen.

a) UND-Befehl   a = 10101010   b) ODER-Befehl   a = 10101010
   $c = a \wedge b$ b = 00001111 $c = a \vee b$ b = 00001111
                   c = 00001010   c = 10101111

c) EXOR-Befehl   a = 10101010   d) NICHT-Befehl   a = 10101010
   $c = a \leftrightarrow b$ b = 00001111 $c = \bar{a}$ c = 01010101
                   c = 10100101

Bild 35 Wirkungsweise von Logikbefehlen

1.4 Programmieren von Mikrocomputern

1.4.1 Problemanalyse und Programmablaufplan

Bevor man die ersten Befehle eines Mikrocomputerprogramms - wie
in Abschn. 1.1.4 dargestellt - niederschreibt, muß man sich
zunächst über das zu lösende Problem gründlich Klarheit verschaffen. In dieser wichtigen Phase der Problemanalyse muß die
Aufgabe exakt definiert und schrittweise in eine sinnvolle
Folge von Teilaufgaben zerlegt werden. Es sind Randbedingungen
zu klären: Welche peripheren Geräte/Einrichtungen sind zu betreiben? Welche Eingangsdaten sind zu erwarten, welche Aus-
gangsdaten sind bereitzustellen? Sind Laufzeitanforderungen an
das Programm zu stellen?
Schon in dieser Phase empfiehlt es sich, mit Programmablaufplänen oder Flußdiagrammen zu arbeiten. Sie beschreiben nach
|22| den Ablauf der Operationen in einem informationsverarbei-
tenden System in Abhängigkeit von den jeweils vorhandenen Daten. Erfahrungsgemäß sind Ablaufdiagramme mit genormten Opera-
tionssymbolen nach Bild 36 ein geeignetes Hilfsmittel zur Dokumentation der festgelegten Aufgaben und Abläufe. Die
schrittweise Verfeinerung des zunächst groben Ablaufplans
(engl. top down design) unter Berücksichtigung des vorgegebenen Mikrocomputersystems führt zu einem detaillierten Programmablaufplan, der als Vorlage für die Niederschrift der Befehle in einer Programmiersprache dient.

Die Sinnbilder für Programmablaufpläne (Bild 36) werden in der Regel innen bzw. an den Ein-/Ausgangsstellen beschriftet. Die Vorzugsrichtung der Ablauflinien ist "von oben nach unten" und "von links nach rechts". Um die Abläufe eindeutig zu dokumentieren, ist nach |22| die Anbringung von Pfeilspitzen empfehlenswert.

Die Aufstellung von Programmablaufplänen soll an Hand einer kleinen Aufgabe gezeigt werden. Es ist ein Additionsprogramm ADD5A zu schreiben, das 5 vorzeichenlose (absolute) 8-Bit lange Festpunktzahlen aus dem Speicher aufaddiert und die Summe auf den Bildschirm eines Datensichtgeräts ausgibt.

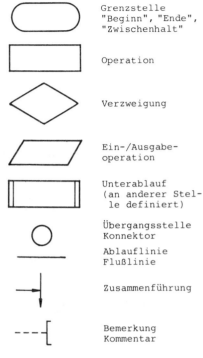

Bild 36 Symbole für Programmablaufpläne nach DIN 66001

Die Anfangsadresse OPDLI der Operandenliste, die die 5 Festpunktzahlen in aufeinanderfolgenden Speicherbytes enthält, sei bekannt. Auf eine Überlaufabfrage wird verzichtet.

Einen ersten groben Ablaufplan zur Lösung der Aufgabe könnte man wie in Bild 37.a skizzieren. Aussagekräftiger ist schon der nächste Schritt (Bild 37.b). Hier wird berücksichtigt, daß zu Beginn die Adresse der Operandenliste OPDLI bereitzustellen und ein Schleifenzähler mit einer Zählgröße (hier 5) zu laden ist. Die folgende Programmschleife wird so oft ausgeführt, wie es der Schleifenzähler angibt. Bei jedem Durchlauf der Schleife wird ein Operand aus dem Speicher zur Zwischensumme SUM addiert, die Adresse des Operanden um 1 erhöht und der Schleifenzähler um 1 heruntergezählt. Das Programm verläßt die Schleife an der Verzweigungsstelle, wenn der Schleifenzähler den Wert 0 erreicht hat. Zum Schluß ist noch eine Ausgabeoperation - die Ausgabe der Summe auf den Bildschirm - vorzunehmen.

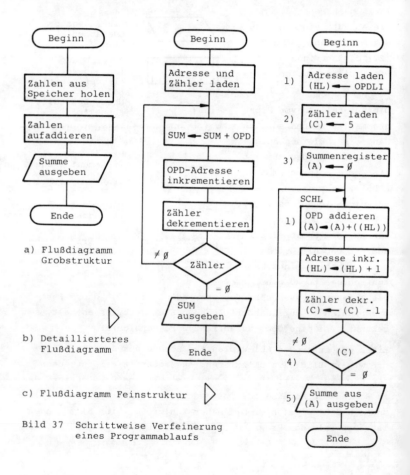

a) Flußdiagramm Grobstruktur

b) Detailliertes Flußdiagramm

c) Flußdiagramm Feinstruktur

Bild 37 Schrittweise Verfeinerung eines Programmablaufs

Als Zuweisungssymbol wird der Pfeil "←" verwendet; er weist den Wert des Ausdrucks SUM + OPD auf der rechten Seite der Größe SUM zu.

In dem sehr fein aufgelösten Flußdiagramm von Bild 37.c wird die Struktur des Mikroprozessors berücksichtigt, auf dem das Programm ablaufen soll. Insbesondere sind die geeigneten Register zu verwenden und bei den Operationen die Befehlswirkungen des Zielprozessors zu berücksichtigen. Hier wurden die Struktur und der Befehlssatz des Mikroprozessors 8085 zugrundegelegt. Das feinstrukturierte Flußdiagramm läßt sich nahezu 1:1 in symbolische Assemblerbefehle des 8085 umsetzen.

Für die Aufstellung des feinstrukturierten Flußdiagramms müssen die folgenden Eigenschaften des Mikroprozessors 8085 als bekannt vorausgesetzt werden, wobei sich die Nummern auf Bild 37.c beziehen:

zu 1) Die Adresse für den Zugriff auf aufeinanderfolgende Operanden im Speicher ist in das Registerpaar HL zu laden. Der Additionsbefehl "ADD M" nimmt den Inhalt von HL als Speicheradresse und addiert den Speicheroperanden zum Akkumulatorinhalt hinzu (vgl. Bild 24).

zu 2) Es gibt ein Register C, in dem die Zählgröße dekrementiert werden kann.

zu 3) Register sind mit beliebigen Werten ladbar, also auch mit dem Wert ∅.

zu 4) Die Verzweigung im Programmablaufplan ist durch einen bedingten Verzweigungsbefehl realisierbar, der Registerinhalte abfragt. Ist der Inhalt von C ungleich ∅, dann springt der Befehlszähler auf den Anfang der Programmschleife SCHL, ist der Registerinhalt gleich ∅, wird mit dem nächsten Befehl fortgefahren.

zu 5) Die Ausgabe der Summe auf einen Bildschirm ist nicht mit einem Befehl möglich. Hierzu ist ein Ausgabeprogramm NMOUT aufzurufen, das in Abschn. 3.3 erläutert wird.

Flußdiagramme geben offenbar einen guten Überblick über den Programmablauf, sie sagen jedoch nichts über den Aufbau der Daten und deren Lage im Speicher aus. Für größere Programme empfiehlt sich die Aufstellung so detaillierter Flußdiagramme wie in Bild 37.c nicht, der geübte Programmierer findet die Einzelheiten besser in einer Programmliste (s. Abschn. 1.4.2).

1.4.2 Programmieren in Assemblersprache

In diesem Abschnitt wird als Beispiel das Assemblerprogramm für den im Flußdiagramm (Bild 37) dargestellten Ablauf entwickelt.

1.4.2.1 Maschinencode und Assemblersprache.
Die bei kleineren Mikrocomputersystemen am weitesten verbreitete Programmiersprache ist die maschinennahe Assemblersprache. Im Abschnitt 1.1.4 sind die Schreibweisen von Maschinenbefehlen in der symbolischen Assemblernotation und im binären bzw. hexadezimalen Maschinencode gegenübergestellt.

Die maschinennähste Form der Programmierung ist das Hinschreiben der Befehle in der Maschinensprache des Mikroprozessors, so daß direkt ablauffähiger Maschinencode (Objektcode) entsteht, der in den Mikrocomputer eingegeben werden kann. Der Maschinencode ist eine Folge von Binärmustern in wahlweise binärer oder hexadezimaler Darstellung. Dies ist eine mühselige, für die Erstellung größerer Programme unbrauchbare Programmiermethode. Wie "übersichtlich" ein so erstelltes Programm wird, läßt die Darstellung in den Bildern 7.b und 7.c ahnen.

Ein wichtiger Schritt in Richtung auf eine brauchbare, dem Menschen näherstehende Programmier-"Sprache" ist die Einführung der Assemblersprache. Sie ist eine maschinenorientierte Programmiersprache |7|, die sämtliche Maschinenbefehle eines Mikroprozessortyps in symbolischen, mnemotechnischen Abkürzungen (z.B. "ADD E" statt "10000011") enthält und Speicherplätze mit symbolischen Adressen (Namen) adressiert. Jeder Mikroprozessortyp hat seine eigene Assemblersprache, die seinem Befehlsvorrat und seiner Prozessorstruktur entspricht. Sie wird entweder von Hand oder meist durch eigene Übersetzerprogramme (Assemblierer, engl. assembler) in die Bitmuster des prozessorspezifischen Maschinencodes übersetzt (Bild 38).

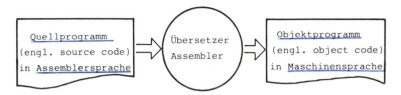

Bild 38 Assembliervorgang

1.4.2.2 Speicherplan.
Um sich eine Übersicht über die Lage der Befehle und Daten im Hauptspeicher zu verschaffen, sollte man vor der Erstellung des Programms ergänzend zum Programmablaufplan einen Speicherplan aufstellen. Dies ist für die vorliegende Aufgabe ADD5A sehr einfach und bei größeren Programmen mit komplexeren Datenanordnungen sehr hilfreich. Gemäß Bild 39 wird festgelegt, daß die Befehlsfolge ADD5A auf der Adresse 1ØØØH beginnt und der Datenbereich mit der symbolischen Adresse OPDLI daran anschließend 5 Bytes belegt. Der Speicherbereich von Adresse ØØØØH bis ØFFFH sei durch ein übergeordnetes Betriebsprogramm belegt. Außerdem ist im allgemeinen ein Stackbereich erforderlich, dessen Bedeutung und Funktionsweise noch in Abschnitt 2.1 erläutert wird.

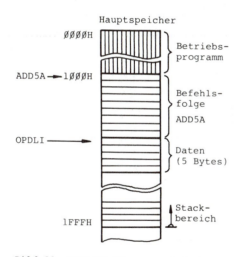

Bild 39 Speicherplan zur Aufgabe ADD5A

1.4.2.3 Programmzeilen in Assemblersprache.

Ein Programm in Assemblersprache besteht aus Programmzeilen. Eine Programmzeile wiederum setzt sich aus 4 Feldern zusammen, die durch Begrenzer (engl. delimiter) getrennt sein müssen (Bild 40). Als Begrenzer dient hier mindestens ein Leerzeichen (engl. blank). Nicht jedes der 4 Felder muß belegt sein. Zur formatierten Eingabe der Programmzeilen wird in der Regel der Tabulator der Tastatur benutzt. Jede Programmzeile ist mit dem Begrenzer Wagenrücklauf (CR) abzuschließen. Für die zulässigen Einträge in die einzelnen Felder gibt es - mit Ausnahme des Kommentarfeldes - strenge formale Regeln, die in der Definition einer Assemblersprache, z.B. |7|, festgelegt sind. Das Übersetzungsprogramm prüft während des Übersetzungsvorgangs, ob der Programmierer die Syntaxregeln eingehalten hat und bringt Fehlermeldungen, wenn Abweichungen vorhanden sind. Der Übersetzer übersetzt nur syntaktisch einwandfreie Programme.

Marke: Name	Op-Code	Operanden Adressen	Kommentar
ADD5A:	LXI	H,OPDLI	;Adresse nach Reg.-paar HL
	MVI	C,5	;Zählgrösse 5 ins C-Register
	MVI	A,Ø	;Summenregister löschen
SCHL:	ADD	M	;Operand ((HL)) zu A addieren
	INX	H	;Operandenadresse erhöhen
	DCR	C	;Operandenzähler erniedrigen
	JNZ	SCHL	;Sprung nach SCHL, wenn (C) ≠ Ø
	CALL	NMOUT	;Aufruf der Ausgaberoutine
	HLT		;Programm anhalten

Bild 40 Programmzeilen in Assemblersprache (nach Bild 37.c)
→ s. auch S.84 unten / S.85

Im folgenden wird die prinzipielle Struktur einer Assemblersprache in Anlehnung an den 8085-Assembler |7| beschrieben. Das Beispiel ADD5A in Bild 40 enthält die Assembler-Befehle für den in den Flußdiagrammen (Bild 37) dargestellten Ablauf.

Das Markenfeld (auch Namenfeld) kann die symbolische Adresse einer Programmzeile enthalten. Eine Marke (engl. label) muß vergeben werden, wenn diese Programmzeile von anderer Stelle aus adressiert werden soll, da beim Schreiben des Assemblerprogramms die absoluten Speicheradressen der Befehle in der Regel nicht bekannt sind. Eine Marke besteht (beim 8085-Assembler) aus bis zu 6 alphanumerischen Zeichen, muß stets mit einem Buchstaben anfangen und mit einem Doppelpunkt abgeschlossen werden. In Bild 40 sind die Marken ADD5A (Programmanfang) und SCHL (Schleifen-Einsprungstelle) definiert. Im Markenfeld stehen auch die Namen von konstanten und variablen Werten im Speicher.

Im Operationscode-Feld (Op-Code-Feld) der Programmzeilen stehen entweder die mnemonischen Abkürzungen von Maschinenbefehlen (Bild 40), die das Übersetzerprogramm im Verhältnis 1:1 in ausführbare Maschinenbefehle des Mikrocomputers übersetzt, oder nicht ausführbare Anweisungen an das Übersetzerprogramm (Assembleranweisungen oder Pseudobefehle), die während des Assembliervorganges zwar ausgewertet, aber nicht in ausführbare Maschinenbefehle übersetzt werden. Assembleranweisungen findet man in Bild 41.

Im Operanden-/Adressenfeld stehen Direktoperanden und/oder Adressen. Beide können als absolute Zahlen in verschiedenen Zahlensystemen (dezimal, hexadezimal, oktal, binär) oder als symbolische Namen vorkommen. Ein symbolischer Name im Operandenfeld kann einen Operanden, einen Speicherplatz, einen Ein-/Ausgabekanal oder ein Register bzw. Registerpaar bezeichnen. Jeder im Operandenfeld verwendete symbolische Name muß im Marken-/Namenfeld definiert sein. Beim ersten Übersetzungslauf ermittelt der Assembler die programmrelativen oder absoluten Adressen der Marken und Namen im Markenfeld, die er in einem zweiten Assemblerlauf in die Operanden-/Adressenfelder der Befehle einträgt. Namen müssen mit einem Buchstaben, Zahlen - auch Hexadezimalzahlen - müssen mit einer Ziffer Ø.....9 beginnen.

Mögliche Zahlenangaben im Operanden-/Adressenfeld sind nach

|7|: 1Ø9BH (hexadezimal), ØA3H (hexadezimal), 13 oder 13D
(dezimal), 57 O (oktal), 1Ø1Ø11ØØB (binär). Der Hexadezimalzahl
A3 muß in der Assemblerschreibweise eine Ø vorangestellt werden. Darüberhinaus können ein oder mehrere ASCII-Zeichen, von
Hochkommas eingeschlossen, als Operand angegeben werden. Der
Befehl "MVI A,'*'" lädt die ASCII-Codierung 00101010 (vgl. Tafel 3) in den Akkumulator.
Ein Befehl kann zwei, einen oder keinen Operanden haben (Bild
40). Zwei Operanden sind durch Komma zu trennen, wobei der erste Operand die Zieladresse und der zweite die Quelle enthält.
Z.B. bewirkt der Befehl "MVI C,5" in Bild 40 das Laden des
symbolisch adressierten Registers C mit dem dezimalen Wert 5.

In das Kommentarfeld schreibt der Programmierer Erklärungen zu
der Programmzeile, die nicht Gegenstand der Übersetzung sind.
Der Übersetzer übernimmt die Kommentare jedoch mit in den As-
sembler-Ausdruck (Assembler-listing) auf. Kommentarzeilen (beginnend mit einem Semikolon) können nach Bedarf eingeschoben
werden. Gute Kommentare sind, ebenso wie Flußdiagramme, ein
wesentliches Hilfsmittel der Programmdokumentation. Im Gegensatz zu Bild 40 sollen sie für den geübten Programmierer nicht
die (bekannte) Wirkungsweise der Assemblerbefehle, sondern deren Aufgabe und Funktion im Programm erläutern.

Ein entscheidender Vorteil der Einführung von symbolischen
Adressen für Befehle und Daten ist die Änderungsfreundlich-
keit. Bei nachträglichem Hinzufügen oder Herausnehmen von Befehlen oder bei Änderungen in der Datenstruktur verschieben
sich die physikalischen Adressen und damit die physikalischen
Adreßbezüge im Operandenfeld der Befehle. Die symbolischen
Adressen bleiben davon unberührt. Erst beim (erneuten) Übersetzen werden die physikalischen Speicheradressen eingesetzt.

1.4.2.4 Assembleranweisungen.

Sieht man sich die Befehlsfolge
in Bild 40 genauer an, so fällt auf, daß die im Operanden-/
Adressenfeld verwendeten symbolischen Namen OPDLI und NMOUT
im Markenfeld nicht definiert sind. Wo liegen die 5 Operanden,

wo liegt die Ausgaberoutine NMOUT im Speicher? Dem Übersetzerprogramm wird außerdem nicht mitgeteilt, daß das Programm ADD5A nach dem Speicherplan (Bild 39) auf der Adresse 1ØØØH beginnen soll. Der Assembler kann das unvollständige Programm in Bild 40 nicht übersetzen. Ein Assembler, der absolute Adressen in den lauffähigen Objektcode einsetzt, benötigt absolute Adreßangaben, die dem Übersetzer durch Assembleranweisungen bekannt zu machen sind. Bild 41 zeigt das um die notwendigen Assembleranweisungen (mit Pfeil markiert) erweiterte, vollständige Programm ADD5A. Es wurde außerdem ein ausführbarer Assemblerbefehl "LXI SP, 1FFFH" hinzugefügt, der den Stackpointer gemäß Bild 39 auf den Anfangswert 1FFFH setzt.

Die Assembleranweisung "ORG adr" (engl. origin) am Anfang eines Programms teilt dem Übersetzer mit, an welcher Stelle im Speicher das übersetzte Maschinenprogramm zum Zeitpunkt der Ausführung stehen soll. Im Beispiel (Bild 41) ordnet die ORG-

Marke: Name	Op-Code	Operanden Adressen	Kommentar
;Kommentarzeile:		Programm ADD5A mit Assembleranweisungen	
NMOUT	EQU	Ø7ØØH	;Adresszuweisung ←
	ORG	1ØØØH	;Angabe der Anfangsadresse ←
ADD5A:	LXI	SP,1FFFH	;Stackpointer direkt laden
	LXI	H,OPDLI	;Adresse nach Reg.-paar HL
	MVI	C,5	;Operandenzähler ins C-Reg.
	MVI	A,Ø	;Summenregister löschen
SCHL:	ADD	M	;Operand ((HL)) zu A addieren
	INX	H	;Operandenandresse erhöhen
	DCR	C	;Operandenzähler erniedrigen
	JNZ	SCHL	;Sprung nach SCHL, wenn (C) ≠ Ø
	CALL	NMOUT	;Aufruf der Ausgaberoutine
	HLT		;Programm anhalten
OPDLI:	DB	15,7,129,7,9	;Define Byte-Anweisung ←
	END		←

Bild 41 Vollständiges Assemblerprogramm (nach Bild 37.c)

Anweisung der Anfangsmarke ADD5A die physikalische Adresse
1ØØØH zu, an der der erste ausführbare Befehl "LXI SP, 1FFFH"
beginnt. Fehlt die ORG-Anweisung, dann geht der Assembler nach
|7| von der Anfangsadresse Ø aus.
Die "END"-Anweisung am statischen Ende eines Quellprogramms
zeigt dem Assembler das Programmende an.

Die Anweisung "name EQU expr" (engl. equates) weist dem Namen
im Markenfeld den für die Laufzeit des Programms konstanten
Wert von expr zu; expr kann ein konstanter 8-Bit-Wert oder
eine 16-Bit-Adresse sein |7|. Der Ausdruck expr im Operanden-
feld kann eine Zahl in einem zulässigen Zahlensystem oder ein
vom Assembler zu berechnender arithmetischer Ausdruck sein.
Die EQU-Anweisung definiert keine Speicherzelle; der Name im
Markenfeld darf nicht mit einem Doppelpunkt abgeschlossen werden. Für die zwei Programmzeilen von Bild 41

```
            NMOUT   EQU     Ø7ØØH
            ...
                    CALL    NMOUT
```

setzt der Assembler im Maschinencode hexadezimal ab: CD ØØ Ø7.
CD ist der Operationscode des Aufrufbefehls CALL, ØØ ist das
niederwertige und Ø7 das höherwertige Byte der Adresse.

Nach Bild 39 sollen die fünf Operanden im Hauptspeicher im Anschluß an die auszuführende Befehlsfolge abgelegt werden. Die
DB-Anweisung (engl. define byte) "[marke:] DB operanden" legt
die im Operandenfeld definierten Bytes ab der symbolischen
Adresse marke in aufeinanderfolgenden Speicherplätzen ab. Eine
DB-Anweisung kann bis zu acht, durch Kommata getrennte Bytes
belegen. Die physikalische Anfangsadresse der definierten Daten ergibt sich aus dem Stand des Adreßpegels während der Assemblierung an dieser Stelle. Der aktuelle Adreßpegel zeigt dem
Assembler stets die nächste verfügbare Speicherstelle zur Ablage von übersetzten Befehlen oder Daten an (s. Abschn. 1.4.3).
In Bild 41 wird der Adreßpegelstand nach dem letzten übersetzten Befehl dem Namen OPDLI zugewiesen. Die Daten im Operanden-
teil sind dezimal definiert.
Weitere Anweisungen des 8085-Assemblers |7| sind hier aus
Platzgründen nicht behandelt.

Das dynamische Ende des Programms (Bild 41) wird durch den Halt-Befehl HLT markiert. Der Mikroprozessor bleibt auf diesem Befehl stehen, bis er z.B. durch ein Reset-Signal auf die Speicheradresse Ø springt.

1.4.3 Programmerstellung mit maschinellem Assembler

Kleine Programme kann man von Hand mit Hilfe der Befehlsliste aus der Assemblersprache in den ablauffähigen Maschinencode übersetzen, was in der Einarbeitungsphase durchaus zu empfehlen ist. Für etwas längere Programme ist die manuelle Methode zu zeitaufwendig und zu fehleranfällig; man setzt Übersetzungsprogramme (Assembler) ein. Die umfangreichen Übersetzerprogramme können in der Regel nicht auf den teilweise recht "kleinen" Anwendungssystemen ablaufen, für die das Programm erstellt wird. Die Übersetzung erfolgt entweder auf Universalrechnern oder auf spezialisierten Mikrocomputer-Entwicklungssystemen (s. Abschn. 3.1). Im Prinzip sind zwei Übersetzungsläufe erforderlich:

Im ersten Lauf ermittelt der Assembler den Speicherbedarf für Befehle und Daten; er übernimmt alle im Markenfeld auftretenden Namen in eine Symboltabelle und ordnet ihnen ihre absolute Adresse im Programm bzw. deren Wert (bei der EQU-Anweisung) zu. Die absoluten Adressen gibt der Adreßpegelzähler des Assemblers an, der zu Beginn der Übersetzung auf die absolute Programmanfangsadresse gesetzt wird (ORG-Anweisung).

Im zweiten Lauf setzt der Assembler den Maschinencode ab. Dabei ersetzt er die symbolischen Adressen im Operanden-/Adressenfeld durch die absoluten (physikalischen) Adressen aus der Symboltabelle. Mit der Übersetzung wird gleichzeitig eine Programmliste (engl. program listing) erzeugt, die das Quellprogramm (Bild 41) und den gewonnenen Maschinencode in Hexadezimaldarstellung enthält.

Sämtliche Arbeitsschritte bei der Entwicklung eines Programms mit automatischem Assembler vom Programmablaufplan bis zur Dokumentation sind in Bild 42 in Form eines Flußdiagramms dargestellt. Auf Grund der bisherigen Erläuterungen und den Be-

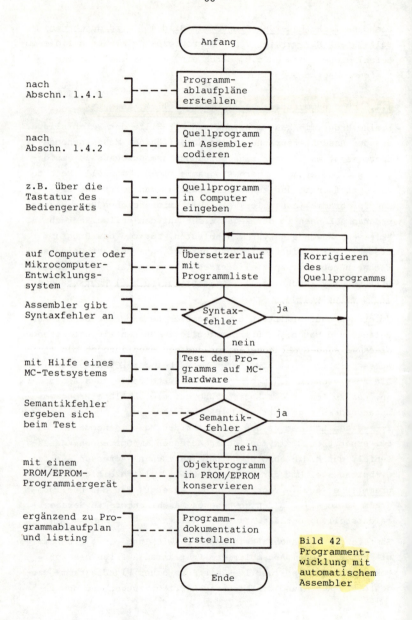

Bild 42
Programmentwicklung mit automatischem Assembler

merkungen zu jedem Symbol dürfte das Flußdiagramm weitgehend "selbsterklärend" sein. Auf Mikrocomputer-Entwicklungssysteme wird in Abschnitt 3 eingegangen.

1.4.4 Höhere Sprachen und Struktogramme

Höhere Programmiersprachen sind problemorientiert und (weitgehend) rechnerunabhängig |23|. Ihre Sprachelemente, die Anweisungen (engl. statements), sind im Gegensatz zur Assemblersprache nicht aus den Maschinenbefehlen eines Mikroprozessortyps übernommen, sondern durch den Einsatzbereich bestimmt. Man unterscheidet die Aufgabenbereiche der technisch-wissenschaftlichen Datenverarbeitung, der kommerziellen Datenverarbeitung und der Prozeßdatenverarbeitung (Echtzeit-Datenverarbeitung). Auf Mikrocomputern angewendete höhere Sprachen mit unterschiedlichen Einsatzschwerpunkten sind FORTRAN, BASIC, PASCAL, PL/M und C.

Ein statement einer problemorientierten Sprache wird in der Regel durch eine Anzahl von Maschinenbefehlen auf dem Mikroprozessor zur Ausführung gebracht. Es ist die Aufgabe des maschinenorientierten Übersetzerprogramms (engl. compiler), für die Anweisungen der höheren Sprache den Machinencode des Zielrechners zu erzeugen.

Auf die Sprachelemente von höheren Sprachen besonders zugeschnitten sind die Struktogramme oder Nassi-Shneidermann-Diagramme |23|, die üblicherweise mit Anweisungen in einem Pseudocode (Entwurfsprache) beschriftet werden. Struktogramme ersetzen hier die in Abschnitt 1.4.1 beschriebenen Flußdiagramme.

Obwohl das Schreiben eines Programms in einer höheren Sprache im allgemeinen einfacher ist und kürzere Entwicklungszeiten (mehr Anweisungen pro Tag) beansprucht als das Codieren in Assemblersprache, behauptet sich letztere vor allem im Bereich der hardware-nahen, realzeit-orientierten Anwendungen |24||25|. Oft werden in einer höheren Programmiersprache geschriebene Programmteile (Moduln) mit Assemblerroutinen zusammengebunden. Man spricht dann von multimodularer Programmierung.

2 Der Mikroprozessor 8085

Der Mikroprozessor 8085 ist kein isolierter Baustein; er ist in Struktur und Befehlsvorrat eng verwandt mit der 80'er Reihe der INTEL- bzw. SIEMENS-Mikroprozessoren, die bei den 8-Bit Single Chip-Mikrocomputern 8048 und 8051 beginnt, die 8-Bit Mikroprozessoren 8080 und 8085 einschließt und bei den leistungsfähigen 16-Bit Mikroprozessoren 8088, 8086 und 80286 endet. Auf Grund der weitgehend identischen Bus-Schnittstellen sind die Ein-/Ausgabe-, Interface- und Ergänzungsbausteine des 8085 an allen Mikroprozessortypen der 80'er Reihe einsetzbar.

In diesem Kapitel werden Struktur, Schnittstellen und Befehlssatz des Mikroprozessors 8085 (MP 8085) soweit dargestellt, daß der Anwender den Baustein 8085 zum Aufbau von Mikrocomputersystemen einsetzen und effiziente 8085-Programme schreiben kann. Es ist nicht die Aufgabe dieses einführenden Skriptums, auf begrenztem Platz die Datenbücher und Programmier-Handbücher eines bestimmten Mikroprozessortyps vollständig wiederzugeben. Hierzu sei auf die Produktbeschreibungen |7|, |12|, |13| und |61| verwiesen.

Der Baustein 8085A ist ein VLSI-Baustein (very large scale integration), in dem etwa 5000 Transistorfunktionen auf einer chip-Fläche von ca. 6 x 6 mm^2 integriert sind. Er ist in einem 40-poligen dual-in-line-Gehäuse verpackt, dessen Anschlußbelegung Bild 43 zeigt. Der 8085 benötigt nur eine Versorgungsspannung von 5 Volt und arbeitet in den NMOS-Versionen mit 3 MHz, 5 MHz oder 6 MHz, in der CMOS-Version mit 3 MHz Grundtakt |62|.

2.1 Struktur des Mikroprozessors 8085

Die allgemeine Beschreibung der Struktur von Mikroprozessoren in den Abschnitten 1.2.4 und 1.2.5 wird hier für den MP 8085 konkretisiert und ergänzt. Der Baustein 8085 enthält das Rechenwerk einschließlich ALU und Registerstruktur, das Leitwerk einschließlich Takterzeugung, Ablauf- und Systembussteuerung, eine Unterbrechungssteuerung und serielle Ein-/Ausgabeleitun-

gen, wie auf dem 8085-Blockschaltbild (Bild 44) erkennbar ist.
Die 40 Anschlüsse des MP 8085 teilen sich auf in den Systembus
mit Steuerbus, Adreß- und Datenleitungen, in die seriellen
Ein-/Ausgänge (SID, SOD) und die Unterbrechungseingänge.

Da der MP 8085 mehr Schnittstellensignale benötigt, als
das 40-polige Gehäuse zur Verfügung stellt, werden die
8 Busleitungen AD7-∅ zweifach genutzt. Innerhalb eines Buszyklus sind sie im
Zeitmultipexbetrieb zuerst die niederwertigen Adreßleitungen A7-∅ und anschließend für den Rest des Zyklus
die Datenleitungen D7-∅.
Logisch gesehen hat der MP 8085 sechzehn Adreßleitungen,
die einen Speicheradressenbereich von 64 K Bytes erschließen.

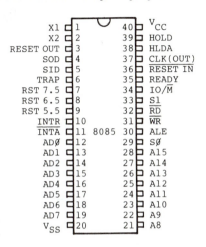

Bild 43 Anschlußbelegung des Bausteins 8085

2.1.1 Register- und Transportstruktur

Der Mikroprozessor 8085 hat als interne, zentrale Verkehrsader
einen 8-Bit breiten Datenbus D7-∅, an den alle 8-Bit- und 16-
Bit Register des Prozessors angeschlossen sind (Bild 44). Über
den bidirektionalen Daten-/Adressenpuffer (ADR/DATEN) kann der
interne Datenbus D7-∅ auf den externen Datenbus AD7-∅ geschaltet werden und umgekehrt, was bei jedem Speicher- und Ein-/
Ausgabezyklus geschieht. Der interne Aufbau des 8085 entspricht
im Prinzip der allgemeineren Struktur in Bild 17.

Die 8-Bit- und 16-Bit Register des 8085 (Bild 44) lassen sich
in programmierbare und nichtprogrammierbare Register unterteilen. Die für den Anwender wichtigen programmierbaren Register
(Bild 45) sind in den Maschinenbefehlen explizit (durch Registeradressen) oder implizit (durch den Operationscode) adres-

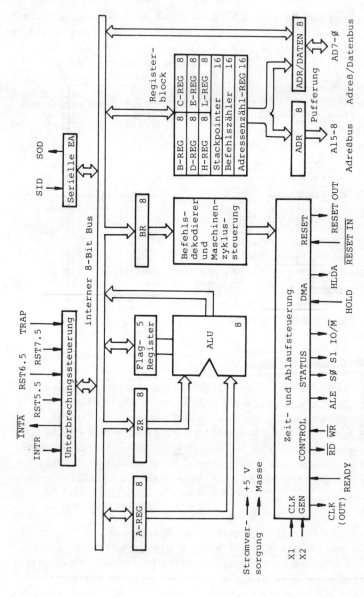

Bild 44 Blockschaltbild des Mikroprozessors 8085 (Abkürzungen vgl. Bild 17)

sierbar. Man unterscheidet hierbei <u>Universalregister</u> (Mehrzweckregister, engl. general purpose register) zur Kurzzeitspeicherung von Daten und Adressen und <u>Spezialregister</u> mit festgelegten Funktionen.

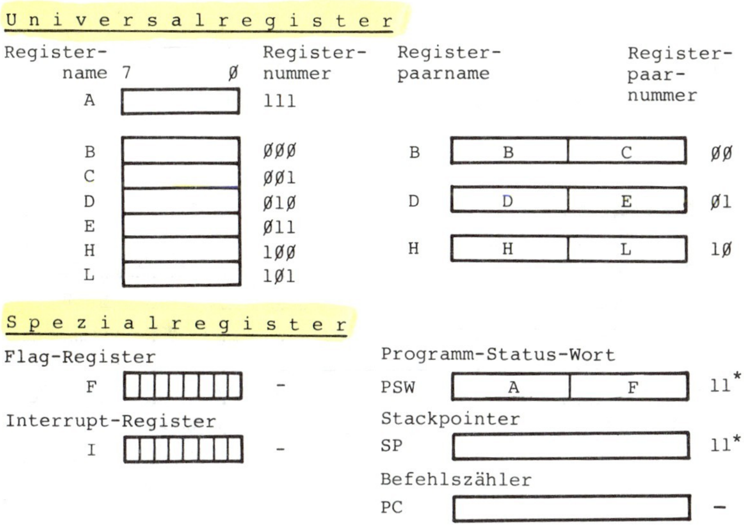

Universalregister

Registername	7 0	Registernummer	Registerpaarname			Registerpaarnummer
A	[ ]	111				
B	[ ]	000	B	B	C	00
C	[ ]	001				
D	[ ]	010	D	D	E	01
E	[ ]	011				
H	[ ]	100	H	H	L	10
L	[ ]	101				

Spezialregister

Flag-Register

F [| | | | | | |] -

Interrupt-Register

I [| | | | | | |] -

Programm-Status-Wort

PSW [A | F   ] 11*

Stackpointer

SP [   ] 11*

Befehlszähler

PC [   ] -

*) Dieselbe Registerpaarnummer adressiert das PSW bei PUSH-/POP-Befehlen und den SP bei den übrigen Befehlen.

Bild 45   Programmierbare Register des Mikroprozessors 8085 (Programmiermodell)

Die Universalregister A,B,C,D,E,H,L - wobei A für Akkumulator steht - sind einzeln als 8-Bit Register oder als 16-Bit Registerpaare BC,DE,HL mit den <u>Registerpaarnamen B, C und H</u> ansprechbar. Die 2-Bit oder 3-Bit lange Registernummer ist Teil des ersten Befehlsbytes. Das Registerpaar HL hat neben seiner allgemeinen Verwendbarkeit eine spezielle Funktion bei der registerindirekten Speicheradressierung: <u>HL muß die absolute Adresse des Speicheroperanden enthalten</u> (vgl. Bild 24). Bei einigen Befehlen können auch die Registerpaare BC oder DE die Speicheradresse zur Verfügung stellen.

<u>Die Spezialregister haben im einzelnen folgende Funktionen:</u>

Der 16-Bit lange Befehlszähler PC (program counter) zählt byteweise. Zum Holen von ein, zwei oder drei Byte langen Befehlen muß er entsprechend oft inkrementiert werden (vgl. Bild 18).
Das 16-Bit lange Stackpointer-Register SP (dt. Stapelzeiger) dient zur Adressierung eines auf besondere Weise verwalteten Datenbereichs im RAM, wie in Abschn. 2.1.6 beschrieben.
Das 8-Bit lange Interrupt-Register I ist für die Manipulation der 8085-eigenen Unterbrechungseingänge (INTR, RST5.5, RST6.5, RST7.5) und der seriellen Ein-/Ausgänge SID, SOD erforderlich (s. Abschn. 2.4 und 2.1.5).

Das Flag-Register F enthält fünf 1-Bit Statuskennungen (engl. status flags), in denen die Prozessorsteuerung bestimmte Eigenschaften der Ergebnisse von arithmetischen und logischen Befehlen festhält (Bild 46). In der Befehlsliste des MP 8085 ist bei jedem Befehl angegeben, welche flags er verändert bzw. unverändert läßt (s. Abschn. 2.3). Somit beschreibt ein Statusflag den Inhalt desjenigen Registers oder Speicherplatzes, bei dessen Veränderung es zuletzt beeinflußt wurde. Bei der Abfrage der Status-flags durch bedingte Verzweigungen (z.B. springt der Befehl "JC adr" auf die Adresse adr, wenn das CY-flag auf 1 gesetzt ist, andernfalls geht es beim nächsten Befehl weiter) ist darauf zu achten, welches Befehlsergebnis wirklich abgefragt wird.

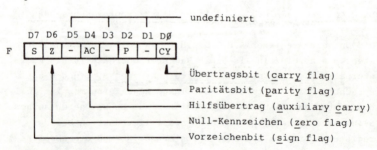

Bild 46   Flag-Register F

Im Programm-Status-Wort PSW sind das flag-Register F und der Akkumulator A zu einem 16-Bit Wort zusammengesetzt, das lediglich für die PUSH- und POP-Befehle zur Stackverwaltung Bedeutung hat (s. Abschn. 2.1.6).

Bedeutung der Status-flags (Bild 46):

S   Im Falle seiner Veränderung gibt das Vorzeichenbit S (sign flag) den Wert der höchstwertigen Bitstelle des Ergebnisses wieder. Nur beim Rechnen mit vorzeichenbehafteten Zahlen (vgl. Abschn. 1.3.1) stellt das höchstwertige Bit und damit das S-flag wirklich ein Vorzeichen dar: S = ∅ entspricht plus, S = 1 entspricht minus.

Z   Das Null-Kennzeichen Z (zero flag) wird auf 1 gesetzt, wenn das Ergebnis einer arithmetischen oder logischen Operation ∅ ist; bei einem Ergebnis ungleich ∅ wird das Z-flag gelöscht.

P   Das Paritätsbit P ergänzt die Anzahl der Einsen in einem Ergebnisbyte stets auf eine ungerade Gesamtanzahl (engl. odd parity). Es wird also (P) = 1 gesetzt, wenn die Anzahl der Einsen im Byte gerade ist und umgekehrt.

CY Ein Übertrag aus der 8-stelligen ALU setzt das Übertragsbit CY (carry flag) auf 1; ein Übertrag ∅ löscht das CY-flag. Bei Subtraktionsbefehlen hat das CY-flag die Bedeutung des Borgers. Es wird auch bei logischen Operationen und Schiebebefehlen verändert.

AC Das Hilfsübertragsbit AC (auxiliary carry) zeigt den Übertrag von Bit 3 nach Bit 4 bei arithmetischen Operationen an. Es hat nur Bedeutung bei der Arithmetik mit BCD-Zahlen und wird vom Befehl DAA (s. Abschn. 2.3.2) ausgewertet.

Die nicht programmierbaren Register sind auf Programmebene nicht adressierbar; sie werden als Zwischenspeicher für die internen Abläufe im Mikroprozessor benötigt (Bild 44). Das Befehlsregister BR nimmt das erste Befehlsbyte jedes Befehls auf und speichert es während der Befehlsausführung. Das Zwischenregister ZR nimmt den Operanden vom Bus für die Dauer der Verarbeitung in der ALU auf. Das Adressenzähl-Register speichert Adressen und inkrementiert sie bei Bedarf.

2.1.2 Maschinenzyklen und Ablaufsteuerung

Die Hauptaufgabe der 8085-internen, synchronen Ablaufsteuerung ist es, die Befehlszyklen im Mikroprozessor abzuarbeiten, wobei ein Befehlszyklus nach Bild 21 den byteweisen Abruf eines Befehls aus dem Hauptspeicher und seine Ausführung umfaßt. Abhängig von der Befehlslänge und der Anzahl der zu übertragenden Speicheroperanden benötigen Befehlszyklen eine unterschiedliche Anzahl von Speicherzyklen. Ein-/Ausgabebefehle benötigen zusätzlich Ein-/Ausgabetransfers zu peripheren Einheiten. Speicher- und Ein-/Ausgabetransfers laufen beim MP 8085 ausschließlich über den Systembus (vgl. Abschn. 1.2.2) und benötigen daher immer einen Systembuszyklus. Der organisatorische und zeitliche Rahmen für einen Systembuszyklus ist der Maschinenzyklus des 8085. Während eines Maschinenzyklus "fährt" er (als bus master) einen Systembuszyklus und führt zusätzlich vom Operationscode abhängige Operationen im Rechenwerk, z.B. logische und arithmetische Verarbeitungsschritte in der ALU, aus. Ein Befehlszyklus setzt sich aus einer Folge von ein bis fünf Maschinenzyklen (Operationszyklen) M1,M2...M5 zusammen (Bild 47).

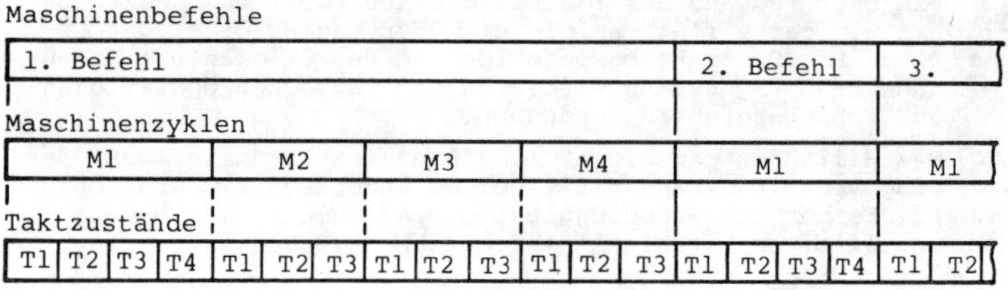

Maschinenbefehle

1. Befehl				2. Befehl	3.

Maschinenzyklen

M1	M2	M3	M4	M1	M1

Taktzustände

T1	T2	T3	T4	T1	T2	T3	T1	T2	T3	T1	T2	T3	T1	T2	T3	T4	T1	T2

Bild 47 Ablauf von Maschinenbefehlen

Die nicht mehr weiter unterteilbaren Arbeitsschritte (Mikrooperationen) während eines Maschinenzyklus werden von den Taktzuständen (Taktperioden, Takte, engl. states) des Prozessor-Grundtaktes synchronisiert. Ein Maschinenzyklus besteht abhängig von seinen Funktionen aus drei bis sechs Taktzuständen T1, T2...T6. In Bild 47 sind die Maschinenzyklen und Taktzustände für zwei aufeinanderfolgende Befehle (Befehlszyklen) dargestellt. Der erste Befehl benötigt 4 Maschinenzyklen und insgesamt 13 Takte, der zweite Befehl benötigt nur einen Maschinenzyklus mit 4 Takten.

Der Prozessor-Grundtakt wird in einem 8085-internen Taktgenerator erzeugt, dessen Frequenz durch Beschaltung mit einem geeigneten Schwingquarz von außen (Eingänge X1 und X2) festgelegt werden kann. Für die 3-MHz-Version des MP 8085 benötigt man einen Quarz mit einer Parallelresonanz von 6 MHz, für einen Grundtakt von 5 MHz ist ein 10-MHz-Quarz erforderlich, da der <u>erzeugte Takt intern halbiert</u> wird. Der interne Taktgenerator (Bild 48) liefert für die Steuerung der internen Abläufe einen Zweiphasentakt $\phi 1$ und $\phi 2$. Der invertierte Takt $\phi 1$ steht als Grundtakt am CLK Ausgang (pin 36) des 8085 zur Verfügung. Er stellt den zeitlichen Bezug für die Bus-Signale dar und

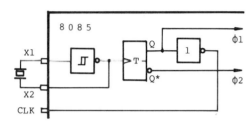

Bild 48 8085-Taktgenerator mit externem Quarz

kann als Grundtakt für andere Bausteine im Mikrocomputersystem verwendet werden.

Der Grundtakt des Mikroprozessors ist maßgebend für die <u>Ausführungszeit der Befehle</u>, die üblicherweise als Vielfaches der Periodendauer T des Grundtaktes angegeben wird. Bei einem Grundtakt von 3 MHz (T = 0,333 µs) hat der erste Befehl von Bild 47 mit 13 Grundtakten eine Bearbeitungszeit von 13 x 0,333 µs = 4,329 µs.

Im Prinzip läuft während der Maschinenzyklen auf dem Systembus der Datenaustausch zwischen dem Mikroprozessor und seinen Speicher- und Ein-/Ausgabeeinheiten in Form von <u>Lese- und Schreibzyklen</u> ab. Als Beispiel |13| ist der Befehlszyklus des Befehls "STA adr" (<u>St</u>ore <u>A</u>ccumulator direkt nach <u>adr</u>) in Bild 49 dargestellt. Es ist ein 3-Byte-Befehl, der den Inhalt des Akkumulators an die im zweiten und dritten Befehlsbyte angegebene Adresse im Speicher ablegt. Die Ablaufsteuerung schaltet im ersten Maschinenzyklus M1 den aktuellen Stand des Befehlszählers PC auf den Adressbus A15-∅ und stößt einen Speicher-Lesezyklus an, in dem das erste Befehlsbyte (Op-codebyte) ausgelesen und in das Befehlsregister BR gebracht wird (Takte 1 - 3). Im vierten Takte des Maschinenzyklus M1 wird der Befehlszähler PC inkrementiert und der geholte Operationscode dekodiert, um zu erfahren, was weiter zu tun ist. Dieser erste Maschinenzyklus M1 eines jeden Befehlszyklus ist ein besonderer Lesezyklus, der als Operationscode-Abruf-Zyklus (engl. Op-code fetch OF) bezeichnet wird. Im Falle des STA-Befehls sind drei weitere Maschinenzyklen zu veranlassen: Mit dem inkrementierten Befehlszähler (PC) + 1 als Adresse wird in einem Lesezyklus (engl. memory read MR) M2 das niederwertige Byte der Operandenadresse und in einem zweiten Lesezyklus M3 mit (PC) + 2 als Adresse das höherwertige Byte der Operandenadresse geholt. Die Ausführungsphase des STA-Befehls besteht darin, daß in einem Speicher-Schreibzyklus (engl. memory write MW) M4 die eingeholte Speicheradresse auf den Adressenbus gelegt und der Inhalt des Akkumulators über den Datenbus in die so adressierte Speicherzelle eingeschrieben wird.

Wie das Beispiel in Bild 49 zeigt, bringt die Ablaufsteuerung für jeden Befehl eine Folge von Maschinenzyklen zur Ausführung, deren Art und Anzahl von dem in M1 dekodierten Operationscode

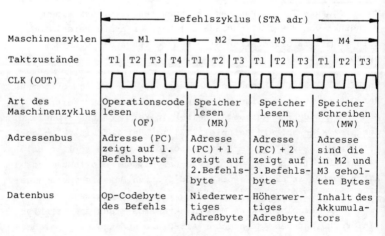

Bild 49 Zeitlicher Ablauf des Befehls "STA adr"

abhängt. Die 8085-Steuerung unterscheidet 7 <u>verschiedenartige
Maschinenzyklen</u>; der Typ des gerade ablaufenden Maschinenzyklus wird während der ganzen Zyklusdauer an den 3 Statusausgängen IO/M̄, S1, SØ des MP 8085 angezeigt (Tafel 7). Das Statussignal IO/M̄ unterscheidet Speicherzyklen (IO/M̄ = Ø) und Ein-/Ausgabezyklen (IO/M̄ = 1). Die Steuersignale R̄D̄ (Lesen), W̄R̄ (Schreiben) und ĪN̄T̄Ā (<u>in</u>terrupt-<u>a</u>cknowledge) dienen zur <u>zeitlichen</u> Steuerung der Speicher- und Ein-/Ausgabevorgänge auf dem Systembus. Sie sind low active, d.h. sie lösen die gewünschte Funktion bei low-Pegel (TTL: 0...0,8 V) aus. Das Zeitverhalten der Steuersignale wird in Abschn. 2.1.3 behandelt. Neben den Speicherzyklen OF, MR, MW und den Ein-/Ausgabezyklen IOR, IOW gibt es nach Tafel 7 den Zyklus <u>Unterbrechungsquittung INA</u> (engl. <u>in</u>terrupt <u>a</u>cknowledge), in dem der 8085 mit dem Steuersignal ĪN̄T̄Ā (s. Tafel 8) auf Meldungen von externen Interrupt-Steuerungen reagiert (s. Abschn. 2.4.2). In einigen Fällen benötigt der 8085 Maschinenzyklen für die interne Verarbeitung, ohne daß Busaktivitäten erforderlich sind. Die <u>BI-Maschinenzyklen</u> (engl. <u>b</u>us <u>i</u>dle) treten beim Befehl DAD (s. Abschn. 2.3.2) und bei den RST-Befehlen auf, soweit sie durch RST-Signale von außen erzeugt werden (s. Absch. 2.4.2).

Tafel 7   8085-Maschinenzyklen |13|

Maschinenzyklus	Statussignale			Steuersignale		
	IO/M̄	S1	SØ	R̄D̄	W̄R̄	ĪN̄T̄Ā
Operationscode-Abruf (OF)	Ø	1	1	Ø	1	1
Speicher lesen (MR)	Ø	1	Ø	Ø	1	1
Speicher schreiben (MW)	Ø	Ø	1	1	Ø	1
Ein-/Ausgabe lesen (IOR)	1	1	Ø	Ø	1	1
Ein-/Ausgabe schreiben (IOW)	1	Ø	1	1	Ø	1
Unterbrechungsquittung (INA)	1	1	1	1	1	Ø
Bus-Ruhezustand (BI):DAD	Ø	1	Ø	1	1	1
INA (RST/TRAP)	1	1	1	1	1	1
HALT	HZ	Ø	Ø	HZ	HZ	1

Anm.: Ø ≙ low, 1 ≙ high, HZ d.h. high impedance

Nach der Ausführung des HLT—Befehls läuft die Ablaufsteuerung in einen Halt-Zustand mit der Signalbelegung nach Tafel 7. Aus dem Halt-Zustand kann der Prozessor nur durch ein Reset-Signal oder ein Interruptsignal befreit werden. Die zeitlichen Abläufe bei den verschiedenen Sonderfällen sind in |12| und |13| beschrieben.

2.1.3 Systembus und Ablaufsteuerung

Um Speicher- und Ein-/Ausgabeeinheiten an den Systembus anschließen zu können, muß die Bedeutung der Bussignale und deren Zeitverhalten (engl. timing) bekannt sein. Tafel 8 gibt

Tafel 8 Funktion der wichtigsten Systembus-Leitungen (S. 100-101)

Signal	Signalfunktion
A15-8 (aus)*	Höherwertiges Adreßbyte des Adressenbus
AD7-0 (ein/aus)*	Die Adreß-/Datenbusleitungen AD7-0 führen im Zeitmultiplex-Betrieb während des Taktzustandes T1 die niederwertigen Adreßbussignale A7-0, während der restlichen Takte des Maschinenzyklus die Busdaten D7-0.
ALE (aus)	Das Steuersignal ALE (address latch enable) zeigt während des Taktzustandes T1 ($\overline{ALE} = \overline{1}$) an, daß auf dem Adreß-/Datenbus AD7-0 das niederwertige Adreßbyte A7-0 ansteht. ALE dient zur Zwischenspeicherung des Adreßbytes A7-0 in einem externen 8-Bit-Register.
$IO/\overline{M}$ (aus)*	Das Statussignal zeigt an, ob der Datentransfer im Bereich der 64K Speicheradressen oder im Bereich der 256 Ein-/Ausgabeadressen stattfindet (vgl. Tafel 7). $IO/\overline{M}$ = 1 bei den EA-Zyklen IOR und IOW (ausgelöst durch die Befehle IN und OUT), $IO/\overline{M}$ = 0 bei den Speicherzyklen MR, MW und OF.
$\overline{RD}$ (aus)*	Das Lese-Steuersignal $\overline{RD}$ veranlaßt die ausgewählte Speicher- oder EA-Einheit, ein Datenbyte auszulesen und auf den Adreß-/Datenbus AD7-0 zu schalten, (damit es der Mikroprozessor aufnehmen kann).

Tafel 8 Funktion der wichtigsten Systembus-Leitungen
(Fortsetzung von Seite 100)

Signal	Beschreibung
$\overline{\text{WR}}$ (aus)*	Das Schreib-Steuersignal $\overline{\text{WR}}$ veranlaßt die ausgewählte Speicher- oder EA-Einheit, das auf dem Adreß-/Datenbus anstehende Byte in einen Speicherplatz oder ein Register zu übernehmen.
READY (ein)	Der READY-Eingang dient zur Synchronisierung der Maschinenzyklus-Takte des 8085 mit langsameren EA- und Speichereinheiten am Systembus. READY = 1 d.h. die ausgewählte EA- oder Speichereinheit ist zum Lesen oder Schreiben bereit, READY = Ø d.h. die ausgewählte EA- oder Speichereinheit ist nicht zum Lesen oder Schreiben bereit. Der 8085 fügt zusätzliche Wartetakte Tw ein (s. Abschn. 2.1.4).
HOLD (ein)	Das HOLD-Signal zeigt an, daß ein anderer Busteilnehmer die Steuerung des Systembus übernehmen will (DMA-Betrieb). Der 8085 gibt den Bus frei, sobald der aktuelle Buszyklus beendet ist, indem er die Adressen- und Datenleitungen sowie $\overline{\text{RD}}$, $\overline{\text{WR}}$ und IO/$\overline{\text{M}}$ hochohmig schaltet. Der Mikroprozessor kann die Regie über den Systembus erst wieder übernehmen, wenn das HOLD-Signal zurückgenommen wird.
HLDA (aus)	Der MP 8085 antwortet mit dem Signal HLDA auf die HOLD-Anforderung. HLDA = 1 bedeutet, daß die anfordernde Einheit (z.B. der DMA-Controller) den Systembus betreiben kann. Wird die HOLD-Anforderung zurückgenommen, übernimmt der 8085 mit HLDA = Ø wieder die Bussteuerung.
CLK (aus)	Taktausgang mit dem Grundtakt des Prozessors, kann als Systemtakt für andere Bus-Teilnehmer verwendet werden (vgl. Bild 48).
RESET OUT (aus)	.. zeigt an, daß der 8085 gerade rückgesetzt wird. RESET OUT ist mit dem Prozessortakt synchronisiert und kann als System-Rücksetzsignal verwendet werden.
INTR (ein)	Sammel-Interrupteingang von einem externen Interrupt-Controller. Näheres siehe Abschn. 2.4.
$\overline{\text{INTA}}$ (aus)	Der MP 8085 sendet die Unterbrechungsquittung $\overline{\text{INTA}}$ (engl. interrupt acknowlegde) in einem INA-Maschinenzyklus (vgl. Tafel 7) als Antwort auf eine Unterbrechung vom Eingang INTR.

*) Ausgänge sind hochohmig bei HOLD, HALT und RESET

eine Zusammenstellung der wichtigsten Systembus-Signale, die z.T. schon erläutert wurden und teilweise in den folgenden Abschnitten angesprochen werden. Es empfiehlt sich, die beschriebenen Signale in Bild 44 aufzusuchen.

Den vollständigen Adreß- und Datenbus gewinnt man aus den Adreß-/Datenbusanschlüssen AD7-Ø des 8085 mit einer Demultiplexerschaltung nach Bild 50.

<u>Das Steuersignal ALE (Tafel 8) taktet während des ersten Taktes T1 eines jeden Maschinenzyklus das untere Adreßbyte A7-Ø, das zu dieser Zeit auf dem Multiplexbus AD7-Ø erscheint, in ein 8-Bit-Zwischenregister ein.</u> Dessen Ausgänge A7-Ø bilden zusammen mit dem höherwertigen Adreßbyte A15-8 den vollständigen Adreßbus A15-Ø, der den Busteilnehmern zur Verfügung steht. Ab dem Taktzustand T2 erscheinen auf dem Multiplexbus die Daten D7-Ø vom MP 8085 oder vom passiven Busteilnehmer her, begleitet von den Steuersignalen $\overline{WR}$ oder $\overline{RD}$ und IO/$\overline{M}$. Als Zwischenspeicher (engl. latch) mit Signalverstärkung können neben dem Typ 8282 z.B. die Bausteine 8212 |54| oder 74LS373 eingesetzt werden.

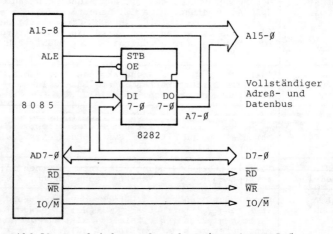

Bild 50   Demultiplexen des Adreß-/Datenbus AD7-Ø

Nach dem bisher Gesagten sind die Signal-Zeitdiagramme für die Maschinenzyklen Lesen (Bild 51) und Schreiben (Bild 52) einfach zu verstehen. Die Lesezyklen Speicher-Lesen MR und EA-Lesen IOR sind ebenso wie die Schreibzyklen Speicher-Schreiben MW und EA-Schreiben IOW im Zeitablauf identisch und werden nur durch die Stellung des Statussignals IO/$\overline{M}$ während des Maschinenzyklus unterschieden (vgl. Tafel 7). Ein normaler Leseoder Schreibzyklus benötigt beim 8085 drei Taktzustände T1 bis T3. Nur der erste Maschinenzyklus M1 eines Befehlszyklus vom Typ "Befehl holen" (OF) benötigt 4 bis 6 Taktzustände.

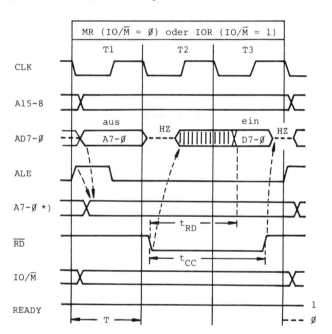

Erklärungen: *) Ausgang des Zwischenspeichers (Bild 50)
HZ d.h. hochohmiger Zustand von Ausgängen
----▶ Signalwirkung
|||||| Daten undefiniert
Periodendauer T = 333 ns bei f = 3 MHz

Bild 51 Signal-Zeitdiagramm der Lese-Maschinenzyklen MR und IOR ohne Wartetakte (S1,S$\emptyset$ = 1,$\emptyset$)

In den Taktdiagrammen (Bild 51 und Bild 52) ist die prozessorexterne Zwischenspeicherung des niederwertigen Adreßbytes A7-∅ (vgl. Bild 50) in der mit *) gekennzeichneten Signalzeile aufgenommen, weil sie für den Busbetrieb immer erforderlich ist. Läßt man diese Signalzeile weg, dann stellen die Bilder 51 und 52 das Zeitverhalten des Mikroprozessorbausteins 8085 dar. Die folgenden Zeitangaben beziehen sich auf einen Grundtakt von 3 MHz (MP 8085A) und sind |13| entnommen.

<u>Zum Lesezyklus (Bild 51)</u>: Nach Ausgabe der Adresse A15-∅ schaltet der MP 8085 den Multiplexbus AD7-∅ hochohmig, damit der

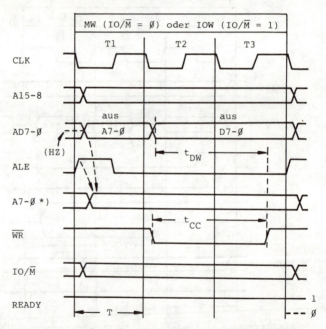

Erklärungen: *) Ausgang des Zwischenspeichers (Bild 50)
HZ d.h. hochohmiger Zustand von Ausgängen
---→ Signalwirkung
Periodendauer T = 333 ns bei f = 3 MHz

Bild 52 Signal-Zeitdiagramm der Schreib-Maschinenzyklen MW und IOW ohne Wartetakte (S1,S∅ = ∅,1)

adressierte Busteilnehmer die Daten treiben kann. Der 8085 gestattet anschließend mit dem Aktivschalten des Lesesignals $\overline{RD}$ dem Busteilnehmer für die Dauer von t_{CC} = 400 ns (Minimalangabe), sein Datenbyte auf den Multiplexbus zu schalten. Der Prozessor übernimmt die Daten vom Multiplexbus allerdings nur dann richtig, wenn sie innerhalb der Zeit t_{RD} = 300 ns (Maximalangabe) gültig werden. Andernfalls gibt es einen Lesefehler, weil der Busteilnehmer zu langsam ist.

Zum Schreibzyklus (Bild 52): Nach Ausgabe der Adresse A15-∅ zu Beginn des Taktes T1 legt der MP 8085 die gültigen Daten auf den Multiplexbus AD7-∅ und gibt dies den Busteilnehmern durch Aktivschalten des Schreibsignals $\overline{WR}$ für die Dauer von t_{CC} = 420 ns (Minimalangabe) bekannt. Das $\overline{WR}$-Signal veranlaßt den adressierten Busteilnehmer, die Daten innerhalb der Zeit t_{DW} = 420 ns (Minimalangabe) zu übernehmen; zur Sicherheit läßt der 8085 die gültigen Daten noch etwa 100 ns länger auf dem Multiplexbus stehen. Kann die Speicher- oder EA-Einheit die Daten in der vom Mikroprozessor vorgegebenen Zeit von ca. 420 + 100 ns = 520 ns nicht übernehmen, gibt es einen Schreibfehler. Weitere Zeitangaben zu den Signal-Zeitdiagrammen (Bild 51 und Bild 52), die für den Entwurf von Bus-Anschaltungen erforderlich sein können, sind den Datenbüchern der Herstellerfirmen |12| und |13| zu entnehmen.

Bei der Betrachtung der Maschinenzyklen nach Bild 51 und Bild 52 fällt auf, daß der Mikroprozessor als aktiver Busteilnehmer (bus master) die Datenübertragungszeiten auf dem Bus - durch seinen Grundtakt bestimmt - starr vorgibt, ohne auf die Reaktionszeiten der passiven Busteilnehmer Rücksicht zu nehmen. In vielen Fällen funktioniert dieser einfache, synchrone Busbetrieb, da die Speicher-, Ein-/Ausgabe- und Ergänzungsbausteine einer Mikroprozessorfamilie in der Regel "systemkompatible" Schnittstellen haben, d.h. ihre Reaktionszeiten sind auf die Zeitvorgaben des Mikroprozessors abgestellt (vgl. Abschn. 1.2.3.3).
Bei umfangreicheren, verzweigten Bussystemen und wenn langsamere Einheiten an den Systembus angeschlossen werden, geht man

zu einem asynchronen Busbetrieb über. Der READY-Eingang des
8085 (vgl. Tafel 8), der beim synchronen Busbetrieb ständig
auf 1 (d.h. bereit) gesetzt sein muß, wird dann von den passiven Busteilnehmern als Meldeeingang betrieben: Hat der READY-
Eingang den logischen Zustand 1, dann ist der adressierte Busteilnehmer sofort zur Datenübertragung bereit; nimmt er den
Zustand Ø an, dann benötigt der passive Busteilnehmer für den
Lese-/Schreibvorgang mehr Zeit, als im synchronen Ablauf vorgesehen ist.

Der MP 8085 fragt das READY-Signal im Takt T2 eines jeden Maschinenzyklus ab. Ist das Signal wahr, geht er vom Taktzustand
T2 direkt nach T3 über (synchroner Ablauf). Ist das Signal
nicht wahr, dann schiebt der 8085 nach dem Takt T2 einen Wartetakt T_W (T_{WAIT}) ein (Bild 53). Dadurch wird der gesamte Zeitablauf des Maschinenzyklus zunächst um eine Periodendauer T
des Grundtaktes gestreckt. Ist bei erneuter Abfrage im Wartetakt das READY-Signal noch Ø, so folgt ein weiterer Wartetakt
T_W, bis der adressierte Busteilnehmer das Signal auf 1 schaltet. Daraufhin geht der 8085 auf den nächsten regulären Taktzustand T3 über und vollendet den Maschinenzyklus. Bild 53
zeigt den prinzipiellen Ablauf eines Maschinenzyklus (Lesen/
Schreiben) mit zwei eingefügten Wartetakten.

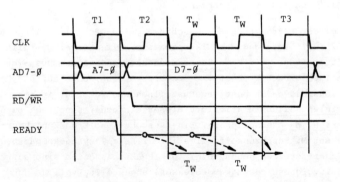

Bild 53 Maschinenzyklus mit 2 Wartetakten T_W

2.1.4 Signal-Zeitdiagramme für 8085-Befehle

Im folgenden werden die Signal-Zeitdiagramme für zwei Maschinenbefehle angegeben und erläutert |12| |13|.
Der Ein-Byte-Befehl "DCX rp" dekrementiert den Inhalt des angegebenen Registerpaares um 1. Dabei wird vom niederwertigen Byte des Registerpaares (z.B. L-Register) eine 1 subtrahiert; ein eventuell entstehender Borger wird anschließend vom höherwertigen Byte (z.B. H-Register) abgezogen. Der Befehl beeinflußt die Status-flags nicht. Schreibweise: (rp)←(rp) - 1.
Der DCX-Befehl benötigt einen Maschinenzyklus M1 vom Typ OF (vgl. Tafel 7) für den Operationscode-Abruf. Die Ausführung des geholten Befehls, d.h. das Dekrementieren des Registerpaarinhalts, erfolgt in den angehängten Taktzuständen T5 und T6 des Maschinenzyklus M1 (Bild 54).

Bild 54.a zeigt das Signal-Zeitdiagramm des DCX-Befehls mit 6 Taktzuständen T1 bis T6 ohne Wartetakte. Das hier nicht dargestellte READY-Signal muß dabei immer auf logisch 1, d.h. bereit stehen, da es im Takt T2 jedes Maschinenzyklus abgefragt wird. In Bild 54.b ist derselbe Befehlszyklus mit einem eingeschobenen Wartetakt T_W wiedergegeben, sodaß der Befehlszyklus aus der Taktzustandsfolge T1, T2, T_W, T3 . . T6 besteht. Der adressierte Busteilnehmer - hier der Programmspeicher - muß während des Taktes T2 das READY-Signal auf Ø ziehen (vgl. Abschn. 2.1.3).
Ohne Wartetakt muß der Speicher das Befehlsbyte spätestens innerhalb der Zeit t_{RD} = 300 ns auf den Datenbus legen, einen Grundtakt von f = 3 MHz vorausgesetzt. Bei eingefügtem Wartetakt hat der Teilnehmer hingegen die Zeit $t_{RD}^* = t_{RD} + t_W$ = 300 ns + 333 ns = 633 ns zum Bereitstellen der gültigen Daten zur Verfügung.

Im Prinzip fordert jeder adressierte Busteilnehmer mit Hilfe des READY-Signals die benötigte Anzahl von Wartetakten zwischen den Taktzuständen T2 und T3 an. Bei kleinen Mikrocomputersystemen erzeugt man durch eine zentrale Wartetakt-Schaltung bei jedem Maschinenzyklus einheitlich eine feste Anzahl von Wartetakten, sofern "langsame" Busteilnehmer dies erfor-

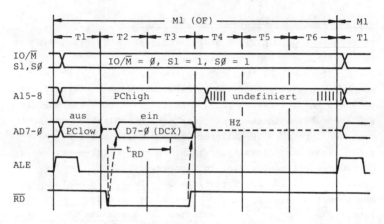

a) DCX-Befehlszyklus (Maschinenzyklus M1 ohne Wartetakt)

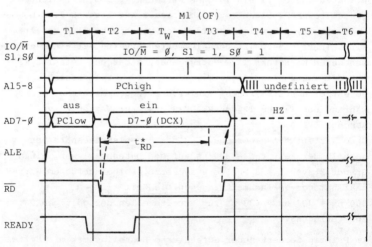

b) DCX-Befehlszyklus (Maschinenzyklus M1 mit Wartetakt T_W)

Erklärungen: PClow = PC7-$\emptyset$, PChigh = PC15-8
HZ d.h. hochohmiger Zustand

Bild 54 Befehlszyklus des Befehls "DCX rp"

derlich machen. Eine einfache Schaltung zur Generierung eines
Wartetaktes T_W im 8085 zeigt Bild 55 |13|. Zwei durch die an-
steigende Flanke getriggerte D-Flipflops werden mit den 8085-
Signalen ALE und CLK angesteuert und liefern das READY-Signal
für den entsprechenden 8085-Eingang. Das ALE-Signal bewirkt zu
Beginn eines jeden Maschinenzyklus, daß das READY-Signal in
der zweiten Hälfte des Taktes T1 auf "low" gezogen und durch
die nächste ansteigende Flanke des CLK-Signals in der Mitte
von T2 wieder auf "high" gesetzt wird. Zuvor geschieht die Abfrage des READY-Signals.

Als weiteres Beispiel für den internen Ablauf eines Maschinen-
befehls sei das Signal-Zeitdiagramm für den 8085-Befehl "OUT
port" (Bild 56) gegeben. Der Zwei-Byte-Befehl besteht aus dem
Operationscode und der 8-Bit langen Adresse "port" eines EA-
Kanals (engl. port) am Systembus. Der Befehl "OUT port" gibt
den Inhalt des Akkumulators über den 8-Bit Datenbus AD7-∅ an
den durch "port" adressierten EA-Kanal aus (vgl. Abschn. 1.2.6).
Schreibweise: (port)⟵(A).
Im ersten Maschinenzyklus M1 vom Typ OF (Bild 56) wird das
Operationscodebyte aus dem Programmspeicher geholt, im Maschi-
nenzyklus M2 vom Typ MR wird das zweite Befehlsbyte, die 8-Bit
EA-Adresse "port" aus dem Programmspeicher ausgelesen und im
8085 zwischengespeichert. Die Ausführung des Befehls erfolgt
im Maschinenzyklus M3 vom Typ IOW, während dem der Inhalt des
Akkumulators über den Systembus an den adressierten EA-Kanal
ausgegeben wird.
Der Befehl "OUT port" benötigt für Befehlsabruf und Ausführung
10 Taktzustände, wenn keine Wartetakte eingeschoben werden.
Eine Besonderheit beim OUT-Befehl (die auch beim Eingabebefehl

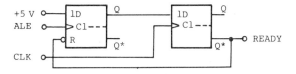

Bild 55   Schaltung zur Erzeugung eines Wartetaktes

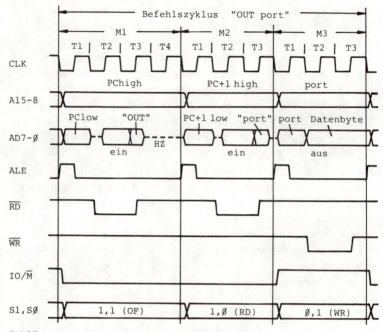

Erklärungen: PClow = PC7-∅, PChigh = PC15-8,
port ist Adresse eines EA-Kanals

Bild 56 Befehlszyklus des Befehls "OUT port"

"IN port" auftritt) ist, daß die EA-Adresse port (während des EA-Zyklus M3) sowohl auf den niederwertigen Adreßleitungen AD7-∅ als auch auf den höherwertigen Adreßleitungen A15-8 ansteht (s. Bild 56).

2.1.5 Serielle Ein-/Ausgabeleitungen des 8085

In der Regel läuft die bitserielle Ein-/Ausgabe von Information über spezielle Ein-/Ausgabebausteine am Systembus, die die Datenbytes mit dem Systembus parallel austauschen und zum peripheren Gerät bitseriell übertragen (siehe Abschn. 5.1.3). Unabhängig davon besitzt der MP-Baustein 8085 zwei serielle Ein-/Ausgabeleitungen SID (serial input data) und SOD (serial output data), die eine einfache bitserielle Datenübertragung zwischen dem Akkumulator und einer peripheren Einrichtung ermöglichen |13|; das zu übertragende Informationsbit steht dabei stets in der Bitstelle A7 des Akkumulators (Bild 57).

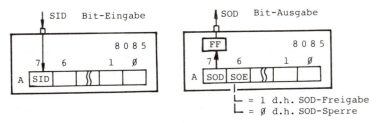

Bild 57 Serielle Ein-/Ausgabe über SID-/SOD-Leitungen

Der 8085-Befehl RIM (read interrupt mask) liest den binären Zustand des SID-Einganges in die Akkumulatorstelle A7 ein, der daraufhin dem Programm zur Verfügung steht. Der Befehl "SIM" (set interrupt mask) schreibt den Inhalt der Akkumulatorstelle A7 - die vorher per Programm zu laden ist - in einen 8085-internen Bitspeicher FF, sofern das Steuerbit SOE (serial output enable) im Akkumulator auf 1 gesetzt ist. Bei SOE gleich Ø wird der interne Bitspeicher nicht verändert, somit das Bit A7 nicht ausgegeben. Der Ausgang des internen Bitspeichers FF steht ständig am SOD-Ausgang an.

Über die SID-/SOD-Ein-/Ausgänge kann eine serielle Datenübertragung (z.B. V.24-Schnittstelle) abgewickelt werden; sie können jedoch auch als Testeingang (SID) und als Ein-Bit-Steuerausgang (SOD) dienen.

Wie die Namensgebung schon andeutet, werden die zwei Befehle RIM und SIM auch zur Maskierung der 8085-Interrupteingänge angewendet. Das Steuerbit SOE dient zur Unterdrückung einer seriellen Ausgabe, wenn der SIM-Befehl im Rahmen der Interruptorganisation zur Ausführung kommt.

2.1.6 Stackorganisation

Ein Stack (dt. Kellerspeicher, Stapelspeicher) ist im 8085-System ein per Programm definierbarer Bereich im Lese-/Schreibspeicher (RAM), in den beliebige Registerinhalte des Prozessors kurzzeitig eingespeichert und nach dem last in first out-Prinzip (LIFO) wieder ausgelesen werden. Das LIFO- oder Kellerprinzip besagt, daß in einer bestimmten Reihenfolge eingelagerte Registerinhalte in genau umgekehrter Reihenfolge wieder ausgelesen werden; die zuletzt eingeschriebene Informationseinheit (last in) wird als erste (first out) ausgelesen. Ein spezialisiertes, 16-Bit langes Adressenregister, der Stackpointer SP (vgl. Bild 45) wird zu Beginn auf die höchstwertige Adresse des Stack (engl. bottom of stack BOS) gesetzt.

Mit dem Befehl "PUSH rp" kann jeweils eines der Registerpaare PSW, BC, DE, HL in den Stack abgelegt werden, wobei der Stackpointer SP jeweils um 2 dekrementiert wird. Der Stack füllt sich also zu niedrigen Adressen hin und der Stackpointer zeigt jeweils auf die oberste belegte Adresse des Stack, den top of stack TOS (Bild 58).

Der Befehl "POP rp" hebt jeweils die zwei oberen Bytes, auf die der Stackpointer zeigt, vom Stack ab und transportiert sie in das im Befehl angegebene Registerpaar rp. Der Stackpointer SP wird dabei um 2 inkrementiert und zeigt somit auf den neuen top of stack.

Der Stackpointer SP enthält eine Byteadresse, der Stack wird jedoch in Einheiten von 16-Bit-Worten (Registerpaare bzw. 16-Bit Register) verwaltet.

Die beschriebenen Stackbefehle "PUSH rp" und "POP rp" dienen zum einfachen Zwischenspeichern von Registerinhalten während

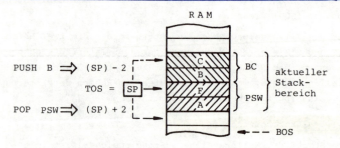

Bild 58   Zur Stackorganisation

des Programmverlaufs. Bei Unterprogrammaufrufen mit den Befehlen "CALL adr" und "RST n" wird der Stack zur Kellerung der Rücksprungadressen genutzt, indem der Befehlszählerstand (PC) beim Unterprogrammaufruf automatisch in den Stack gelegt wird. Näheres zur Unterprogrammorganisation siehe Abschn. 2.3.5. Bei Unterbrechungen des Programmablaufs wird der aktuelle Inhalt des Befehlszähler-Registers (PC) ebenfalls automatisch in den Stack gerettet (s. Abschn. 2.4). Normalerweise rettet anschließend das Unterbrechungsprogramm weitere Registerinhalte des unterbrochenen Programms mit PUSH-Befehlen in den Stack.

2.2 Befehlsliste des Mikroprozessors 8085

In den zwei Tafeln 9 und 10 dieses Abschnitts ist jeweils der gesamte Vorrat der 8085-Maschinenbefehle - nach Befehlsgruppen geordnet - zusammengestellt. Dabei sind nur diejenigen Befehle berücksichtigt, die von den Herstellern offiziell dokumentiert sind |7| |12| |13|.

2.2.1 Übersichtsliste der 8085-Befehle

Tafel 9 enthält die 8085-Maschinenbefehle in der symbolischen Assemblerschreibweise nach Abschn. 1.1.4. In der ersten Spalte sind die mnemonischen Symbole für die Operationscodes angegeben, die sich aus der englischen Befehlsbeschreibung herleiten. Das Operandenfeld enthält symbolische Abkürzungen für die verschiedenen Operanden und Adressen, die im Anschluß an Tafel 9 zusammengestellt sind. In der mit * gekennzeichneten Spalte ist die Befehlslänge in Bytes vermerkt.
Da die Übersichtstafel dem Lernenden für das Programmieren in Assemblersprache zu wenig Information über die einzelnen Befehlswirkungen bietet, sind in der rechten Spalte von Tafel 9 Seiten-Verweise auf die ausführlicheren Befehlsbeschreibungen in Abschnitt 2.3 zu finden.

2.2.2 8085-Operationscodes in hexadezimaler Verschlüsselung

In Tafel 10 sind sämtliche, auf Maschinenebene unterscheidba-

ren Binärkombinationen des ersten Befehlsbytes hexadezimal verschlüsselt. Da die Registeradressen r (einschließlich M) und rp sowie die Nummer n Teil des ersten Befehlbytes sind, müssen sämtliche möglichen Registeradressen laut Bild 45 in das Op-Codebyte eingesetzt werden. Der Aufbau der Op-Codebytes für jeden Befehl ist in Abschnitt 2.3 angegeben. Für die Operanden wurden Abkürzungen gewählt, die im Anschluß an Tafel 10 stehen.
Bei der manuellen Übersetzung eines Assemblerprogramms in den 8085-Maschinencode leistet die Tafel 10 gute Dienste.

2.3 Beschreibung der 8085-Befehle

In den folgenden Abschnitten sind die 8085-Befehle - nach Befehlsgruppen geordnet - detailliert beschrieben. Die systematische Darstellung in den Tafeln 11 bis 16 wird durch Erläuterungen und Programmierbeispiele ergänzt.
Am Anfang jeder Tafel ist das Schema der Befehlsbeschreibung angegeben. Links oben steht der Befehl in symbolischer Assemblerschreibweise, darunter sind die Befehlsbytes angeordnet. Die Verschlüsselung des Operationscodebytes (1. Befehlsbyte) ist binär angegeben, die Register- und Registerpaaradressen werden allgemein mit den Abkürzungen ddd, sss und rp bezeichnet. Erst das Einsetzen der binären Register- und Registerpaarnummern nach Bild 45 ergibt den vollständigen Code der ersten Befehlsbytes, die in Tafel 10 zusammengestellt sind. Die formale Beschreibung der Befehlswirkungen wird durch verbale Beschreibungen und bei Bedarf durch grafische Darstellungen ergänzt. Daneben sind die Wirkungen der Befehle auf die Statusflags CY, Z, S, AC und P entsprechend der nachfolgenden Zusammenstellung festgehalten. Zur Bedeutung der Status-flags siehe Abschnitt 2.1.1. Die angegebene Anzahl der Maschinenzyklen und Takte benötigt der Befehl für Befehlsabruf und Ausführung, wenn keine Wartetakte (vgl. Abschn. 2.1.4) eingefügt werden. Quellen für die Befehlsbeschreibungen sind |7| und |13|.

Tafel 9   8085-Befehlsübersicht (S. 115 - 117)

Mnemonik	*	Befehlsbeschreibung, englisch	Bezug
T r a n s f e r b e f e h l e		Seite	
a) Register-Register			
MOV rl,r2	1	move reg (r2) to reg (rl)	120
XCHG	1	exchange reg pairs (DE) and (HL)	
XTHL	1	exchange top of stack and (HL)	
SPHL	1	(HL) to stackpointer (SP)	
b) Register ◄── Speicher, Peripherie			
MOV r,M	1	move memory to reg (r)	120
LDA adr	3	load accumulator direct	
LDAX rp	1	load accumulator indirect, rp = BC, DE	
LHLD adr	3	load HL direct	121
POP rp	1	pop reg pair off stack, rp = BC,DE,HL,PSW	
IN port	2	input from IO port	
c) Registerpaar ◄── Adreßkonstante			
LXI rp,adr	3	load index immediate to reg pair rp	121
d) Speicher, Peripherie ◄── Register			
MOV M,r	1	move reg (r) to memory	121
STA adr	3	store accumulator direct	
STAX rp	1	store accumulator indirect	122
SHLD adr	3	store (HL) direct	
PUSH rp	1	push reg pair on stack, rp = BC,DE,HL,PSW	
OUT port	2	output to IO port	
e) Register, Speicher ◄── Konstante			
MVI M,konst	2	move immediate to memory	122
MVI r,konst	2	move immediate to reg (r)	
A r i t h m e t i k b e f e h l e			
INR r	1	increment register (r)	126
INR M	1	increment memory ((HL))	
DCR r	1	decrement register (r)	
DCR M	1	decrement memory ((HL))	
INX rp	1	increment reg pair (rp)	
DCX rp	1	decrement reg pair (rp)	
ADD r	1	add register (r) to accumulator	127
ADD M	1	add memory ((HL)) to accumulator	
ADC r	1	add reg (r) to accumulator with carry	
ADC M	1	add memory ((HL)) to accu with carry	
DAD rp	1	add reg pair (rp) to (HL)	
SUB r	1	subtract reg (r) from accumulator	
SUB M	1	subtract memory ((HL)) from accumulator	
SBB r	1	subtract reg (r) from accu with borrow	128
SBB M	1	subtract memory from accu with borrow	
ADI konst	2	add immediate to accumulator	
ACI konst	2	add immediate to accumulator with carry	

Tafel 9   8085-Befehlsübersicht (Fortsetzung von Seite 115)

Mnemonik	*	Befehlsbeschreibung, englisch	Bezug
SUI konst	2	subtract immediate from accumulator	128
SBI konst	2	subtract immediate from accu with borrow	
DAA	1	decimal adjust accumulator	

Logikbefehle			
a) Logische Operationen			
CMA	1	complement accumulator	132
ANA r	1	and reg (r) with accumulaor	
ANA M	1	and memory ((HL)) with accumulaor	
ANI konst	2	and immediate with accumulaor	
ORA r	1	or reg (r) with accumulator	
ORA M	1	or memory ((HL)) with accumulator	
ORI konst	2	or immediate with accumulator	133
XRA r	1	exclusive or reg (r) with accumulator	
XRA M	1	exclusive or memory ((HL)) with accu	
XRI konst	2	exclusive or immediate with accu	
CMP r	1	compare register with accumulator	
CMP M	1	compare memory ((HL)) with accumulator	
CPI konst	2	compare immediate with accumulator	134
b) Akkumulator rotieren			
RLC	1	rotate accumulator left	134
RRC	1	rotate accumulator right	
RAL	1	rotate accumulator left through carry	
RAR	1	rotate accumulator right through carry	
c) Befehle für Übertragsbit (carry flag)			
CMC	1	complement carry	134
STC	1	set carry	

Sprungbefehle			
a) Unbedingte Sprünge			
PCHL	1	(HL) to program counter (PC)	138
JMP adr	3	jump unconditional to address adr	
b) Bedingte Sprünge			
JC adr	3	jump on carry	138
JNC adr	3	jump on no carry	
JZ adr	3	jump on zero	
JNZ adr	3	jump on no zero	
JM adr	3	jump on minus	139
JP adr	3	jump on positiv	
JPE adr	3	jump on parity even	
JPO adr	3	jump on parity odd	

Tafel 9 8085-Befehlsübersicht (Fortsetzung von Seite 116)

Mnemonik	*	Befehlsbeschreibung, englisch	Bezug
Unterprogramm-Aufruf-/Rückkehrbefehle			
a) Unterprogramm-Aufruf			
CALL adr	3	call unconditional	144
CC adr	3	call on carry	
CNC adr	3	call on no carry	
CZ adr	3	call on zero	
CNZ adr	3	call on no zero	
CM adr	3	call on minus	145
CP adr	3	call on positiv	
CPE adr	3	call on parity even	
CPO adr	3	call on parity odd	
RST n	1	restart	
b) Rückkehr aus Unterprogramm			
RET	1	return from subroutine	145
RC	1	return on carry	146
RNC	1	return on no carry	
RZ	1	return on zero	
RNZ	1	return on no zero	
RM	1	return on minus	
RP	1	return on positiv	
RPE	1	return on parity even	
RPO	1	return on parity odd	
Sonder- und Steuerungsbefehle			
HLT	1	halt	150
NOP	1	no operation	
EI	1	enable interrupts	
DI	1	disable interrupts	
RIM	1	read interrupt mask	151
SIM	1	set interrupt mask	

Anmerkung: * für "Anzahl Bytes pro Befehl"

Abkürzungen zu Tafel 9 und 10:

r   Registeradresse eines 8-Bit-Registers A,B,C,D,E,H,L
r1,r2   Ziel- und Quellregisteradresse in einem Befehl
rp   Registerpaaradresse BC,DE,HL,PSW oder SP
adr   16-Bit Speicheradresse
port   8-Bit Ein-/Ausgabeadresse
konst   D8 8-Bitkonstante
n   Nummer ∅...7
C, Z, S(P/M), P(E/O) Bedingungs-Kennzeichen im Flag-Register
                      (Bild 46), in bedingten Sprüngen abge-
                      fragt.
(..)   Inhalt von ..
M   Speicheroperand, durch Inhalt von HL adressiert.

Tafel 10   8085-Operationscode hexadezimal verschlüsselt

Transfer							Arithmetik						
MOV	A,A	7F	MOV	L,A	6F								
	A,B	78		L,B	68		ADD	A	87	DCR	A	3D	CMP	A	BF

Transfer

MOV
- A,A 7F A,B 78 A,C 79 A,D 7A A,E 7B A,H 7C A,L 7D A,M 7E
- B,A 47 B,B 40 B,C 41 B,D 42 B,E 43 B,H 44 B,L 45 B,M 46
- C,A 4F C,B 48 C,C 49 C,D 4A C,E 4B C,H 4C C,L 4D C,M 4E
- D,A 57 D,B 50 D,C 51 D,D 52 D,E 53 D,H 54 D,L 55 D,M 56
- E,A 5F E,B 58 E,C 59 E,D 5A E,E 5B E,H 5C E,L 5D E,M 5E
- H,A 67 H,B 60 H,C 61 H,D 62 H,E 63 H,H 64 H,L 65 H,M 66
- L,A 6F L,B 68 L,C 69 L,D 6A L,E 6B L,H 6C L,L 6D L,M 6E
- M,A 77 M,B 70 M,C 71 M,D 72 M,E 73 M,H 74 M,L 75

LXI
- B,adr 01 D,adr 11 H,adr 21 SP,adr 31

XCHG EB   XTHL E3   SPHL F9

LDAX B 0A   LDAX D 1A   LHLD adr 2A   LDA adr 3A
STAX B 02   STAX D 12   SHLD adr 22   STA adr 32

MVI
- A,D8 3E B,D8 06 C,D8 0E D,D8 16 E,D8 1E H,D8 26 L,D8 2E M,D8 36

PUSH B C5   D D5   H E5   PSW F5
POP   B C1   D D1   H E1   PSW F1

OUT port D3   IN port DB

Arithmetik

ADD A 87 B 80 C 81 D 82 E 83 H 84 L 85 M 86
ADC A 8F B 88 C 89 D 8A E 8B H 8C L 8D M 8E
SUB A 97 B 90 C 91 D 92 E 93 H 94 L 95 M 96
SBB A 9F B 98 C 99 D 9A E 9B H 9C L 9D M 9E
INR A 3C B 04 C 0C D 14 E 1C H 24 L 2C M 34
DCR A 3D B 05 C 0D D 15 E 1D H 25 L 2D M 35
INX B 03 D 13 H 23 SP 33
DCX B 0B D 1B H 2B SP 3B
DAD B 09 D 19 H 29 SP 39

ADI D8 C6   ACI D8 CE   SUI D8 D6   SBI D8 DE
DAA 27

Logik

ANA A A7 B A0 C A1 D A2 E A3 H A4 L A5 M A6
XRA A AF B A8 C A9 D AA E AB H AC L AD M AE
ORA A B7 B B0 C B1 D B2 E B3 H B4 L B5 M B6
CMP A BF B B8 C B9 D BA E BB H BC L BD M BE

ANI D8 E6   XRI D8 EE   ORI D8 F6   CPI D8 FE   CMA 2F

STC 37   CMC 3F   RLC 07   RRC 0F   RAL 17   RAR 1F

Sprünge

JMP adr C3   JNZ/JZ C2/CA   JNC/JC D2/DA   JPO/JPE E2/EA   JP/JM F2/FA   PCHL E9

Unterprogramm

CALL adr CD
CNZ/CZ C4/CC   CNC/CC D4/DC   CPO/CPE E4/EC   CP/CM F4/FC
RET C9
RNZ/RZ C0/C8   RNC/RC D0/D8   RPO/RPE E0/E8   RP/RM F0/F8

RST 0 C7   1 CF   2 D7   3 DF   4 E7   5 EF   6 F7   7 FF

Sonder/Steuerbefehle

HLT 76   NOP 00   EI/DI FB/F3   RIM/SIM 20/30

Folgende Abkürzungen sind in den Tafeln 11 bis 16 verwendet:

r,r1,r2	Name eines Registers bzw. Registernummer	
ddd	binäre Nummer des destination register	vgl.
sss	binäre Nummer des source register	Bild 45
rp	Name bzw. Nummer eines Registerpaars	
rlow	niederwertiges Byte eines Registerpaares	
rhigh	höherwertiges Byte eines Registerpaares	
reg	Registerblock des 8085 einschl. Akkumulator	
adr	16-Bit Speicheradresse	
adr low	niederwertiges Byte einer Speicheradresse A7-Ø	
adr high	höherwertiges Byte einer Speicheradresse A15-8	
opd	Operand (8 Bit oder 16 Bit)	
HSP	Hauptspeicher	
⟶	Transport/Zuweisung von ... nach	
---▶	... zeigt auf ...	
(flags)	Wirkung der Befehle auf Status-flags:	
-	d.h. Befehl verändert das Status-flag nicht	
x	d.h. Veränderung des Status-flag abhängig vom Ergebnis der Operation	
Ø	d.h. Befehl setzt Status-flag auf Ø } unabhängig	
1	d.h. Befehl setzt Status-flag auf 1 } vom Ergebnis	

2.3.1 Transferbefehle

Die Transferbefehle (Tafel 11) dienen zum Datenaustausch zwischen programmierbaren Registern, Hauptspeicher und Ein-/Ausgabekanälen. Die Transporteinheit im 8085-Mikroprozessorsystem ist das Byte, mit einigen Befehlen werden 16-Bit Größen (Indexgrößen) durch zwei aufeinanderfolgende Bytetransfers übertragen. Mit den Ein-/Ausgabebefehlen "IN port" und "OUT port" wird jeweils ein Byte zwischen einer peripheren Einheit (vgl. Abschn. 1.2.6) und dem Akkumulator übertragen. Die insgesamt möglichen Transporte lassen sich in einem Diagramm (Bild 59) darstellen. Daraus ist u.a. zu ersehen, daß beim MP 8085 ein Transfer von einem Speicherplatz in einen anderen nur über die Register möglich ist. Für die Adressierung der Operanden gilt das in Abschnitt 1.2.5.3 Gesagte.

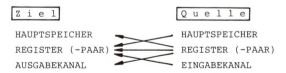

Bild 59 Zur Wirkung der Transferbefehle

Tafel 11   8085-Transferbefehle (Seite 120 - 122)

Mnemonik	Befehlswirkung formal		
Befehlsbytes	verbal		Flags: CY Z S AC P / Zyklen/Takte: n/m

MOV r1,r2
`01dddsss`

$(r1) \leftarrow (r2);$
Der Inhalt des Registers r2 wird nach r1 transportiert.

Flags: - - - - -
Zyklen/Takte: 1/4

XCHG
`11101011`

$(H) \leftrightarrow (D); (L) \leftrightarrow (E);$
Vertausche die Inhalte der Registerpaare DE und HL.

Flags: - - - - -
Zyklen/Takte: 1/4

XTHL
`11100011`

$(L) \leftrightarrow ((SP)); (H) \leftrightarrow ((SP)+1);$
Vertausche den Inhalt des Registerpaares HL mit dem Inhalt der zwei obersten Bytes im Stack; SP unverändert.

Flags: - - - - -
Zyklen/Takte: 5/16

SPHL
`11111001`

$(SP) \leftarrow (HL)$
Lade Stackpointer mit dem Inhalt des Registerpaares HL.

Flags: - - - - -
Zyklen/Takte: 1/6

MOV r, M
`01ddd110`

$(r) \leftarrow ((HL))$
Lade das Speicherbyte, dessen Adresse im Registerpaar HL steht, in das Register r.

Flags: - - - - -
Zyklen/Takte: 2/7

LDA adr
`00111010`
`adr low`
`adr high`

$(A) \leftarrow ((adr));$
Lade das Speicherbyte, dessen Adresse im Befehl steht, in den Akkumulator A.

Flags: - - - - -
Zyklen/Takte: 4/13

LDAX rp
`00rp1010`

$(A) \leftarrow ((rp));$
Lade das Speicherbyte, dessen Adresse im Registerpaar rp steht, in den Akkumulator A. Beachte: Es dürfen nur rp = BC und rp = DE angegeben werden!

Flags: - - - - -
Zyklen/Takte: 2/7

LHLD adr	(L) ⟵ (adr); (H) ⟵ (adr+1)	Flags: - - - - -
00101010	Lade das Registerpaar HL mit dem Speicherinhalt der	Zyklen/Takte: 5/16
adr low	Adressen adr+1 und adr.	
adr high		

POP rp	(rlow) ⟵ ((SP)); (rhigh) ⟵ ((SP)+1); (SP) ⟵ (SP)+2	Flags: - - - - -
11rp0001	Das angegebene Registerpaar rp = rhigh, rlow wird mit dem 16-Bit Wort geladen, auf das der Stackpointer SP zeigt. rp = BC, DE, HL, PSW. Der Stackpointer wird um 2 erhöht. Anm.: POP PSW verändert die Flags! (Bild 58)	Zyklen/Takte: 3/10

IN port	(A) ⟵ (port);	Flags: - - - - -
11011011	Lade den Akkumulator A mit dem Inhalt des Eingabe-	Zyklen/Takte: 3/10
port	kanals, dessen Adresse port (= 0...255) ist (Bild 28).	

LXI rp,adr	(rlow) ⟵ adr low; (rhigh) ⟵ adr high;	Flags: - - - - -
00rp0001	Lade Registerpaar rp mit der Adreßkonstanten adr im Befehl. rp = BC, DE, HL, SP	Zyklen/Takte: 3/10
adr low		
adr high		

MOV M,r	((HL)) ⟵ (r)	Flags: - - - - -
01110sss	Speichere den Inhalt des Registers r auf den Speicherplatz ab, auf den die Adresse im Registerpaar HL zeigt.	Zyklen/Takte: 2/7

STA adr	(adr) ⟵ (A)	Flags: - - - - -
00110010	Speichere den Inhalt des Akkumulators A auf den Speicherplatz ab, auf den die Adresse adr im Befehl zeigt.	Zyklen/Takte: 4/13
adr low		
adr high		

Tafel 11   8085-Transferbefehle (Fortsetzung von Seite 121)

STAX rp	((rp)) ⟶ (A)	Flags: - - - - -
`00rp0010`	Speichere den Inhalt des Akkumulators A auf den Speicherplatz ab, auf den rp zeigt. Beachte: rp = BC, DE.	Zyklen/Takte: 2/7

SHLD adr	(adr) ⟶ (L); (adr+1) ⟶ (H)	Flags: - - - - -

`00100010`
`adr low`
`adr high`
	Speichere den Inhalt des Registerpaares HL auf die Speicherplätze mit den Adressen adr+1 und adr ab.	Zyklen/Takte: 5/16

PUSH rp	((SP)-1) ⟶ (rhigh); ((SP)-2) ⟶ (rlow); (SP)-2	Flags: - - - - -
`11rp0101`	Der Inhalt des angegebenen Registerpaares wird in die zwei Bytes mit den Speicheradressen (SP)-1 und (SP)-2 abgespeichert; danach wird der Stackpointer SP um 2 heruntergezählt. rp = BC, DE, HL, PSW. (Bild 58)	Zyklen/Takte: 3/12

OUT port	(port) ⟶ (A)	Flags: - - - - -
`11010011` `port`	Übertrage den Inhalt des Akkumulators A an den Ausgabekanal, dessen Adresse port (= 0...255) ist (Bild 28).	Zyklen/Takte: 3/10

MVI M,konst	((HL)) ⟶ konst	Flags: - - - - -
`00110110` `konst`	Speichere den Wert konst im zweiten Befehlsbyte auf den Speicherplatz ab, auf den der Inhalt des Registerpaares HL zeigt; konst = 0...255.	Zyklen/Takte: 3/10

MVI r,konst	(r) ⟶ konst	Flags: - - - - -
`00ddd110` `konst`	Lade den Wert konst im zweiten Befehlsbyte in das Register r; konst = 0...255.	Zyklen/Takte: 2/7

In den folgenden Programmierbeispielen sind die 8085-Maschinenbefehle in der Assembler-Schreibweise angegeben.

Beispiel 15: Bytetransfer. Ein 8-Bit Wert ist vom Eingabekanal Nr. 5Ø in den Akkumulator einzulesen und auf den Speicherplatz mit der Adresse 1ØAØH abzuspeichern.

Assemblernotation   Objektcode hex.

| BSP15: | IN | 5ØH | ;Einlesen des 8-Bit-Werts
;vom EA-Kanal 5ØH in den
;Akkumulator | DB 5Ø |
| | STA | 1ØAØH | ;Abspeichern des Akkumu-
;latorinhalts auf den
;Speicherplatz 1ØAØH | 32 AØ 1Ø |

Das Objektprogramm belegt ab Speicheradresse
1ØØØH fünf Bytes im Hauptspeicher:
1ØØØH: DB
1ØØ1H: 5Ø
1ØØ2H: 32
1ØØ3H: AØ
1ØØ4H: 1Ø

Im Quellprogramm (Assemblerprogramm) wurden zur Erläuterung der Befehlswirkungen nach Bedarf Kommentarzeilen eingefügt. Die hexadezimale Darstellung des ersten Befehlsbytes (vgl. Tafel 10) gewinnt man durch Einsetzen der Register- bzw. Registerpaarnummern in die vorgesehenen Bitstellen und Aufteilung des Bytes in zwei Hexadezimalziffern.

Beispiel 16: Löschen eines Speicherplatzes. Hierzu werden zwei Lösungsmöglichkeiten angegeben, deren Einsatz von der übrigen "Programmumgebung" abhängt.

Lösung a: Löschen über den Akkumulator.

Assemblernotation   Objektcode hex.

| BSP16A: | MVI | A,Ø | ;Lädt den Akku mit dem
;Binärmuster ØØØØØØØØ | 3E ØØ |
| | STA | 1ØA7H | ;Speichert den Akku-In-
;halt auf den Speicher-
;platz 1ØA7H ab | 32 A7 1Ø |

Lösung b: Direktes Löschen im Speicher, wenn die Speicheradresse im Registerpaar HL zur Verfügung steht.

Assemblernotation			Objektcode hex.
BSP16B:	LXI	H,10A7H ;Stellt die Adresse ;des Speicherplatzes ;bereit	21 A7 10
	MVI	M,00H ;Schreibt das Binärmu- ;ster 00000000 in den ;durch HL adressierten ;Speicherplatz	36 00

2.3.2 Arithmetikbefehle

Die Arithmetikbefehle (Tafel 12) sind im wesentlichen Additions- und Subtraktionsbefehle für Festpunktzahlen ohne Vorzeichen und in Zweierkomplementdarstellung. Allerdings meldet der im CY-Flag gespeicherte Übertrag aus der ALU bei vorzeichenlosen Dualzahlen einen Überlauf des Zahlenbereichs (vgl. Abschn. 1.3.1.1), während bei vorzeichenbehafteten Zweierkomplementzahlen der Überlauffall durch eine Befehlsfolge zu ermitteln ist (vgl. Abschn. 1.3.1.3). Multiplikations- und Divisionsbefehle sind im 8085 - wie bei vielen 8-Bit Mikroprozessoren - hardwaremäßig nicht implementiert.
Arithmetikbefehle verändern in der Regel die Status-flags. Bei der Subtraktion nimmt das CY-flag den Borger auf (vgl. Abschn. 1.3.1.2), sodaß ein nachfolgender bedingter Sprung "JC .." den Borger abfragt (s. Tafel 14). Die Index-Zählbefehle "INX rp" und "DCX rp" lassen die flags unverändert. Beispiel 24 zeigt u.a. die Abfrage eines Registerpaarinhalts auf Null. Zur Verarbeitung mehrfachlanger Dualzahlen sind die Befehle ADC (add with carry) und SBB (subtract with borrow) vorgesehen (s. Bsp. 19 u. 23).

Beispiel 17: Anwendung der Addier- und Zählbefehle. Im Hauptspeicher stehen in aufeinanderfolgenden Speicherplätzen ab Adresse OPDADR zwei 8-Bit lange Festpunktzahlen. Ihre Summe ist im Akkumulator zu hinterlegen. Die Operanden sind im Anschluß an die Befehle zu definieren und mit 0 vorzubelegen. Es wird davon ausgegangen, daß im übrigen (hier nicht realisierten) Programmteil aktuelle Zahlenwerte in die definierten Speicherplätze geschrieben werden. Das Objektprogramm soll ab Adresse 0900H im Speicher abgelegt werden. Die Operanden liegen auf den Adressen ∅9∅6H und ∅9∅7H.

Assemblernotation			HSP-Adr.	Objektcode hex.
...	..			
BSP17: LXI	H,OPDADR	;Adresse des 1.Operan- ;den nach HL direkt ;laden	9∅∅	21 ∅6 ∅9
MOV	A,M	;(A)←(OPDADR)		7E
INX	H	;Adresse in HL erhöhen		23
ADD	M	;Summe (opd1) + (opd2) ;in Akkumulator		86
;Assembler-Anweisung zur Definition der				
OPDADR: DB	∅,∅	;zwei Datenbytes	9∅6 9∅7	∅∅ ∅∅
...	..			

Die eigentliche Addition leistet in Bsp. 17 der Befehl "ADD M". Ein Überlauf des Zahlenbereichs wird bei vorzeichenlosen Dualzahlen mit (CY) = 1 angezeigt (vgl. Abschn. 1.3.1). Der Assembler ersetzt den Namen OPDADR im LXI-Befehl durch die absolute Adresse ∅9∅6H.

Beispiel 18: Subtraktionsbefehl. Von einer 8-Bit Zahl im Speicher an der symbolischen Adresse BSP18 ist die Konstante 98 (dezimal) abzuziehen. Der Zustand des Borgers nach der Subtraktion ist in den Stack zu retten. Programmanfang: 9∅∅H, Stack: 1∅∅∅H.

Assemblernotation			HSP-Adr.	Objektcode hex.
ORG	9∅∅H	;Adreßpegel-Anweisung		
BSP18: DB	167	;Define Byte-Anweisung	9∅∅	A7
START: LXI	SP,1∅∅∅H	;Stackpointer auf An- ;fangswert setzen	9∅1	31 ∅∅ 1∅
LDA	BSP18	;Minuend in Akku laden		3A ∅∅ ∅9
SUI	98D	;(A)←(A) - 98D		D6 62
PUSH	PSW	;PSW in Stack ablegen		F5
...	..			..

Die ORG-Anweisung (vgl. Abschn. 1.4.2) legt die erste durch das Programm belegte Adresse fest, an der in Beispiel 18 der Minuend (A7H = 167D) steht. Im folgenden Byte beginnt der erste Befehl.

Tabelle 12 8085-Arithmetikbefehle (Seiten 126 – 128)

Mnemonik Befehlsbytes	Befehlswirkung formal verbal	Flags: CY Z S AC P Zyklen/Takte: n/m
INR r `00ddd100`	$(r) \longrightarrow (r) + 1$ Zum Inhalt des Registers r wird 1 addiert. Beachte: Das CY-Flag wird dabei nicht verändert.	Flags: – x x x x Zyklen/Takte: 1/4
INR M `00110100`	$((HL)) \longrightarrow ((HL)) + 1$ Zum Inhalt des durch das Registerpaar HL adressierten Bytes wird 1 addiert. Beachte: CY-Flag wird nicht verändert.	Flags: – x x x x Zyklen/Takte: 3/10
DCR r `00ddd101`	$(r) \longrightarrow (r) - 1$ Vom Inhalt des Registers r wird 1 subtrahiert. Beachte: Das CY-Flag wird dabei nicht verändert.	Flags: – x x x x Zyklen/Takte: 1/4
DCR M `00110101`	$((HL)) \longrightarrow ((HL)) - 1$ Vom Inhalt des durch Registerpaar HL adressierten Bytes wird 1 subtrahiert. Beachte: CY-Flag wird nicht verändert.	Flags: – x x x x Zyklen/Takte: 3/10
INX rp `00rp0011`	$(rp) \longrightarrow (rp) + 1$ Zum Inhalt des Registerpaares rp wird 1 addiert; rp = BC, DE, HL oder SP.	Flags: – – – – – Zyklen/Takte: 1/6
DCX rp `00rp1011`	$(rp) \longrightarrow (rp) - 1$ Vom Inhalt des Registerpaares rp wird 1 subtrahiert. rp = BC, DE, HL oder SP.	Flags: – – – – – Zyklen/Takte: 1/6

ADD r

`10000sss`

$(A) \leftarrow (A) + (r)$

Der Inhalt des Registers r wird zum Inhalt des Akkumulators addiert.

Flags: x x x x x
Zyklen/Takte: 1/4

ADD M

`10000110`

$(A) \leftarrow (A) + ((HL))$

Der Inhalt des Speicherplatzes, auf den das HL-Registerpaar zeigt, wird zum Akkumulator hinzuaddiert.

Flags: x x x x x
Zyklen/Takte: 2/7

ADC r

`10001sss`

$(A) \leftarrow (A) + (r) + (CY)$

Der Inhalt des Registers r und der Inhalt des CY-Bits werden zum Inhalt des Akkumulators hinzuaddiert.

Flags: x x x x x
Zyklen/Takte: 1/4

ADC M

`10001110`

$(A) \leftarrow (A) + ((HL)) + (CY)$

Der Inhalt des Speicherplatzes, auf den das HL-Register zeigt und der Inhalt des CY-Bits werden zum Inhalt des Akkumulators hinzuaddiert.

Flags: x x x x x
Zyklen/Takte: 2/7

DAD rp

`00rp1001`

$(HL) \leftarrow (HL) + (rp)$

Der Inhalt des Registerpaares rp und der Inhalt des Registerpaares HL werden addiert. Die Summe wird nach HL gebracht. rp = BC, DE, HL oder SP.

Flags: x – – – –
Zyklen/Takte: 3/10

SUB r

`10010sss`

$(A) \leftarrow (A) - (r)$

Der Inhalt des Registers r wird vom Inhalt des Akkumulators subtrahiert.

Flags: x x x x x
Zyklen/Takte: 1/4

SUB M

`10010110`

$(A) \leftarrow (A) - ((HL))$

Der Inhalt des Speicherplatzes, auf den das HL-Registerpaar zeigt, wird vom Akkumulator subtrahiert.

Flags: x x x x x
Zyklen/Takte: 2/7

Tafel 12 8085-Arithmetikbefehle (Fortsetzung von Seite 127)

SBB r `10011sss`	(A) ⟵ (A) − (r) − (CY) Der Inhalt des Registers r und der Inhalt des CY-Bits werden vom Akkumulatorinhalt subtrahiert.	Flags: x x x x x Zyklen/Takte: 1/4
SBB M `10011110`	(A) ⟵ (A) − ((HL)) − (CY) Der Inhalt des Speicherplatzes, auf den das Registerpaar HL zeigt und der Inhalt des CY-Bits werden vom Akkumulator subtrahiert.	Flags: x x x x x Zyklen/Takte: 2/7

ADI konst
`11000110`
`konst`
	(A) ⟵ (A) + konst
	Addiere den Wert konst im zweiten Befehlsbyte zum Inhalt des Akkumulators.
		Flags: x x x x x
		Zyklen/Takte: 2/7

ACI konst
`11001110`
`konst`
	(A) ⟵ (A) + konst + (CY)
	Addiere den Wert konst im zweiten Befehlsbyte und den Inhalt des CY-Bits zum Akkumulatorinhalt.
		Flags: x x x x x
		Zyklen/Takte: 2/7

SUI konst
`11010110`
`konst`
	(A) ⟵ (A) − konst
	Subtrahiere den Wert konst im zweiten Befehlsbyte vom Inhalt des Akkumulators.
		Flags: x x x x x
		Zyklen/Takte: 2/7

SBI konst
`11011110`
`konst`
	(A) ⟵ (A) − konst − (CY)
	Subtrahiere den Wert konst im zweiten Befehlsbyte und den Inhalt des CY-Bits vom Inhalt des Akkumulators.
		Flags: x x x x x
		Zyklen/Takte: 2/7

DAA `00100111`	Der DAA-Befehl wandelt den Inhalt des Akkumulators − nach der Addition zweier BCD-Zahlen − in zwei binärcodierte (BCD-) Ziffern um, wobei er das AC-Bit und das CY-Bit abfragt (s. Abschn. 2.3.7).	Flags: x x x x x Zyklen/Takte: 1/4

Zum Retten des CY-Flags, das nach dem Subtraktionsbefehl den Borger enthält, wird das gesamte Programm-Status-Wort in den Stack abgelegt (Bild 60).

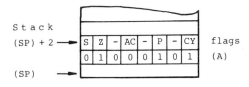

Bild 60 Wirkung des Befehls "PUSH PSW" (in Beispiel 18)

Beispiel 19: Addition mehrfachlanger Festpunktzahlen. Die 3-Byte-langen Zahlen sind im Speicher unter den symbolischen Adressen ADRA und ADRB abgelegt. Die 3-Byte-lange Summe soll, beginnend mit dem niederwertigen Byte, an der Adresse ADRA abgelegt werden (s. Speicherplan vor und nach der Addition).

```
vorher:     RAM                          nachher:    RAM

ADRA   --▶  8  5   (low)                 ADRA   --▶  1  F   (low)
ADRA+1 --▶  B  F                         ADRA+1 --▶  2  3
ADRA+2 --▶  9  E   (high)                ADRA+2 --▶  Ø  C   (high)


ADRB   --▶  9  A   (low)                 ADRB   --▶  9  A   (low)
ADRB+1 --▶  6  3                         ADRB+1 --▶  6  3
ADRB+2 --▶  6  D   (high)                ADRB+2 --▶  6  D   (high)
```

Assemblernotation

```
BSP19:  LXI   H,ADRA    ;Operandenadressen in die Re-
        LXI   B,ADRB    ;gisterpaare HL und BC laden

        LDAX  B         ;(A)◀── 9AH                     ⎫ nieder-
        ADD   M         ;(A)◀── (A) + 85H               ⎬ wertige
        MOV   M,A       ;(ADRA)◀── (A), (A) = 1FH       ⎭ Bytes

        INX   H         ;(HL) = ADRA + 1                ⎫
        INX   B         ;(BC) = ADRB + 1                ⎪ mittlere
        LDAX  B         ;(A)◀── 63H                     ⎬ Bytes
        ADC   M         ;(A)◀── (A) + ØBFH + (CY)       ⎪
        MOV   M,A       ;(ADRA+1)◀── (A), (A) = 23H     ⎭

        INX   H         ;(HL) = ADRA + 2                ⎫
        INX   B         ;(BC) = ADRB + 2                ⎪ höchst-
        LDAX  B         ;(A)◀── 6DH                     ⎬ wertige
        ADC   M         ;(A)◀── (A) + 9EH + (CY)        ⎪ Bytes
        MOV   M,A       ;(ADRA+2)◀── (A), (A) = ØCH     ⎭
```

Der Programmablauf in Beispiel 19 läßt sich an Hand der Kommentare leicht verfolgen: Die drei Bytes einer Zahl werden nacheinander zu den entsprechenden Bytes der anderen Zahl addiert. Bei der Addition der niederwertigen Bytes wird das CY-Flag nicht einbezogen (ADD-Befehl), bei der Addition der höherwertigen Bytes wird der Übertrag aus der Addition der jeweils niederwertigeren Bytes hinzuaddiert (Befehl ADC..). Die Addition der höchstwertigen Bytes liefert einen Übertrag, die entstandene Summe ist hier nicht in drei Bytes darstellbar.
Zu Beginn des Programms sind die Operandenadressen ADRA und ADRB in die Registerpaare HL und BC zu laden, um anschließend register-indirekt auf die Operanden zugreifen zu können (vgl. Abschn. 1.2.5.3). Vor dem Zugriff auf höherwertige Bytes sind die Adressen in den Registerpaaren HL und BC zu inkrementieren. Die Operanden-Speicherplätze sind im Programm nicht definiert.
Die Befehlsfolge des Beispiels 19 besteht aus einer vorbereitenden Initialisierung der Adressenregister und aus drei nahezu identischen Befehlsgruppen, die jeweils eine Byteaddition durchführen. Diese "Geradeaus"-Programmierung ist speicherplatzaufwendig und wird bei einer größeren Anzahl zu addierender Bytes unsinnig. Nach dem Kennenlernen der Sprungbefehle wird dieselbe Aufgabe als Programmschleife organisiert (s. Beispiel 23).

2.3.3 Logikbefehle

Die Logikbefehle des 8085 führen logische Verknüpfungen (UND, ODER, EXCLUSIV ODER) von 8-Bit-Größen im Akkumulator mit solchen in Registern, Speicherplätzen und Direktoperand-Befehlen aus. Sie verändern die Status-flags in der angegebenen Weise. Da bei logischen Operationen keine Überträge entstehen, werden die Werte des CY-Flags und des AC-Flags so festgelegt, wie es in den Befehlsbeschreibungen angegeben ist.
Die Logikbefehle umfassen außerdem zwei Befehle zum Setzen und Invertieren des CY-Flags und vier Verschiebebefehle. Beim 8085 sind dies Rotationsbefehle, die sich ausschließlich auf

den Akkumulator beziehen und dessen Inhalt pro Befehl nur um
einen Schritt (ein Bit) verschieben. Die Rotationsbefehle übernehmen das jeweils aus dem Akkumulator herausgeschobene Bit
(A7 oder AØ) in das CY-Flag. Mit bedingten Sprungbefehlen (s.
Abschn. 2.3.4) sind dann einzelne Akkumulator-Bitstellen abfragbar. Zusammen mit den logischen Operationen UND, ODER, EXCLUSIV ODER ermöglichen die Verschiebebefehle eine <u>Bitverarbeitung</u> im 8085.

In komplexeren Mikroprozessoren gibt es zusätzlich zu den Rotationsbefehlen <u>arithmetische</u> und <u>logische Verschiebebefehle</u>.
Beim logischen (geradeaus) Verschieben eines Registerinhalts
nach links oder nach rechts wird das herausfallende Bit in das
CY-Flag übernommen und eine Ø nachgezogen (Bild 61). Ist der
Inhalt des Registers eine vorzeichenlose Dualzahl, dann entspricht die Verschiebung logisch links um eine Stelle einer
Multiplikation mit dem Faktor 2, die Verschiebung logisch
rechts um eine Stelle einer Division durch 2.
Beim arithmetischen Verschieben eines Registerinhalts nach
links wird eine Ø nachgezogen, beim arithmetischen Verschieben nach rechts wird die höchstwertige Stelle (A7) nachgezogen. Ist der Inhalt des Registers eine vorzeichenbehaftete
Zweierkomplementzahl, dann entspricht das arithmetische Verschieben nach links um eine Stelle einer Multiplikation mit 2,
das arithmetische Verschieben nach rechts um eine Stelle einer
Division durch 2. Durch Zahlenbeispiele lassen sich diese Feststellungen leicht veranschaulichen.

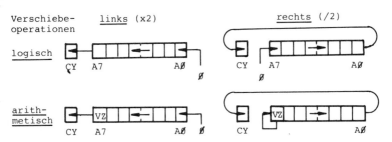

Bild 61 Logische und arithmetische Verschiebeoperationen

Tafel 13 8085-Logikbefehle (S. 132 – 134)

Mnemonik / Befehlsbytes	Befehlswirkung formal / verbal	Flags: CY Z S AC P / Zyklen/Takte: m/n
CMA `00101111`	$(A) \leftarrow (\overline{A})$ Der Akkumulatorinhalt wird bitweise invertiert.	Flags: - - - - - Zyklen/Takte: 1/4
ANA r `10100sss`	$(A) \leftarrow (A) \wedge (r)$ Die Bitstellen des Akkumulators werden mit den entsprechenden Bitstellen des adressierten Registers UND-verknüpft. Das Ergebnis gelangt in den Akku.	Flags: ∅ x x 1 x Zyklen/Takte: 1/4
ANA M `10100110`	$(A) \leftarrow (A) \wedge ((HL))$ Die Bitstellen des Akkumulators werden mit den entsprechenden Bitstellen des Speicherplatzes, auf den das HL-Registerpaar zeigt, UND-verknüpft. Das Ergebnis gelangt in den Akku.	Flags: ∅ x x 1 x Zyklen/Takte: 2/7
ANI konst `11100110`	$(A) \leftarrow (A) \wedge$ konst Die Bitstellen des Akkumulators werden mit den entsprechenden Bitstellen des zweiten Befehlsbytes konst UND-verknüpft. Das Ergebnis gelangt in den Akku.	Flags: ∅ x x 1 x Zyklen/Takte: 2/7
ORA r `10110sss`	$(A) \leftarrow (A) \vee (r)$ Die Bitstellen des Akkumulators werden mit den entsprechenden Bitstellen des adressierten Registers r ODER-verknüpft. Das Ergebnis gelangt in den Akku.	Flags: ∅ x x ∅ x Zyklen/Takte: 1/4
ORA M `10110110`	$(A) \leftarrow (A) \vee ((HL))$ Die Bitstellen des Akkumulators werden mit den entsprechenden Bitstellen des Speicherplatzes, auf den HL zeigt, ODER-verknüpft. Ergebnis gelangt in den Akku.	Flags: ∅ x x ∅ x Zyklen/Takte: 2/7

- 133 -

ORI konst.	(A) ⟵ (A) ∨ konst	Flags: ∅ x x x ∅ x
`11110110` `Konst`	Die Bitstellen des Akkumulators werden mit den entsprechenden Bitstellen des zweiten Befehlsbytes konst durch die ODER-Funktion verknüpft. Ergebnis gelangt in Akku.	Zyklen/Takte: 2/7

XRA r	(A) ⟵ (A) ⊕ (r)	Flags: ∅ x x x ∅ x
`10101sss`	Die Bitstellen des Akkumulators werden mit den entsprechenden Bitstellen des adressierten Registers r durch die EXCLUSIV-ODER-Funktion verknüpft. Ergebnis in Akku.	Zyklen/Takte: 1/4

XRA M	(A) ⟵ (A) ⊕ ((HL))	Flags: ∅ x x x ∅ x
`10101110`	Die Bitstellen des Akkumulators werden mit den entsprechenden Bitstellen des Speicherplatzes, auf den HL zeigt, EXCLUSIV-ODER-verknüpft. Ergebnis gelangt in Akku.	Zyklen/Takte: 2/7

XRI konst	(A) ⟵ (A) ⊕ konst	Flags: ∅ x x x ∅ x
`11101110` `Konst`	Die Bitstellen des Akkumulators werden mit den entsprechenden Bitstellen des zweiten Befehlsbytes konst durch die EXCLUSIV-ODER-Funktion verknüpft. Ergebnis in Akku.	Zyklen/Takte: 2/7

CMP r	(A) - (r)	Flags: x x x x x x
`10111sss`	Der Inhalt des Registers r wird vom Akku subtrahiert. Der Inhalt des Akkumulators bleibt unverändert. Die Status-flags beschreiben das Ergebnis der Subtraktion: (Z) ⟵ 1, wenn (A) = (r); (CY) ⟵ 1, wenn (A) < (r), (CY) ⟵ 0, wenn (A) ⩾ (r).	Zyklen/Takte: 1/4

CMP M	(A) - ((HL))	Flags: x x x x x x
`10111110`	Der Inhalt des Speicherplatzes, auf den HL zeigt, wird vom Akku subtrahiert. Der Akku bleibt unverändert. Die Status-flags beschreiben das Ergebnis: (Z) ⟵ 1, wenn (A) = ((HL)); (CY) ⟵ 1, wenn (A) < ((HL)), (CY) ⟵ 0, wenn (A) ⩾ ((HL)).	Zyklen/Takte: 2/7

- 134 -

Tafel 13 8085-Logikbefehle (Fortsetzung von Seite 133)

Befehl	Beschreibung	Flags / Zyklen
CPI konst `11111110 konst`	(A) - konst Der Wert konst im zweiten Befehlsbyte wird vom Akku subtrahiert. Der Akku bleibt unverändert. Die Statusflags beschreiben das Ergebnis der Subtraktion: (Z) → 1, wenn (A) = konst; (CY) → 1, wenn (A) < konst, (CY) → 0, wenn (A) > konst.	Flags: x x x x x Zyklen/Takte: 2/7
RLC `00000111`	(An+1) → (An); (A∅) → (A7); (CY) → (A7) Der Akkumulatorinhalt wird zyklisch um 1 Bit nach links verschoben.	Flags: x - - - - Zyklen/Takte: 1/4
RRC `00001111`	(An) → (An+1); (A7) → (A∅); (CY) → (A∅) Der Akkumulatorinhalt wird zyklisch um 1 Bit nach rechts verschoben.	Flags: x - - - - Zyklen/Takte: 1/4
RAL `00010111`	(An+1) → (An); (CY) → (A∅); (A7) → (CY) Der Akkuinhalt wird zyklisch nach links durch CY hindurch verschoben.	Flags: x - - - - Zyklen/Takte: 1/4
RAR `00011111`	(An) → (An+1); (CY) → (A7); (A∅) → (CY) Der Akkuinhalt wird zyklisch nach rechts durch CY hindurch verschoben.	Flags: x - - - - Zyklen/Takte: 1/4
CMC `00111111`	(CY) → $\overline{(CY)}$ Der Inhalt des CY-Flags wird invertiert.	Flags: x - - - - Zyklen/Takte: 1/4
STC `00110111`	(CY) → 1 Das CY-Flag wird auf 1 gesetzt.	Flags: 1 - - - - Zyklen/Takte: 1/4

Logische und arithmetische Verschiebeoperationen sind im Mikroprozessor 8085 mit kleinen Befehlsfolgen zu realisieren (s. Beispiel 21).
Die Vergleichsbefehle (CMP...) stellen das Vergleichsergebnis im Z- bzw. CY-flag zur Verfügung. Das Z-flag zeigt die Gleichheit der Operanden mit (Z) = 1 an und umgekehrt. Das CY-flag nimmt den Borger der beim Vergleich stattfindenden Subtraktion auf.

<u>Beispiel 20: Zweierkomplementbildung mit 8085-Befehlen.</u> Man bilde das Zweierkomplement der Festpunktzahl aus dem Speicherplatz Ø8A5H im Akkumulator.

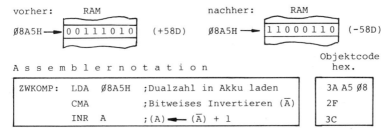

Assemblernotation   Objektcode hex.

ZWKOMP:	LDA	Ø8A5H	;Dualzahl in Akku laden	3A A5 Ø8
	CMA		;Bitweises Invertieren ($\overline{A}$)	2F
	INR	A	;(A) ← ($\overline{A}$) + 1	3C

Beispiel 21: Multiplikation mit Faktor 2. Die Zweierkomplementzahl im Speicherplatz Ø8A6H ist mit dem Faktor 2 zu multiplizieren und wieder abzuspeichern. Dies kann entweder durch arithmetisches Verschieben um eine Stelle nach links (Lösung a) oder durch Addition der Zahl zu sich selbst (Lösung b) erreicht werden.

Lösung a: Assemblernotation   Objektcode

MAL2A:	ANA	A	;löscht CY-Flag	A7
	LDA	Ø8A6H	;Dualzahl in Akku laden	3A A6 Ø8
	RAL		;Arithmetisches Verschieben ;(CY) = Ø wird nachgezogen	17
	STA	Ø8A6H	;Ergebnis abspeichern	32 A6 Ø8

Das Löschen des CY-Flag ist erforderlich, um mit dem Befehl
"RAL" anschließend eine Ø nachzuziehen (arithmetische Verschiebung). Das Löschen des CY-Flag könnte man durch die Befehle   STC   ;CY-Flag auf 1 setzen
          CMC   ;CY-Flag invertieren
ausführen (Zeit: 8 Taktperioden). Der Befehl ANA bzw. andere
logische Befehle löschen das CY-Flag in 4 Taktperioden. Der
Befehl "XRA A" z.B. löscht das CY-Flag und den Inhalt des Akkumulators.

Lösung b: A s s e m b l e r n o t a t i o n   Objektcode

MAL2B:	LXI	H,Ø8A6H	;Adresse des Speicher- ;platzes nach HL laden	21 A6 Ø8
	MOV	A,M	;Dualzahl in Akku laden	7E
	ADD	A	;Dualzahl zu sich selbst ;addieren: (A)←(A)+(A)	87
	MOV	M,A	;Ergebnis rückspeichern	77

In beiden Lösungen von Beispiel 21 wurde nicht untersucht, ob
durch die Multiplikation der Zahlenbereich der 8-Bit-Dualzahl
überschritten wurde (Überlauffall).
Bei mehrfachen Zugriffen auf denselben oder aufeinanderfolgende Speicherplätze ist der register-indirekte Speicherzugriff
(Beispiel 21.b) weniger zeit- und speicheraufwendig als die
direkte Speicheradressierung (Beispiel 21.a).

Beispiel 22: Manipulation von Einzelbits. Die Bitstellen D3
und D1 eines Speicherworts mit dem Namen ZUSTND (Adresse 1ØØØH)
sind unabhängig von ihrem vorherigen Wert auf 1 zu setzen. Die
übrigen Bitstellen des Wortes sollen unverändert bleiben.

A s s e m b l e r n o t a t i o n   Objektcode
                                                          hex.

ZUSTND	EQU	1ØØØH	;Adreßzuweisung		
BIMU	EQU	ØØØØ1Ø1ØB	;Wertzuweisung		
	ORG	9ØH	;Adreßpegelanweisung		
BITVA:	LDA	ZUSTND	;Zustandswort laden	9ØH:	3A ØØ 1Ø
	ORI	BIMU	;(A)←(ZUSTND) ∨ BIMU		F6 ØA
	STA	ZUSTND	;Zustandswort speichern		32 ØØ 1Ø
	...				..

2.3.4 Sprungbefehle

Sprungbefehle unterbrechen den sequentiellen Programmablauf, indem sie auf eine beliebige Adresse im Hauptspeicher verzweigen, an der das Programm fortgesetzt werden soll. Ein Sprungbefehl (engl. jump oder branch) lädt das Befehlszähler-Register BZ (engl. PC) mit der Adresse des Sprungziels. Beim 8085 stammt sie stets aus dem Befehl direkt. Die Adresse muß auf den Anfang des nächsten auszuführenden Befehls zeigen (Bild 62); auf der Assembler-Sprachebene entspricht dies einer Befehlsmarke.

Es gibt bedingte und unbedingte Sprünge im Befehlssatz eines Mikrocomputers (Tafel 14). Der unbedingte Sprung (JMP adr) verzweigt in jedem Fall auf die im Befehl enthaltene absolute Speicheradresse (Bild 62).

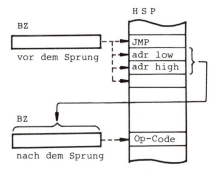

Bild 62 Unbedingter Sprung

Bedingte Sprungbefehle prüfen den Stand eines der vier Status-flags CY, Z, S oder P und entscheiden daraufhin, ob sie auf die Zieladresse adr verzweigen oder aber in der Befehlssequenz fortfahren (Bild 63). Bedingte Sprungbefehle verzweigen somit im Programm abhängig von den Ergebnissen vorhergehender Befehle, die die Statusflags beschreiben.

Der Befehl des MP 8085 "JC adr" (jump on carry to address) (Bild 63) springt auf die angegebene Adresse, wenn die Bedingung (CY) = 1 erfüllt ist und geht zum nächsten Befehl der Sequenz weiter, wenn die Bedingung nicht erfüllt ist ((CY) = Ø). Der entsprechende Sprungbefehl mit umgekehrter Bedingung "JNC adr" (jump on no carry ..) springt auf die Adresse adr, wenn die Bedingung (CY) = Ø erfüllt ist und geht andernfalls zum nächsten Befehl in der Sequenz.

Tafel 14 8085-Sprungbefehle (S. 138 - 139)

Mnemonik Befehlsbytes	Befehlswirkung formal verbal	Flags CY Z S AC P Zyklen/Takte m/n
PCHL `11101001`	(PC) ⟶ (HL) Das Programm wird an der Adresse fortgesetzt, die im Registerpaar HL steht.	Flags: - - - - - Zyklen/Takte: 1/6

JMP adr
`11000011`
`adr low`
`adr high`
	(PC) ⟶ adr
	Das Programm wird an der Adresse adr fortgesetzt, die im zweiten und dritten Befehlsbyte steht (s.Bild 62).
		Flags: - - - - -
		Zyklen/Takte: 3/10

JC adr
`11011100`
`adr low`
`adr high`
	(PC)⟶adr, wenn (CY) = 1; (PC)⟶(PC) + 3, wenn (CY) = Ø
	Das Programm wird an der Adresse adr fortgesetzt, wenn die im Op-Code enthaltene Bedingung (CY) = 1 erfüllt ist. Bei nicht erfüllter Bedingung (CY) = Ø wird das Programm mit dem auf den Sprungbefehl folgenden Befehl fortgesetzt (s. Bild 63).
		Flags: - - - - -
		wenn (CY) = 1
		Zyklen/Takte: 3/10
		wenn (CY) = Ø
		Zyklen/Takte: 2/7

JNC adr
`11010010`
`adr low`
`adr high`
	(PC)⟶adr, wenn (CY) = Ø; (PC)⟶(PC) + 3, wenn (CY) = 1
	Das Programm wird an der Adresse adr fortgesetzt, wenn die im Op-Code enthaltene Bedingung (CY) = Ø erfüllt ist. Bei nicht erfüllter Bedingung (CY) = 1 wird das Programm mit dem auf den Sprungbefehl folgenden Befehl fortgesetzt.
		Flags: - - - - -
		wenn (CY) = Ø
		Zyklen/Takte: 3/10
		wenn (CY) = 1
		Zyklen/Takte: 2/7

JZ adr
`11001010`
`adr low`
`adr high`
	(PC)⟶adr, wenn (Z) = 1; (PC)⟶(PC) + 3, wenn (Z) = Ø
	entsprechend "JC adr"
		Flags: - - - - -
		Zyklen/Takte:
		entspr. "JC adr"

JNZ adr	$(PC) \leftarrow adr$, wenn $(Z) = \emptyset$; $(PC) \leftarrow (PC) + 3$, wenn $(Z) = 1$	Flags: - - - - -
11000010		Zyklen/Takte:
adr low	Ablauf entsprechend "JNC adr"	entspr. "JNC adr"
adr high		
JM adr	$(PC) \leftarrow adr$, wenn $(S) = 1$; $(PC) \leftarrow (PC) + 3$, wenn $(S) = \emptyset$	Flags: - - - - -
11111010		Zyklen/Takte:
adr low	Ablauf entsprechend "JC adr"	entspr. "JC adr"
adr high		
JP adr	$(PC) \leftarrow adr$, wenn $(S) = \emptyset$; $(PC) \leftarrow (PC) + 3$, wenn $(S) = 1$	Flags: - - - - -
11110010		Zyklen/Takte:
adr low	Ablauf entsprechend "JNC adr"	entspr. "JNC adr"
adr high		
JPE adr	$(PC) \leftarrow adr$, wenn $(P) = 1$; $(PC) \leftarrow (PC) + 3$, wenn $(P) = \emptyset$	Flags: - - - - -
11101010		Zyklen/Takte:
adr low	Ablauf entsprechend "JC adr"	entspr. "JC adr"
adr high		
JPO adr	$(PC) \leftarrow adr$, wenn $(P) = \emptyset$; $(PC) \leftarrow (PC) + 3$, wenn $(P) = 1$	Flags: - - - - -
11100010		Zyklen/Takte:
adr low	Ablauf entsprechend "JNC adr"	entspr. "JNC adr"
adr high		

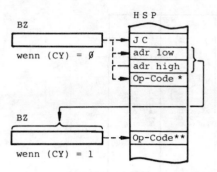

Anm.: * nächster Befehl, wenn Sprungbedingung nicht erfüllt

** nächster Befehl, wenn Sprungbedingung erfüllt

Bild 63 Abläufe beim bedingten Sprungbefehl "JC adr"

Der MP 8085 hat hardwaremäßig nur Sprungbefehle mit einer absoluten, 16-Bit langen Speicheradresse. Bei vielen Mikroprozessortypen findet man bedingte Sprungbefehle mit __befehlszählerrelativen__ Adressen, die sich auf den jeweils aktuellen Befehlszählerstand beziehen (siehe Abschn. 6 und 7, Bild 173).

Ein typischer Anwendungsfall für bedingte Sprungbefehle sind __Programmschleifen__. Hierzu soll die Aufgabe von Beispiel 19 - die Addition zweier 3-Byte langer Festpunktzahlen - im Beispiel 23 wieder aufgegriffen werden. Die sich wiederholende Befehlsgruppe (Laden, Addieren, Abspeichern) wird als Kern der Programmschleife in Beispiel 23 __einmal__ (statisch) in den Hauptspeicher gelegt und __dreimal__ (dynamisch) durchlaufen. Neben den eigentlichen Verarbeitungsbefehlen sind nach Bild 64 __Schleifen-Organisationsbefehle__ erforderlich, die Speicheradressen verändern und nach einer gewünschten Anzahl von Schleifendurchläufen durch Abfragen eines __Endekriteriums__ die Schleife verlassen. Im vorliegenden Fall wird zu Beginn - in der __Schleifen-Initialisierungsphase__ - ein Schleifenzähler-Register (E) mit dem Wert 3 geladen und in jedem Schleifendurchlauf dekrementiert, bis der Zählerstand (E) = ∅ den dritten Schleifendurchlauf signalisiert und der bedingte Sprungbefehl die Programmschleife verläßt. In den darauffolgenden Befehlen findet meist eine __Schleifenendebehandlung__ statt.

Bild 65 zeigt das Flußdiagramm zu Beispiel 23. Als Schleifen-Endebehandlung wird in Beispiel 23 das entstandene Ergebnis auf Überlauf abgefragt, der bei vorzeichenlosen Festpunktzah-

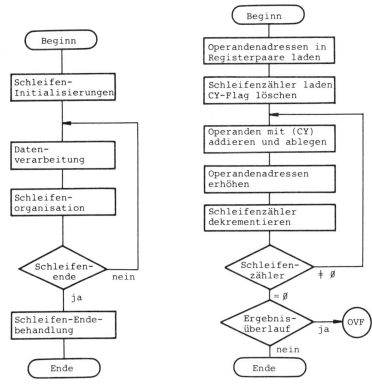

Bild 64 Aufbau einer Programmschleife (allgemein)

Bild 65 Flußdiagramm zum Beispiel 23

len im CY-Bit erscheint. Das Programm in Beispiel 23 ist insbesondere daraufhin zu untersuchen, ob die bedingten Sprünge die "richtigen" Flag-Zustände abfragen.

Beispiel 23: Addition mehrfachlanger Zahlen mit Programmschleife. Zwei 3-Byte lange Festpunktzahlen sind im Speicher unter den symbolischen Adressen ADRA und ADRB abgelegt (vgl. Beispiel 19). Das Programm BSP23 ist gemäß dem Flußdiagramm in Bild 65 zu codieren. Die physikalische Adresse der Überlaufmarke OVF sei 2000H. Die Speicherplätze der Operanden ADRA und

ADRB sind am Programmanfang zu definieren.

Assemblernotation

```
OVF     EQU   2ØØØH           ;Adressenzuweisung
ADRA:   DB    85H,ØBFH,9EH    ;Datendefinition
ADRB    DB    9AH,63H,6DH     ;im Speicher

BSP23:  LXI   H,ADRA    ;Adresse ADRA nach HL laden  ⎫
        LXI   B,ADRB    ;Adresse ADRB nach BC laden  ⎬ Schleifen-
        XRA   A         ;löscht u.a. das CY-Flag     ⎪ Initiali-
        MVI   E,3       ;Schleifenzähler laden       ⎭ sierungen

PRSCHL: LDAX  B         ;(A) ← ((BC))                 ⎫
        ADC   M         ;(A) ← (A) + ((HL)) + (CY)    ⎪
        MOV   M,A       ;Summenbyte abspeichern       ⎪ Programm-
                        ;((HL)) ← (A)                 ⎬ schleife
        INX   B         ;Operandenadressen in         ⎪ (3x durch-
        INX   H         ;BC und HL erhöhen            ⎪ laufen)
        DCR   E         ;Schleifenzähler vermindern   ⎪
        JNZ   PRSCHL    ;Bedingter Schleifensprung    ⎭

        JC    OVF       ;Überlaufabfrage              ⎫ Schleifen-
        HLT             ;Dynamisches Ende             ⎭ Ende
```

2.3.5 Unterprogramm-Aufruf- und Rückkehrbefehle

In Programmsystemen gibt es oft Teilaufgaben, die an verschiedenen Stellen im Programm durch die gleiche Befehlsfolge zu bearbeiten sind. Teilaufgaben in diesem Sinne sind z.B. arithmetische Operationen, die nicht als Maschinenbefehle realisiert sind (Multiplikation, Division), Bedienroutinen für periphere Geräte, Erzeugen definierter Zeitverzögerungen und bestimmte Datenaufbereitungsvorgänge. Legt man die Befehlsfolge für eine solche Teilaufgabe an jeder Stelle im Programm ab, an der sie zu bearbeiten ist, dann steht die gleiche Befehlsfolge mehrfach im Speicher. Um Programme möglichst kurz und übersichtlich zu gestalten, gibt es in allen Mikroprozessoren die Möglichkeit, eine solche Befehlsfolge als Unterprogramm (engl. subroutine) einmal in den Speicher zu legen und sie von verschiedenen Stellen in übergeordneten Programmen aufzurufen und auszuführen. In Bild 66 wird das Unterprogramm UP von den Aufrufstellen A, B und C mit dem Unterprogramm-Aufrufbefehl "CALL UP" dreimal zur Ausführung gebracht. Als letzter Befehl

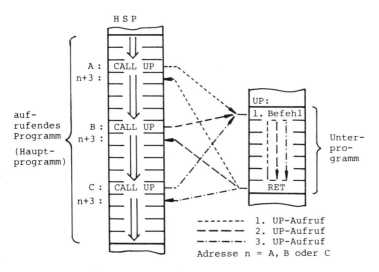

Bild 66 Mehrfacher Aufruf eines Unterprogramms UP

eines Unterprogramms springt der Unterprogramm-Rückkehrbefehl RET (engl. return) an die Adresse nach dem jeweiligen CALL-Befehl zurück. Das aufrufende Programm wird an dieser Stelle fortgesetzt. Der Unterprogramm-Aufruf CALL schiebt das Unterprogramm - zeitlich gesehen - in die Befehlsfolge des aufrufenden Programms ein. Die Maschinenbefehle "CALL adr" und "RET" des MP 8085 (Tafel 15) sind spezialisierte (unbedingte) Sprungbefehle, die den Stack zur Zwischenspeicherung der Rückkehradresse benutzen. Bild 67 zeigt den Ablauf des Unterprogramm-Aufrufs (CALL adr) und der Rückkehr aus dem Unterprogramm (RET): Der CALL-Befehl springt auf den ersten Befehl im Unterprogramm und rettet gleichzeitig den aktuellen Befehlszählerinhalt (PC(alt)) = n+3 in den Stack. Nach dem Durchlaufen des Unterprogramms springt der RET-Befehl in das aufrufende Programm zurück, indem er die Rückkehradresse n+3 aus dem Stack abhebt und wieder in den Befehlszähler PC lädt. Das aufrufende Programm wird somit genau an der Adresse n+3 nach dem CALL-Befehl fortgesetzt. Der Stack wird während des Ablaufs wie bei einer PUSH- und einer darauffolgenden POP-Operation verwaltet.

Tafel 15 8085-Unterprogramm-Aufruf- und Rückkehrbefehle (S. 144 - 146)

Mnemonik / Befehlsbytes	Befehlswirkung formal / verbal	Flags CY Z S AC P / Zyklen/Takte n/m

CALL adr
 `11001101`
 `adr low`
 `adr high`
	$((SP) - 1) \leftarrow$ (PC high); $((SP) - 2) \leftarrow$ (PC low)
	 $(SP) \leftarrow (SP) - 2;$ $(PC) \leftarrow$ adr
	 Nach dem Retten der Rückkehradresse in den Stack wird das Programm an der Adresse adr fortgesetzt (unbedingt). Zum Ablauf siehe Bild 66 und 67.
		Flags – – – – –
		 Zyklen/Takte 5/18

CC adr
 `11011100`
 `adr low`
 `adr high`
	Ist die im Op-Code enthaltene Bedingung (CY) = 1 erfüllt, dann wird die Rückkehradresse in den Stack gerettet und auf die Adresse adr verzweigt (s. CALL-Befehl).
	 Bei nicht erfüllter Bedingung (CY) = Ø wird das Programm mit dem auf den CC-Befehl folgenden Befehl fortgesetzt: $(PC) \leftarrow (PC) + 3$
		Flags – – – – –
		 wenn (CY) = 1
		 Zyklen/Takte 5/18
		 wenn (CY) = Ø
		 Zyklen/Takte 2/9

CNC adr
 `11010100`
 `adr low`
 `adr high`
	Ist die im Op-Code enthaltene Bedingung (CY) = Ø erfüllt, dann wird die Rückkehradresse in den Stack gerettet und auf die Adresse adr verzweigt (s. CALL-Befehl).
	 Bei nicht erfüllter Bedingung (CY) = 1 wird das Programm mit dem auf den CNC-Befehl folgenden Befehl fortgesetzt: $(PC) \leftarrow (PC) + 3$
		Flags – – – – –
		 wenn (CY) = Ø
		 Zyklen/Takte 5/18
		 wenn (CY) = 1
		 Zyklen/Takte 2/9

CZ adr
 `11001100`
 `......`
	Unterprogramm-Aufruf, wenn Bedingung (Z) = 1 erfüllt.
	 Ablauf wie Befehl CC
		s. Befehl CC

CNZ adr
 `11000100`
 `......`
	Unterprogramm-Aufruf, wenn Bedingung (Z) = Ø erfüllt.
	 Ablauf wie Befehl CNC
		s. Befehl CNC

CM adr	Unterprogramm-Aufruf, wenn Bedingung (S) = 1 erfüllt.	s. Befehl CC
`11111100`	Ablauf wie Befehl CC	
`........`		
CP adr	Unterprogramm-Aufruf, wenn Bedingung (S) = Ø erfüllt.	s. Befehl CNC
`11110100`	Ablauf wie Befehl CNC	
`........`		
CPE adr	Unterprogramm-Aufruf, wenn Bedingung (P) = 1, d.h.	s. Befehl CC
`11101100`	parity even, erfüllt. Ablauf wie Befehl CC	
`........`		
CPO adr	Unterprogramm-Aufruf, wenn Bedingung (P) = Ø, d.h.	s. Befehl CNC
`11100100`	parity odd, erfüllt. Ablauf wie Befehl CNC	
`........`		
RST n	((SP) - 1) ⟶ (PC high); ((SP) - 2) ⟶ (PC low)	Flags - - - - - -
`11nnn111`	(SP) ⟶ (SP) - 2; (PC) ⟶ 8 x n	Zyklen/Takte 3/12
	Nach dem Retten der Rückkehradresse in den Stack springt der Befehl auf die Adresse n x 8. Die 3-Bit lange Nummer n im Op-Codebyte nimmt die Werte Ø bis 7 an. Entsprechend der nebenstehenden Adreßbildung sind die Sprungziele Ø, 8, 16, 24, 32, 40, 48 und 56 möglich. Befehl `11nnn111` (PC) = `0000000000nnn000`	
RET	(PC low) ⟶ ((SP)); (PC high) ⟶ ((SP) + 1)	Flags - - - - - -
`11001001`	(SP) ⟶ (SP) + 2	Zyklen/Takte 3/10
	Die zwei obersten Bytes aus dem Stack werden in das Befehlszählerregister PC gebracht. Üblicherweise wird mit dem RET-Befehl ein Unterprogramm verlassen und ins aufrufende Programm zurückgekehrt (Bild 66 und Bild 67).	

Tafel 15   8085-Unterprogramm-Aufruf- und Rückkehrbefehle (Fortsetzung von S. 145)

RC `11011000`	Ist die im Op-Code enthaltene Bedingung (CY) = 1 erfüllt, dann wird auf die Adresse verzweigt, die im Stack oben steht (s.RET-Befehl). Andernfalls wird mit dem auf "RC" folgenden Befehl fortgefahren: (PC) ⟶ (PC) + 1.	Flags – – – – – – Zyklen/Takte wenn (CY) = 1 3/12 wenn (CY) = ∅ 1/6
RNC `11010000`	Ist die im Op-Code enthaltene Bedingung (CY) = ∅ erfüllt, dann wird auf die Adresse verzweigt, die im Stack oben steht (s. RET-Befehl). Andernfalls wird mit dem auf "RNC" folgenden Befehl fortgefahren: (PC) ⟶ (PC) + 1	Flags – – – – – – Zyklen/Takte wenn (CY) = ∅ 3/12 wenn (CY) = 1 1/6
RZ `11001000`	Unterprogramm-Rückkehr, wenn Bedingung (Z) = 1 erfüllt. Ablauf wie Befehl RC	s. Befehl RC
RNZ `11000000`	Unterprogramm-Rückkehr, wenn Bedingung (Z) = ∅ erfüllt. Ablauf wie Befehl RNC	s. Befehl RNC
RM `11111000`	Unterprogramm-Rückkehr, wenn Bedingung (S) = 1 erfüllt. Ablauf wie Befehl RC	s. Befehl RC
RP `11110000`	Unterprogramm-Rückkehr, wenn Bedingung (S) = ∅ erfüllt. Ablauf wie Befehl RNC	s. Befehl RNC
RPE `11101000`	Unterprogramm-Rückkehr, wenn Bedingung (P) = 1, d.h. parity even, erfüllt. Ablauf wie Befehl RC	s. Befehl RC
RPO `11100000`	Unterprogramm-Rückkehr, wenn Bedingung (P) = ∅, d.h. parity odd, erfüllt. Ablauf wie Befehl RNC	s. Befehl RNC

Er hat vor dem CALL-Befehl und nach dem RET-Befehl (normalerweise) denselben Füllungsstand. Das Unterprogramm kann an jeder beliebigen Adresse im Speicher liegen.

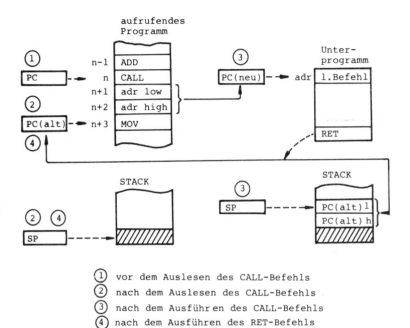

① vor dem Auslesen des CALL-Befehls
② nach dem Auslesen des CALL-Befehls
③ nach dem Ausführen des CALL-Befehls
④ nach dem Ausführen des RET-Befehls

Bild 67 Unterprogrammaufruf und Rückkehr (MP 8085)

Neben den unbedingten Unterprogramm-Befehlen CALL und RET gibt es bedingte Unterprogrammbefehle, die die Status-flags abfragen (Tafel 15) und bei erfüllter Bedingung genauso funktionieren wie der unbedingte Sprung.

Ein spezieller Unterprogramm-Aufrufbefehl ist der 1-Byte-lange Befehl "RST n" (restart, Wiederanlauf). Er wird in erster Linie für den Aufruf von Systemprogrammen verwendet. Beim Reset-Vorgang springt der 8085 nach Adresse Ø (vgl. Abschn. 1.2.5.1); er hat somit dieselbe Wirkung wie der Befehl "RST Ø".

Im folgenden Programmbeispiel ist der Inhalt eines Registerpaares nach Dekrementieren auf Ø abzufragen, der Befehl "DCX rp" beeinflußt die Status-flags jedoch nicht (vgl. Tafel 12). Zur Abfrage des Registerpaares DE benötigt man beispielsweise folgende Befehle: MOV A,E   ;(A) ⟵ (E)
                                         ORA D   ;(A) ⟵ (A) ∨ (D), "ORA" verän-
                                                    ;dert die Flags Z,S und P
                                         JZ ...   ;Bedingter Sprung, wenn (DE) = Ø.

Diese Befehle zerstören den Inhalt des Akkumulators, der Inhalt des Registerpaares DE bleibt bei dieser Abfrage erhalten.

Beispiel 24: Unterprogramm Zeitverzögerung. Es ist ein Unterprogramm UPZEIT zu schreiben, das die von einem übergeordneten Programm im Registerpaar DE vorgegebene Zählgröße m auf Ø herunterzählt und dann ins aufrufende Programm zurückkehrt. Der Aufruf des Unterprogramms im übergeordneten Programm ist anzugeben. Man ermittle die gesamte Verzögerung t, die das Unterprogramm bewirkt, als Funktion der Zählgröße m.

Assemblerprogramm

```
        ;*** Hauptprogramm ***
HAUPT:  LXI   SP,2ØØØH  ;Stackdefinition für CALL-Befehl
        ...
        LXI   D,Ø1ØØH   ;Zählgröße m laden
        CALL  UPZEIT    ;Aufruf des Unterprogramms UPZEIT
        ...
        ...
        ;*** Unterprogramm UPZEIT ***
        ;Eingangsgröße m im Registerpaar DE
        ;Verzögerungszeit t = (19 + m · 31) · T
UPZEIT: PUSH  PSW       ;Retten des PSW für das Hauptprogramm
ZSCHL:  MOV   A,E       ;flags beschreiben den
        ORA   D         ;Inhalt von Registerpaar DE
        JZ    UPEND     ;Aussprung aus Schleife, wenn (DE) = Ø
        DCX   D         ;(DE) dekrementieren
        JMP   ZSCHL     ;Springe an Schleifenanfang
UPEND:  POP   PSW       ;PSW aus Stack regenerieren
        RET             ;Rückkehr ins Hauptprogramm
```

Die Verzögerungszeit t des Unterprogramms UPZEIT (Beispiel 24) ergibt sich aus den Befehlszeiten der im Unterprogramm (dynamisch) durchlaufenen Befehle. Mit der Eingangszählgröße m liefert die gedankliche Simulation:

1-mal durchlaufen werden: PUSH mit 12 Takten
                            POP   " 10   "
                            RET   " 10   "

(m-1)-mal durchlaufen werden: DCX " 6   "
                              JMP " 10 "

m-mal durchlaufen werden: MOV " 4   "
                            ORA " 4   "
                            JZ   " 7/10 "

wobei der Befehl JZ (m-1)-mal nicht springt ($t_{JZ/nein}$) und 1-mal springt ($t_{JZ/ja}$).

$$t = (t_{PUSH} + t_{POP} + t_{RET} + t_{JZ/ja}) + (m-1) \cdot (t_{DCX} + t_{JMP} + t_{JZ/nein})$$
$$+ m \cdot (t_{MOV} + t_{ORA}) = [42 + (m-1) \cdot 23 + m \cdot 8] \cdot T = [19 + m \cdot 31] \cdot T;$$

Setzt man gem. Programmbeispiel m = 1ØØH = 256D und T = 333 ns, ergibt sich die Verzögerungszeit:

t = (19 + 256·31)·333 ns = 2 649 015 ns ≈ 2,649 ms.

Die <u>Zählschleife</u> im Unterprogramm UPZEIT wurde so organisiert, daß sie auch richtig durchlaufen wird, wenn vom übergeordneten Steuerprogramm die Zählgröße m = Ø vorgegeben wird. Der Aufruf mit m = Ø bewirkt in Beispiel 24 die vergleichsweise geringe Verzögerungszeit t = 50·333 ns = 16,65 µs. Die Laufzeit des Unterprogramms kann z.B. durch Einfügen von NOP-Befehlen (s. Abschn. 2.3.6) in die Programmschleife vergrößert werden. Unterprogramme, die von verschiedenen Benutzer-Programmen her aufgerufen werden, sind so zu erstellen, daß sie Registerinhalte des aufrufenden Programms nicht zerstören. Im Unterprogramm müssen deshalb die Inhalte der während der Ausführung benötigten Register zu Beginn in den Stack gerettet und nach dem Durchlaufen der Verarbeitungsbefehle vor dem Rücksprung wieder zurückgeladen werden. Im Beispiel 24 muß das Programm-Status-Wort PSW (Akkumulatorinhalt und flags) gerettet und wieder regeneriert werden.

Ein wesentliches Element der Programmdokumentation ist der <u>Programmkopf</u>. Er soll in Kommentarform die für den Benutzer des Programms wichtigen Eigenschaften kurz zusammenfassen:
- Programmname
- Verfasser, Erstellungsdatum, Version
- Aufgabenstellung des Programms
- Vereinbarungen über Eingangs- und Ausgangsparameter
- Speicherbedarf und sonstige Hardware-Voraussetzungen

Tafel 16   8085-Sonder- und Steuerungsbefehle (S. 150 - 151)

Mnemonik Befehlsbytes	Befehlswirkung formal verbal	Flags CY Z S AC P Zyklen/Takte m/n
HLT 01110110	Nach Ausführung des HLT-Befehls bleibt der Prozessor im HLT-Befehl stehen. Der Befehlszähler zeigt auf den nächstfolgenden Befehl. Der Halt-Zustand kann durch einen Reset-Vorgang, eine Unterbrechung oder zeitweise durch eine DMA-Anforderung verlassen werden. Sind Unterbrechungssperren gesetzt, werden die Interrupts auch im HLT-Zustand nicht wirksam.	Flags – – – – – Zyklen/Takte 1/5
NOP 00000000	Leerbefehl hat keinerlei Wirkung im Prozessor	Flags – – – – – Zyklen/Takte 1/4
EI 11111011	(INTE) ⟶ 1 Das Flipflop INTE (engl. interrupt enable) im 8085 wird nach Ausführung des EI folgenden Befehls gesetzt; der 8085 nimmt dann Unterbrechungswünsche an, sofern der Unterbrechungseingang nicht selektiv maskiert ist. Der Befehl EI gibt alle Interrupteingänge des 8085 frei; er hat keinen Einfluß auf den TRAP-Eingang (vgl. Bild 44).	Flags – – – – – Zyklen/Takte 1/4
DI 11110011	(INTE) ⟶ 0 Das Flipflop INTE (engl. interrupt enable) im 8085 wird unmittelbar nach der Ausführung des Befehls DI gelöscht; der 8085 nimmt dann keine Unterbrechungswünsche an. Der Befehl DI sperrt alle Interrupteingänge des 8085 (vgl. Bild 44); er hat keinen Einfluß auf den TRAP-Eingang.	Flags – – – – – Zyklen/Takte 1/4

RIM

```
                   7     6     5     4     3     2     1     0      Flags    - - - - -
(A7...∅) ⟶      | SID | I7.5 I6.5 I5.5 | IE | M7.5 M6.5 M5.5 |    Zyklen/Takte  1/4
                    │         │         │         │
                    │         │         │         └─ Unterbrechungsmasken
                    │         │         │            für RST-Eingänge 7.5,
                    │         │         │            6.5 und 5.5
                    │         │         │            (=∅ d.h. freigegeben, =1 d.h. gesperrt)
                    │         │         └─ Generelle Unterbrechungs-
                    │         │            freigabe (INTE-Flipflop)
                    │         │            (=1, Unterbrechungen erlaubt)
                    │         └─ Anstehende Unterbrechungssignale an den
                    │            RST-Eingängen 7.5, 6.5 und 5.5
                    │            (=1, d.h. Unterbrechungswunsch)
                    └─ Zustand des
                       seriellen
                       Dateneingangs
                       SID
```

Der RIM-Befehl (read interrupt mask) lädt das angegebene
Bitmuster in den Akkumulator. Er dient wahlweise zum Einlesen der seriellen Datenleitung SID (vgl. Bild 44) und
der Interruptmasken bzw. der RST-Eingänge.

SIM

```
                   7     6     5     4     3     2     1     0     Akku-Bit-Nr.   Flags   - - - - -
                 | SOD | SOE | X | R7.5 | MSE | M7.5 M6.5 M5.5 |   ⟵ (A7...∅)           Zyklen/Takte  1/4
                    │     │    │    │      │         │
                    │     │    │    │      │         └─ Unterbrechungsmasken für RST-
                    │     │    │    │      │            Eingänge 7.5, 6.5 und 5.5
                    │     │    │    │      │            (=∅ d.h. Eingang freigegeben, =1 d.h. Eingang sperren)
                    │     │    │    │      └─ Masken-Setz-Freigabe: MSE = 1,
                    │     │    │    │         d.h. Bits A2-∅ setzen Maskenbits
                    │     │    │    └─ = 1, d.h. Rücksetzen des RST7.5-Flipflops
                    │     │    │       = ∅, d.h. RST7.5-Flipflop bleibt unverändert
                    │     │    └─ un-
                    │     │       de-
                    │     │       fi-
                    │     │       niert
                    │     └─ = 1, d.h. Freigabe für seriellen Ausgang SOD (serial out enable)
                    └─ Wert für seriellen Ausgang SOD, wenn (SOE) = 1
```

Obiges Bitmuster ist vor dem SIM-Befehl im Akkumulator aufzubauen.

2.3.6 Sonder- und Steuerbefehle

Der verhältnismäßig einfachen Struktur des 8-Bit-Mikroprozessors entsprechend besitzt der 8085 nur wenige Sonder- und Steuerungsbefehle. Es sind im wesentlichen die Befehle zur Steuerung der Unterbrechungsmasken im 8085 (EI, DI, RIM, SIM), sowie zum Anhalten des Befehlsablaufs im HLT-Befehl (halt).
In den Beispielen 22 und 23 wird der HLT-Befehl am Ende des Programms zum Anhalten der Befehlsverarbeitung eingesetzt. Der NOP-Befehl (engl. no operation) ist ein Füllbefehl, der ein Byte im Programm belegt und für seine Ausführung vier Maschinenzyklen benötigt, ansonsten aber keinerlei Wirkung im Mikroprozessor hat.
Der Mikroprozessor 8085 hat eine generelle Unterbrechungssperre, die alle Interrupt-Eingänge des Prozessors mit Ausnahme des TRAP-Eingangs (vgl. Bild 44) sperrt und selektive Unterbrechungsmasken, die die Unterbrechungseingänge RST5.5, RST6.5 und RST7.5 einzeln sperren. Eine zusammenhängende Darstellung der Unterbrechungsorganisation mit Programmbeispiel ist in Abschnitt 2.4 gegeben.

2.3.7 Zur Verarbeitung von BCD-Zahlen

In einem Byte können zwei binär codierte Dezimalziffern abgelegt sein, wobei jede der zwei Tetraden eines Bytes eine Dezimalziffer $0...9$ enthält; die Pseudotetraden A..F sind nicht zulässig (vgl. Abschn. 1.1.2.4). Sollen Zahlen dezimal ein- und ausgegeben werden und sind nur einfache Verarbeitungsvorgänge im Prozessor erforderlich, so kann man die Zahlen während der Verarbeitung in ihrer Dezimalstruktur belassen. Die Addition und Subtraktion von binär codierten Dezimalzahlen ist mit den Befehlen der Dualarithmetik möglich, wenn anschließend eine Dezimalkorrektur des Ergebnisses vorgenommen wird:
Entsteht bei der Addition zweier BCD-Ziffern (8-4-2-1-Code) als Ergebnis eine Pseudotetrade A..F oder ein Übertrag aus der Tetrade heraus, dann ist 6 zu addieren, um die sechs Pseudotetraden A..F zu überspringen (Bild 68).
Mit einem 8-Bit-Additionsbefehl des MP 8085 können zwei BCD-

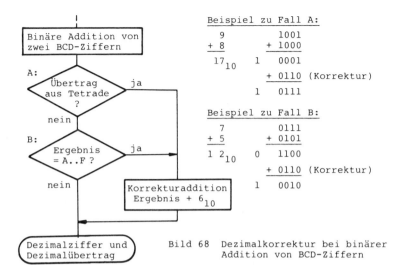

Bild 68 Dezimalkorrektur bei binärer Addition von BCD-Ziffern

Stellen auf einmal addiert werden. Der anschließend notwendige Befehl zur Dezimalkorrektur eines Registerinhalts DAA (vgl. Tafel 12) setzt die zwei Tetraden des Ergebnisses gemäß Bild 68 in zwei binärcodierte Dezimalziffern um:

1. Korrektur der niederwertigen Tetrade, wenn sie größer als 9 ist oder das Hilfs-Übertragsbit AC gesetzt ist (zur Funktion von AC vgl. Abschn. 2.1.1).

   Ein bei der Korrektur entstehender Übertrag aus der niederwertigen Tetrade wird dabei zur höherwertigen Tetrade addiert.

2. Korrektur der höherwertigen Tetrade des Akkumulators, wenn sie größer als 9 ist oder das Übertragsbit CY auf 1 gesetzt ist.

   Ein nach dem ADD-Befehl vorhandener Übertrag CY = 1 bzw. ein bei der Dezimalkorrektur entstehender Übertrag zählt mit zur Darstellung der Dezimalzahl und ist vom Programm entsprechend zu berücksichtigen.

Bei der Dezimaladdition von Zahlen, die mehrere Bytes lang sind, muß jedes Byte ins Dezimale gewandelt werden, bevor unter Berücksichtigung des Übertrags die nächsthöheren Bytes addiert und adjustiert werden (Bsp. 25).

Beispiel 25: Dezimaladdition von 4-stelligen Dezimalzahlen. In den Registerpaaren HL und DE stehe je eine 4-stellige BCD-Zahl zur Verfügung. Die dezimale Summe ist im Registerpaar DE zu liefern und es ist festzustellen, ob die Zahl 5-stellig ist.

Assemblernotation

```
;Dezimaladdition von 4-stelligen BCD-Zahlen
;Registerpaare DE und HL enthalten 4-stellige BCD-Zahlen

DEZADD: MOV    A,E      ;Niederwertiges Byte zuerst ...
        ADD    L        ;(A) ◄── (E) + (L)
        DAA             ;Niederwertiges Byte dezimal adjustieren
        MOV    E,A      ;Niederwertiges Ergebnisbyte dezimal
        MOV    A,D      ;...dann höherwertiges Byte
        ADC    H        ;(A) ◄── (D) + (H) + (CY)
        DAA             ;Höherwertiges Byte dezimal adjustieren
        MOV    D,A      ;Höherwertiges Ergebnisbyte dezimal
        JC     FUENF    ;Sprung, wenn Ergebnis 5-stellig
VIER:   ...             ;Ergebnis 4-stellig
        ...
FUENF:  ...             ;Sprungmarke für 5-stelliges Ergebnis
```

Bei der aufwendigeren Dezimalsubtraktion ist im Prinzip das Zehnerkomplement des dezimalen Subtrahenden zu bilden und zum Minuenden zu addieren |7|.

2.3.8 Zur Unterprogrammorganisation

Die Unterprogramm-Aufruf- und Rückkehrbefehle des MP 8085 wurden in Abschnitt 2.3.5 beschrieben. Auf Grund der großen Bedeutung der Unterprogrammtechnik seien hier einige Bemerkungen angefügt.

Um einen modularen Programmaufbau zu erreichen und aus den in Abschnitt 2.3.5 genannten Gründen wird der Programmierer verschiedene Teilaufgaben als Unterprogramme schreiben, die von seinem Hauptprogramm aus aufgerufen werden. Wesentlich vereinfacht wird die Erstellung eines Anwenderprogramms, wenn man auf universell einsetzbare Standard-Unterprogramme zurückgreifen kann, die üblicherweise in einer Programmbibliothek verwaltet werden.

Unterprogramme können von Hauptprogrammen oder von anderen, übergeordneten Unterprogrammen aufgerufen werden. Im letzten

Fall spricht man von verschachtelten Unterprogrammen. Die Ablage der Rückkehradressen im Stack erlaubt eine Verschachtelung von Unterprogrammen, wie sie Bild 69 zeigt; Aufruffolge: Hauptprogramm HP - Unterprogramm UP1 - Unterprogramm UP2 und Rückkehr über UP1 ins Hauptprogramm.

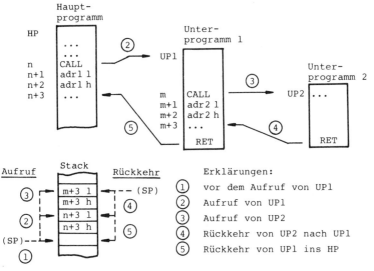

Bild 69   Unterprogrammaufruf im Unterprogramm (Verschachtelte Unterprogramme)

Zur Ausführung der gewünschten Operationen benötigt ein aufgerufenes Unterprogramm im allgemeinen bestimmte Daten oder Speicheradressen (Parameter), die ihm vom aufrufenden Programm übergeben werden. Ebenso kann das Unterprogramm Ergebnisse an das Hauptprogramm zurückgeben. Es gibt unterschiedliche Formen der Parameterübergabe zwischen aufrufendem und aufgerufenem Programm:

Wenige Parameter werden am einfachsten in Universalregistern des Prozessors übergeben. Das aufrufende Programm lädt die Operanden oder Adressen vor dem Aufruf in die vereinbarten Register und das Unterprogramm verarbeitet die Parameter aus diesen Registern heraus (vgl. Beispiel 24). Sind mehrere Parameter zu übergeben, so kann man die Adresse einer Parameterliste im Speicher in einem vereinbarten Registerpaar übergeben, über die das Unterprogramm auf die Parameter im Speicher zugreift. Im Beispiel 28 (Unterprogramm HDUMP) wird die Anfangsadresse des darzustellenden Speicherbereichs im Registerpaar HL und die Länge des Bereichs im Register E übergeben. Eine weitere Möglichkeit stellt die Parameterübergabe im Stack dar, der ja dem aufrufenden und dem aufgerufenen Programm zur Verfügung steht. Da nach dem Unterprogrammaufruf der Stackpointer (SP) auf die abgelegte Rückkehradresse zeigt, muß zum Aufsuchen der Übergabeparameter der Stackpointer explizit manipuliert werden.

Als Beispiel sei die Parameterübergabe-Vereinbarung beim Aufruf von Programmen in der höheren Programmiersprache PL/M genannt. Ruft ein PL/M-Programm ein in Assemblersprache verfaßtes Unterprogramm auf, dann muß der Programmierer die im PL/M-Compiler festgelegte Parameterübergabe |27| beachten:

* _Ein_ Byteparameter wird im Register C übergeben, _ein_ 16-Bit -Parameter im Registerpaar BC.
* Bei _zwei_ Byteparametern steht der erste im Register C, der zweite im Register E zur Verfügung. Bei zwei 16-Bit-Parametern wird der erste im Registerpaar BC, der zweite in DE übergeben.
* Sind _mehr als zwei_ Parameter vorhanden, so erfolgt die Übergabe der zwei letzten in Registern (wie eben beschrieben), die Übergabe der vorangehenden Parameter im Stack.
* Ein Ergebnis des Unterprogramms erwartet das aufrufende PL/M-Programm im Akkumulator (1 Byte) bzw. im Registerpaar HL (16-Bit-Größe).

Beispiel 26: Unterprogramm mit Parameterübergabe nach PL/M-Konvention. Das Unterprogramm SUM4 soll vier Bytegrößen, die ihm von dem aufrufenden PL/M-Programm zur Verfügung gestellt werden, addieren und die Summe im Akkumulator liefern. Das Unterprogramm SUM4 findet die Byteparameter PAR 1, PAR 2, PAR 3 und PAR 4 in den Registern E und C sowie im Stack vor, wie

nebenstehend dargestellt. Zuoberst im
Stack liegt außerdem die Rückkehradresse. Das Unterprogramm (procedure in
PL/M) hat in Assemblersprache den folgenden
Aufbau:

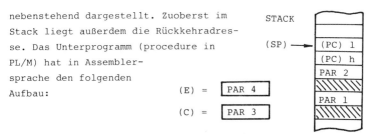

Assemblernotation

```
;Unterprogramm  S U M 4

SUM4:   MOV   A,E   ;PAR 4 in Akkumulator bringen
        ADD   C     ;(A) ◄── PAR 4 + PAR 3
        POP   B     ;Rückkehradresse in BC zwischenspeichern
        POP   D     ;PAR 2 ins E-Register bringen
        ADD   E     ;(A) ◄── (A) + PAR 2
        POP   D     ;PAR 1 ins E-Register bringen
        ADD   E     ;(A) ◄── (A) + PAR 1, Summe im Akku
        PUSH  B     ;Rückkehradresse wieder in den Stack
        RET         ;Rückkehr mit Summe im Akku
```

Unterprogramme können verschiedene Eigenschaften haben. Ein Unterprogramm ist im Speicher frei verschiebbar (engl. relocatable) und damit leicht verwendbar, wenn es ohne Änderung der Adressen in den Befehlen an beliebige Stellen im Hauptspeicher geladen werden kann und dort lauffähig ist. Dies ist möglich, wenn das Unterprogramm keine absoluten Speicheradressen enthält. Da der Mikroprozessor 8085 keine befehlszählerrelative Adressierung und keine echte Inizierung hat, müssen die absoluten Adressen beim Laden des Unterprogramms eingesetzt werden. Ein Unterprogramm ist re-entrant (dt. etwa wieder eintrittsfähig), wenn es durch ein Interruptsignal in seiner Ausführung unterbrochen und z.B. von einem Interruptprogramm erneut gestartet werden kann. Nach der Interruptbehandlung soll dasselbe Unterprogramm an der Unterbrechungsstelle wieder aufgenommen und zu Ende ausgeführt werden können.

Diese Eigenschaft von Unterprogrammen ist in interruptgesteuerten Echtzeitanwendungen sehr zweckmäßig. Man erreicht die re-entrant-Fähigkeit von Unterprogrammen am einfachsten, wenn man zur Speicherung von Daten außer den Registern nur den Stack benutzt, also die Adressierung von festen Speicherplätzen unterläßt. Ein Unterprogramm ist rekursiv, wenn es sich selbst aufrufen kann. Die Rekursivität schließt die re-entrant-Fähigkeit ein.

2.4 Das Programm-Unterbrechungssystem

2.4.1 Programmunterbrechung allgemein

Eine Programmunterbrechung (engl. interrupt) ist die Unterbrechung eines laufenden Programms im Mikroprozessor durch ein externes Signal (engl. interrupt signal) und die Abarbeitung eines Unterbrechungsprogramms mit anschließender Rückkehr in das unterbrochene Programm. Das Unterbrechungsprogramm reagiert auf die Unterbrechungsanforderung, deren Auftreten im allgemeinen zeitlich nicht vorhersehbar ist, mit einer Unterbrechungsantwort (Bild 70).

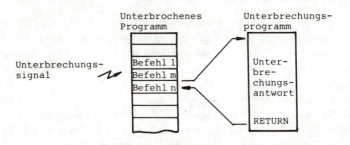

Bild 70 Prinzip der Programmunterbrechung

Das Unterbrechungsprogramm wird zeitlich zwischen die Ausführung des Befehls m und des Befehls n hineingeschoben.

Unterbrechungssignale können von unterschiedlichen Quellen herrühren und ganz verschiedene Unterbrechungsantworten bewirken:

* Im Mikrocomputer erkannte Fehlerzustände wie Spannungsausfall oder Zeitfehler auf dem Systembus können einen Interrupt (Alarm) auslösen, der die Rettung von Daten bzw. das Ausgeben von Fehlermeldungen bewirkt.

* In der Echtzeit-Datenverarbeitung führen Interruptsignale aus einer Prozeß-Umgebung (z.B. Digital- und Analog-Ein-/ Ausgaben, Uhrenunterbrechungen, Grenzwertmelder, Schalter) zur Betätigung unterschiedlicher Stellglieder durch das Unterbrechungsprogramm.
* Interruptsignale von Peripheriegeräten (z.B. Sichtgeräte, Drucker, floppy disc) dienen zur Organisation des Datenaustauschs zwischen Geräten und Mikrocomputer (s. Abschn. 5.2.2).

In nahezu allen Mikroprozessoren ist die Möglichkeit der Programmunterbrechung vorgesehen. Sie erhöht die Leistungsfähigkeit eines Systems im Vergleich zum Betrieb ohne Programmunterbrechung entscheidend, da der Mikroprozessor zwischen den Unterbrechungsprogrammen (zur Bedienung der Peripherie) auch andere Programme bearbeiten kann (engl. multiprogramming). Will man ohne das Hilfsmittel Programmunterbrechung auf externe Signale reagieren, so muß der Mikroprozessor die externen Signalleitungen in zyklischen Programmschleifen ständig abfragen, um beim Auftreten eines externen Ereignisses sofort reagieren zu können. Während dieses polling-Betriebs (s. Abschn. 5.2.1) kann kein zusätzliches Hintergrundprogramm bearbeitet werden.

Beim Erkennen einer Unterbrechungsanforderung laufen im Mikroprozessor folgende Aktionen ab:

1. Der gerade in Ausführung befindliche Befehl wird normal beendet.
2. Mit der Annahme einer Unterbrechung setzt der Mikroprozessor hardwaremäßig eine Unterbrechungssperre, die die Annahme weiterer Interrupts verhindert.

Die folgenden Abläufe sind bei vielen Mikroprozessoren dieselben wie beim Aufruf von Unterprogrammen (vgl. Abschn. 2.3.5).

3. Retten des aktuellen Befehlszählerstandes in den Stack. Nach Ausführung des Befehls m zeigt der Befehlszähler auf den nächsten Befehl n (Bild 70).
4. Verzweigen in ein Unterbrechungs-Unterprogramm an Hand einer Sprungadresse (Vektoradresse), die entweder im Mikroprozessor intern erzeugt oder von einem externen Ergänzungsbaustein (Interrupt controller) geliefert wird.

5. Abarbeiten des Unterbrechungsprogramms. Hierin kann wahlweise die Unterbrechungssperre wieder freigegeben werden.
6. Rückkehr in das unterbrochene Programm (vgl. Abschn. 2.3.5.) auf die im Stack abgelegte Rückkehradresse.

Die Unterbrechung eines laufenden Programms kann durch **Interruptmasken** verhindert werden. Sämtliche Unterbrechungseingänge eines Mikroprozessors können durch die **generelle Unterbrechungsmaske** (INTE beim 8085) gesperrt bzw. freigegeben werden; **selektive Unterbrechungsmasken** schalten einzelne Unterbrechungseingänge ab. Die Unterbrechungsmasken sind mit speziellen Maschinenbefehlen lösch- und setzbar. Gibt man im laufenden Interruptprogramm die Sperre frei, ist eine erneute Unterbrechung des Interruptprogramms möglich: man erhält eine **Interruptschachtelung** nach Bild 71. Das Unterbrechungssignal INT1 aktiviert das Interruptprogramm INTP1. Da zu Beginn in INTP1 die Sperre freigegeben wird (Befehl EI beim 8085), initiiert das Signal INT2 den Aufruf der Interruptroutine INTP2, bevor das Programm INTP1 abgeschlossen ist. In INTP2 wird die Interruptsperre erst am Programmende freigegeben. Liegt dann keine weitere Unterbrechungsanforderung vor, beendet der Mikroprozessor zunächst INTP1 und kehrt anschließend ins Hauptprogramm zurück. Der Stack wird dabei streng nach dem LIFO-Prinzip verwaltet.

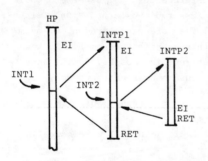

Bild 71 Interruptverschachtelung
(Interrupt im Interruptprogramm)

Eine allgemeine Unterbrechungswerksstruktur mit den Unterbrechungseingängen $IR_0 \ldots IR_n$, sowie genereller und selektiver Interruptmaskierung zeigt Bild 72. Da von den n+1 Unterbrechungseingängen mehrere gleichzeitig aktiv sein können, benötigt das Unterbrechungserk ein Kriterium zur Auswahl eines Eingangs.

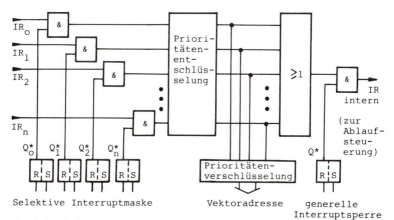

Bild 72 Allgemeine Mehrebenen-Unterbrechungswerksstruktur
        mit genereller und selektiver Maskierung

Das Kriterium ist die Prioritätenreihenfolge der Interrupteingänge, die in der Prioritätenentschlüsselung (Bild 72) hardwaremäßig festgelegt ist: Der Eingang IR_o hat hier die höchste, der Eingang IR_n die geringste Priorität. Der Prioritätenentschlüssler läßt von den gleichzeitig anstehenden Interruptsignalen jeweils nur dasjenige mit der höchsten Priorität passieren. Dieses unterbricht die interne Ablaufsteuerung und geht gleichzeitig in den Prioritätenverschlüssler, der daraus die interruptspezifischen Verzweigungsadresse (Vektoradresse) erzeugt. Verschwindet die Anforderung höchster Priorität, übernimmt das nächstgeringere Interruptsignal die gleiche Funktion. Verschiedene Strategien bei der Realisierung von Unterbrechungswerken sind in |24| beschrieben.

2.4.2 Die Unterbrechungssteuerung des 8085

Der Mikroprozessor 8085 verfügt über 5 Unterbrechungseingänge TRAP, RST7.5, RST6.5, RST5.5 und INTR mit teilweise unterschiedlichen Eigenschaften, die in Tafel 17 zusammengestellt sind. Während die 4 Unterbrechungseingänge (restart-Eingänge)

TRAP, RST7.5, RST6.5 und RST5.5 direkt zu einer Verzweigung mit festgelegter Zieladresse (s. Spalte 3 in Tafel 17) führen, wird beim Sammel-Unterbrechungseingang INTR der Verzweigungsbefehl samt Verzweigungsadresse von einer dezentralen Unterbrechungsschaltung (vgl. Abschn. 2.4.4) vorgegeben. Der Sammel-Unterbrechungseingang gestattet die Erweiterung der 4 direkten Unterbrechungseingänge am 8085 um weitere Eingänge einer externen Unterbrechungslogik (interrupt controller) bis zu insgesamt 68 Unterbrechungsebenen.

Den Unterbrechungseingängen des 8085 sind gemäß Tafel 17 (Spalte 2) feste Eingangsprioritäten zugeordnet. Die Prioritäten entscheiden bei gleichzeitigem Auftreten mehrerer Unterbrechungssignale, welche Anforderung zuerst berücksichtigt wird. Der TRAP-Eingang ist als Alarm-Meldeeingang für Maschinenfehler vorgesehen und setzt sich daher gegenüber allen anderen Anforderungen durch (höchste Priorität 1). Der Sammel-Unterbrechungseingang INTR, und damit sämtliche Eingänge an externen Unterbrechungs-Steuerbausteinen, haben die geringste Priorität 5.

Im 8085 regelt die Priorität der Unterbrechungseingänge lediglich die Reihenfolge bei der Berücksichtigung der Unterbrechungsanforderungen, es gibt jedoch keine Programm-Laufprioritäten wie etwa beim Minicomputer PDP 11 oder bei dem externen interrupt controller-Baustein 8259 (s. Abschn. 2.4.4). Hierbei wird zusätzlich die Priorität der höchstwertigen Unterbrechungsanforderung mit der aktuellen Laufpriorität (engl. current priority) verglichen. Die Laufpriorität ist z.B. die Priorität eines gerade bearbeiteten Unterbrechungsprogramms. Eine Unterbrechung des laufenden Programms erfolgt nur dann, wenn die Laufpriorität geringer ist als die Priorität der höchstwertigen Unterbrechungsanforderung. - Im 8085 dagegen kann jedes Unterbrechungssignal beliebiger Priorität eine Interruptroutine unterbrechen, sofern die Unterbrechungsmasken dies zulassen.

Die Bildung der Verzweigungsadressen (Vektoradressen) bei Unterbrechungen an den direkten Eingängen TRAP, RST7.5, RST6.5 und RST5.5 erfolgt genauso wie beim "RST n"-Befehl (Tafel 15).

Tafel 17 Die Unterbrechungseingänge des Mikroprozessors 8085 |12| |13|

Interrupt-Eingänge	Priorität	Verzweigungs-adressen	Maskierung selektiv*1)	Maskierung generell	Art der Triggerung	Eingangs-schaltung
TRAP	1	24H	–	–	Ansteigende Flanke UND H-Pegel*3) bis zur Abfrage	Bild 76
RST7.5	2	3CH	M7.5	INTE *2)	Ansteigende Flanke interne Speicherung	Bild 75
RST6.5	3	34H	M6.5	INTE *2)	H-Pegel bis zur Abfrage*3)	Bild 74
RST5.5	4	2CH	M5.5	INTE *2)	H-Pegel bis zur Abfrage*3)	Bild 74
INTR	5	von externer Schaltung abhängig	–	INTE *2)	H-Pegel bis zur Abfrage*3)	Bild 81

Erläuterungen:

*1) M7.5, M6.5 und M5.5 sind 8085-interne Masken-Flipflops mit der Bedeutung:

(Mx.5) = 1 d.h. Interrupteingang RSTx.5 gesperrt
(Mx.5) = ∅ d.h. Interrupteingang RSTx.5 freigegeben } mit x = 5,6,7

Die Masken-Flipflops sind mit den Befehlen SIM und RIM setz- und lesbar (vgl. Tafel 16).

*2) Die generelle 8085-interne Interruptmaske INTE sperrt alle Interrupteingänge des 8085 mit Ausnahme des TRAP-Eingangs:

(INTE) = 1 d.h. Interrupt-Eingänge freigegeben (interrupts enabled)
(INTE) = ∅ d.h. Interrupt-Eingänge gesperrt

Die generelle Maske INTE ist mit den Befehlen EI und DI programmierbar (vgl. Tafel 16).

*3) Das TTL-Eingangssignal muß solange high-Pegel (+2,4 V .. + 5 V) annehmen, bis es im 8085 am Ende der Befehlsausführung erkannt wird.

Beim Auftreten eines Signals an den genannten Unterbrechungseingängen erzeugt der 8085 intern den Befehl "RST 4.5" (bei Aktivierung des TRAP-Eingangs) und die Befehle "RST 7.5", "RST 6.5" und "RST 5.5" bei der Aktivierung der entsprechenden RST-Eingänge, deren Verzweigungsadressen zwischen den "ganzzahligen" RST-Adressen der Software-Restart-Befehle "RST n" liegen (Bild 73). Die zum RST5.5 gehörige Vektoradresse liegt zwischen den Zieladressen der "RST 5"- und "RST 6"-Befehle. Statt des Operationscode-Abrufzyklus (OF) wird als erster Maschinenzyklus bei intern erzeugtem RST-Befehl ein bus idle-Zyklus (BI-Zyklus, vgl. Tafel 7) gefahren.

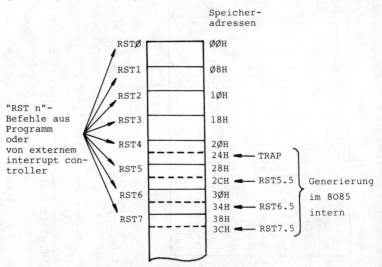

Bild 73 Lage der RST-Adressen im Speicher

Auf die Verzweigungsadressen RSTØ, RST1...RST7 wird gesprungen, wenn etweder ein entsprechender "software"-Befehl aus dem Programm zur Ausführung gelangt oder ein externer interupt controller in einem INA-Maschinenzyklus (vgl. Tafel 7) einen "RST n"-Befehl zur Ausführung bereitstellt. Liefert der externe interrupt controller-Baustein einen CALL-Befehl samt 16-Bit-

Sprungadresse in drei INA-Zyklen, dann kann auf nahezu beliebige Speicherplätze verzweigt werden. Das Einholen von Verzweigungsbefehlen in speziellen INA-Maschinenzyklen wird durch das Sammel-Interruptsignal INTR am MP 8085 ausgelöst.

Nach Tafel 17 besitzt der Mikroprozessor 8085 eine generelle Interruptmaske, die in dem internen Masken-flipflop INTE realisiert ist. INTE sperrt die Unterbrechungseingänge RST7.5, RST 6.5, RST5.5 und INTR - nicht den TRAP-Eingang -, wenn es gelöscht ist und gibt die Eingänge für Unterbrechungen frei, wenn es eine 1 enthält. Mit dem Befehl DI werden die Unterbrechungseingänge generell gesperrt ((INTE)←∅), der Befehl EI (vgl. Tafel 16) gibt sie frei (INTE)←1). Mit dem Rücksetzen des Mikroprozessors wird die generelle Interruptmaske stets in den Sperrzustand ((INTE) = ∅) versetzt. Ebenso löscht der MP 8085 nach der Annahme einer Unterbrechungsanforderung das INTE-Flipflop selbsttätig (Bild 74). Es ist dem Interruptprogramm überlassen, ob und wann es die generelle Interruptmaskierung wieder frei gibt. Zusätzlich zu der generellen Interruptmaskierung sind die Interrupteingänge RST7.5, RST6.5 und RST 5.5 durch die einzelnen Masken-Flipflops M7.5, M6.5 und M5.5 selektiv maskierbar. Das Zusammenwirken eines RST-Eingangs mit dem zugehörigen Maskenflipflop und der generellen Maske INTE zeigt

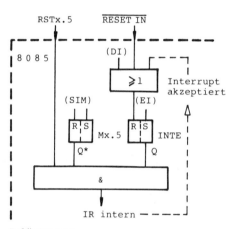

Erläuterungen:
x = 5,6
IR d.h. interrupt request

Bild 74 Prinzipschaltung der Interrupt-Eingänge RST5.5 und 6.5

Bild 74. Demnach kann ein RST-Interrupt-Eingang nur dann intern wirksam werden, wenn keine der beiden Masken sperrt. Die selektiven Masken-Flipflops blockieren den zugehörigen Interrupteingang, wenn (Mx.5) = 1, bzw. geben ihn frei, wenn (Mx.5) = ∅. Zur Steuerung der selektiven Masken durch das Programm hat der 8085 die Befehle RIM (engl. read interrupt mask) und SIM (engl. set interrupt mask), die in Tafel 16 beschrieben sind. Der SIM-Befehl setzt die im Akkumulator (A2, A1, A∅) aufbereiteten selektiven Maskeninhalte in die Masken-Flipflops M7.5, M6.5 und M5.5, wenn das Maskensetzen mit dem MSE-Bit (engl. mask set enable) erlaubt wird. Zur Funktion des SIM-Befehls bei der seriellen Ausgabe siehe Abschn. 2.1.5. Der RIM-Befehl liest die Zustände der Masken-Flipflops M7.5, M6.5 und M5.5 und der generellen Interruptmaske (INTE) = IE in den Akkumulator ein. Außerdem werden die an den RST-Eingängen anstehenden Unterbrechungsanforderungen I7.5, I6.5 und I5.5 angezeigt, auch wenn die Eingänge maskiert sind. Das Rücksetzen des 8085 setzt die selektiven Masken in den Sperrzustand (Mx.5) = 1). Für die Eingänge TRAP und INTR gibt es keine selektiven Masken (vgl. Tafel 17).

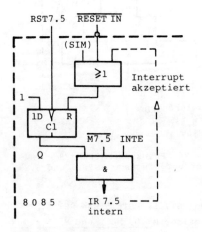

Bild 75 RST7.5-Eingangsschaltung (prinzipiell)

Die Unterbrechungseingänge haben unterschiedliche Eingangsschaltungen und damit unterschiedliche Trigger-Eigenschaften (s. Tafel 17, Spalte 6). Die Eingänge RST6.5, RST5.5 und INTR sind pegelgesteuert; die Unterbrechungssignale müssen solange mit high-Pegel anstehen, bis sie von der Ablaufsteuerung am Ende eines Befehlszyklus abgefragt werden. Zur sicheren Erkennung einer Unterbrechungsanforderung müssen die Signale zumindest solange anstehen, wie der längste Befehl dauert.

(CALL Befehl mit 18 Takten). Stehen sie noch an, wenn die (automatisch gesetzte) generelle Interruptmaske im Programm wieder freigegeben wird, erzeugt dasselbe Signal erneut eine Unterbrechung.

Der RST7.5-Eingang ist flankengesteuert. Das zugehörige Speicher-Flipflop im 8085 wird mit einer ansteigenden Signalflanke am Eingang RST7.5 auf 1 gesetzt (Bild 75). Eine Interruptauslösung erfolgt nur, wenn dies die Masken M7.5 und INTE zulassen. Das interne RST7.5-Flipflop wird zurückgesetzt, wenn:
- der 8085 die Interrupt-Anforderung annimmt,
- der 8085 von außen das Rücksetzsignal $\overline{\text{RESET IN}}$ erhält, oder
- der SIM-Befehl ausgeführt wird und im Akkumulator die Bitstelle R7.5 (Bit A4) auf 1 gesetzt ist (vgl. Tafel 16).

Das Eingangs-Flipflop wird nur durch eine erneute ansteigende Flanke am Signaleingang wieder gesetzt (erneute Interrupt-Anforderung).

Eine besondere Art der Triggerung hat der TRAP-Eingang. Gemäß Bild 76 wird eine interne TRAP-Anforderung nur solange erzeugt, als das TRAP-Signal direkt ansteht und das TRAP-Kippglied auf 1 gesetzt ist. Es wird mit der ansteigenden Flanke des TRAP-Signals gesetzt. Da der TRAP-Eingang nicht maskierbar ist, akzeptiert die 8085-Ablaufsteuerung am Ende des laufenden Befehls in jedem Fall die interne TRAP-Anforderung und löscht daraufhin das TRAP-Flipflop. Erst eine erneute Signalflanke am TRAP-Eingang löst eine zweite Unterbrechung aus. Ein Rücksetzsignal am $\overline{\text{RESET IN}}$-Eingang macht die TRAP-Anforderung intern ebenfalls unwirksam.

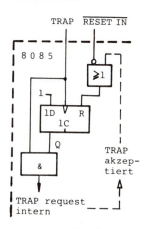

Bild 76 TRAP-Eingang

2.4.3 Aufbau von Unterbrechungsprogrammen

Ein Unterbrechungsprogramm benötigt zur Erarbeitung der Interrupt-Antwort bestimmte Register des Mikroprozessors. Im Unterbrechungsprogramm müssen deshalb vor Bearbeitung der eigentlichen Aufgabe diejenigen Registerinhalte des unterbrochenen Programms sichergestellt werden, die in der Interruptroutine anschließend belegt werden. Zweckmäßigerweise legt man die zu rettenden Registerinhalte in den Stack, in dem auch die Unterbrechungs-Rückkehradresse liegt (Bild 77). Vor der Rückkehr in das unterbrochene Programm müssen die geretteten Registerinhalte in umgekehrter Reihenfolge aus dem Stack heraus in die Register zurückgeschrieben werden. Der Stackpointer zeigt dann wieder auf die Rückkehradresse (PC) im Stack, die mit dem RET-Befehl in den Befehlszähler PC geladen wird. Bild 77 zeigt neben dem Stack-Inhalt den prinzipiellen Aufbau eines Unterbrechungsprogramms. Das Retten der Registerinhalte im Stack erlaubt die Verschachtelung mehrerer Unterbrechungsprogramme nach Bild 71. Die beim Erkennen einer Unterbrechungsanforderung hardwaremäßig in den Sperrzustand versetzte generelle Interruptmaske kann vom Programmierer - abhängig von der vorliegenden Aufgabe - im Unterbrechungsprogramm an beliebiger Stelle wieder freigegeben werden. Wird der Befehl EI (vgl. Tafel 16) als vorletzter Befehl im Unterbrechungsprogramm ausgeführt, so ist das gesamte Unterbrechungsprogramm einschließlich der Rückkehr ins übergeordnete Programm nicht unterbrechbar. Darüberhinaus können im

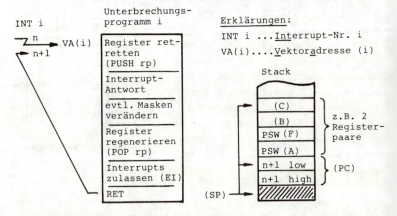

Bild 77 Aufbau eines Unterbrechungsprogramms mit Stack-Inhalt

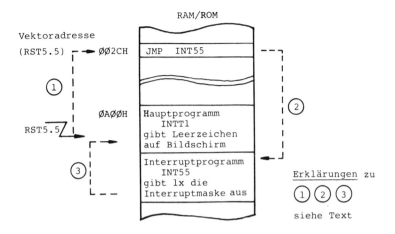

Bild 78   Speicherplan zum Interrupt-Testprogramm (Beispiel 27)

<u>Interruptprogramm nach Bedarf die selektiven Masken-Flipflops
mit dem Befehl SIM (Tafel 16) verändert werden</u>.

In Beispiel 27 ist ein <u>Interrupt-Testprogramm</u> (INTT1) gegeben.
Es besteht aus einem <u>Hauptprogramm</u> (INTT1), das die notwendigen Initialisierungen ausführt und dann fortlaufend Leerzeichen
(blanks) auf den Konsol-Bildschirm ausgibt, sowie einem <u>Interruptprogramm</u> (INT55), das einmal den aktuellen Inhalt des Interrupt-Maskenworts hexadezimal verschlüsselt auf den Bildschirm ausgibt, wenn ein Unterbrechungssignal am Eingang RST5.5
des 8085 erkannt wird (vgl. Programmkopf in Beispiel 27). Der
Speicherplan (Bild 78) zeigt die Lage der Programme im Hauptspeicher und die RST5.5-Adresse, die mit einem Sprung auf die
Interruptroutine INT55 zu laden ist. Der zeitliche Ablauf bei
Auftreten einer Unterbrechung nach Bild 78 ist:

①   Verzweigen zur RST5.5-Vektoradresse ØØ2CH mit Kellerung der Rückkehradresse.

②   Von dort Sprung ins Interruptprogramm INT55.

③   Rückkehr in das Hauptprogramm nach Ausführung des Unterbrechungsprogramms.

Da im Betriebsprogramm vieler 8085-Übungssysteme die RST-Vektoradressen im allgemeinen in einem ROM-Bereich liegen, sind an diesen Stellen Verzweigungsbefehle fest einprogrammiert, die wiederum auf feste Adressen im RAM-Bereich verzweigen. Kann an dieser Stelle - wie im vorliegenden Beispiel 27 - das Unterbrechungsprogramm (INT55) nicht abgelegt werden, so gelangt man über eine weitere Indirektion ("JMP INT55" auf Speicherplatz URST55 und folgende) in die Interrupt Subroutine INT55.

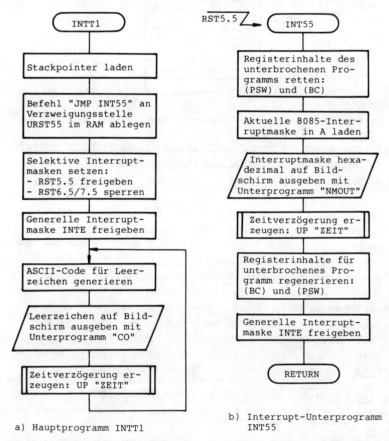

a) Hauptprogramm INTT1

b) Interrupt-Unterprogramm INT55

Bild 79 Flußdiagramme zum Beispiel 27 (Interrupt-Testprogramm)

Im Hauptprogramm INTT1 wird der Befehl "JMP INT55" in den Befehlszeilen 17 - 20 in die Speicherplätze URST55 und folgende abgelegt. Die Flußdiagramme in Bild 79 beschreiben die Abläufe im Hauptprogramm INTT1 und im Unterbrechungsprogramm INT55.

Zur Programmierung der Bildschirm-Ausgabe werden die Ausgabe-Unterprogramme CO (consol out) und NMOUT (numerical out) eines Betriebsprogramms (Monitor-Programm s. Abschn. 3.3) aufgerufen. Die Subroutine CO gibt ein im Akkumulator stehendes, ASCII-verschlüsseltes Zeichen auf den Bildschirm aus. Die Subroutine NMOUT schreibt eine beliebige 8-Bit Kombination aus dem Akkumulator als Folge von zwei Hexadezimalziffern (linke und rechte Tetrade) auf den Bildschirm (s. Abschn. 3.2). In der Interruptmaske ist zum Abfragezeitpunkt das Interrupt-Anforderungsbit I5.5 auf 1 gesetzt.

Das Unterprogramm ZEIT in Beispiel 27 erzeugt eine konstante Zeitverzögerung mit Hilfe einer Zählschleife. Es wird sowohl im Hauptprogramm als auch im Interruptprogramm jeweils nach der Ausgabe eines Bytes aufgerufen, um die Ausgabe auf den Bildschirm langsamer und damit besser verfolgbar zu machen.

Im Experiment werden die Unterbrechungen am RST5.5-Eingang durch Betätigen einer entprellten Taste erzeugt. Da dieser Eingang pegelgesteuert ist, erscheint bei anhaltendem Tastendruck die Interruptmaske (vgl. Tafel 16) mehrfach hintereinander auf dem Bildschirm: _ _ _ 1 6 _ _ _ _ 1 6 1 6 1 6 _ _ _ .

Das Programmbeispiel wurde mit Hilfe des (automatischen) 8085-Assemblers auf einem Mikrocomputer-Entwicklungssystem übersetzt (s. Abschn. 3). Im Beispiel 27 ist der Programmausdruck (engl. program listing) nach dem Übersetzen wiedergegeben. Das symbolische Assemblerprogramm (rechts der LINE-Nr.) wird vom Programmierer in das System eingegeben, links von der LINE-Nr. stehen die absoluten Speicherplatzadressen des Programms (LOC) und der übersetzte Objektcode (OBJ) in Hexadezimaldarstellung.

Beispiel 27: Interrupt Testprogramm INTT1. (Seite 172 - 173)

```
ASM80 :F1:INTT1.A85 DEBUG MOD85

ISIS-II 8080/8085 MACRO ASSEMBLER, V4.4        MODULE    PAGE   1

LOC  OBJ        LINE        SOURCE STATEMENT

                   1   ;************************************************
                   2   ;*        INTERRUPT TESTPROGRAMM 1     INTT1    *
                   3   ;************************************************
                   4   ;GIBT FORTLAUFEND LEERZEICHEN AUF DEN BILDSCHIRM AUS. BEI AUFTRE-
                   5   ;TEN EINES UNTERBRECHUNGSSIGNALS AM EINGANG RST5.5 SOLL EINMAL DIE
                   6   ;AKTUELLE INTERRUPTMASKE DES 8085 HEXADEZIMAL AUF DEN BILDSCHIRM
                   7   ;AUSGEGEBEN WERDEN.
                   8   ;RUFT AUF: MONITOR-UNTERPROGRAMME CO (=AUS) UND NMOUT (=BYAUS)
                   9   ;             CO GIBT EIN ASCII-ZEICHEN AUF BILDSCHIRM AUS
                  10   ;             NMOUT GIBT EIN BYTE HEXADEZIMAL AUF BILDSCHIRM AUS
                  11   ;
06C6              12   NMOUT   EQU   06C6H   ;ADRESSZUWEISUNGEN FUER AUFGERUFENE
05A6              13   CO      EQU   05A6H   ;MONITOR-UNTERPROGRAMME
0BDA              14   URST55  EQU   0BDAH
                  15   ;
0A00              16           ORG   0A00H      ;PROGRAMM-ANFANGSADRESSE
0A00 3EC3         17   INTT1:  MVI   A,0C3H     ;INTERRUPT-VEKTORADRESSE FUER RST5.5 IM
0A02 32DA0B       18           STA   URST55     ;RAM MIT SPRUNG IN DIE INTERRUPT SERVICE
0A05 2410DA       19           LXI   H,INTSS    ;ROUTINE INTSS LADEN
0A08 22DB0B       20           SHLD  URST55+1   ;SPRUNGADRESSE NACH ZELLEN 0BDBH UND 0BDCH
0A0B 31800B       21           LXI   SP,0B80H   ;STACK DEFINIEREN
0A0E 3E0E         22           MVI   A,0EH      ;INTERRUPTMASKE ERZEUGEN: RST5.5 FREIGEBEN
0A10 30           23           SIM              ;SELEKTIVE MASKEN-BITS SETZEN
0A11 FB           24           EI               ;GENERELLE INTERRUPTMASKE FREIGEBEN
                  25   ;
0A12 3E20         26   BLANK:  MVI   A,20H      ;ASCII-CODE FUER BLANK ERZEUGEN
```

```
0A14 CDA605            27          CALL    CO              ;AUFRUF DES UNTERPROGRAMMS CO
0A17 CD2A0A            28          CALL    ZEIT            ;AUFRUF DES UNTERPROGRAMMS ZEIT
0A1A C3120A            29          JMP     BLANK           ;ENDLOSSCHLEIFE
                       30  ;
                       31  ; ***** INTERRUPT SUBROUTINE    INT55 FUER RST5.5-EINGANG **********
                       32  ;
0A1D F5                33  INT55:  PUSH    PSW             ;BENOETIGTE REGISTER FUER DAS UNTERBROCHENE
0A1E C5                34          PUSH    B               ;PROGRAMM INTT1 RETTEN
0A1F 20                35          RIM                     ;AKTUELLE INTERRUPTMASKE IN DEN AKKU LADEN
0A20 CDC606            36          CALL    NMOUT           ;INTERRUPTMASKE HEX AUF BILDSCHIRM AUSGEBEN
0A23 CD2A0A            37          CALL    ZEIT            ;UNTERPROGRAMM ZEIT AUFRUFEN
0A26 C1                38          POP     B               ;REGISTER FUER UNTERBROCHENES PROGRAMM
0A27 F1                39          POP     PSW             ;AUS STACK REGENERIEREN
0A28 FB                40          EI                      ;GENERELLE INTERRUPTMASKE FREIGEBEN
0A29 C9                41          RET                     ;RUECKKEHR AN UNTERBRECHUNGSSTELLE IN INTT1
                       42  ;
                       43  ; ***** UNTERPROGRAMM ZEIT *****
                       44  ; BEWIRKT EINE KONSTANTE ZEITVERZOEGERUNG FUER BILDSCHIRM-AUSGABE
                       45  ;
0A2A 01FF0F            46  ZEIT:   LXI     B,0FFFH         ;ZAEHLGROESSE NACH BC LADEN
0A2D 0B                47          DCX     B               ;REGISTERPAAR (BC) DEKREMENTIEREN
0A2E 79                48          MOV     A,C             ;VORBEREITUNG FUER NULLABFRAGE
0A2F B0                49          ORA     B
0A30 C8                50          RZ                      ;RETURN, WENN (BC) = 0
0A31 C32D0A            51          JMP     ZEIT+3
                       52          END

USER SYMBOLS
BLANK  A 0A12     CO     A 05A6     INT55  A 0A1D     INT1  A 0A00     NMOUT  A 06C6
URST55 A 0BDA     ZEIT   A 0A2A

ASSEMBLY COMPLETE,   NO ERRORS
```

2.4.4 Unterbrechungssystem mit externen Unterbrechungs-Steuerbausteinen

Als Beispiel für die Erweiterung der Unterbrechungseingänge des 8085 durch eine externe Unterbrechungssteuerung seien der Anschluß und die Arbeitsweise des verbreiteten programmierbaren Unterbrechungs-Steuerbausteins 8259 (bzw. dessen neuere Version 8259A) beschrieben. Der programmable interrupt controller (PIC) ist eine Ergänzungseinheit im Sinne des Abschnitts 1.2.7, die - wie ein Ein-/Ausgabebaustein programmiert - das Unterbrechungssystem des Mikroprozessors auch funktionell wesentlich erweitert. Die 8 Unterbrechungseingänge (interrupt request) IRØ (höchste Priorität) bis IR7 (niederste Priorität) des Bausteins splitten die Priorität 5 des Eingangs INTR am 8085 weiter auf (Bild 80). Mit Ausnahme der zwei Leitungen INTR/INT und $\overline{INTA}$ ist der Anschluß des Bausteins identisch mit dem Anschluß eines Ein-/Ausgabebausteins an den Systembus. Mit Hilfe der Kaskadierungsanschlüsse können bis zu 9 Bausteine des Typs 8259A mit 64 zusätzlichen Unterbrechungseingängen zusammengeschaltet werden. Zu der nur bei größeren Mikrocomputersystemen erforderlichen Kaskadierung mehrerer 8259(A)-Bausteine sei auf

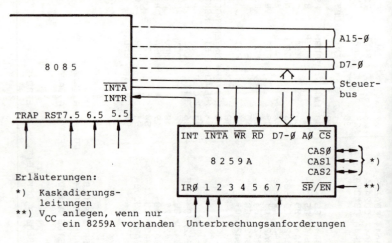

Erläuterungen:
*) Kaskadierungsleitungen
**) V_{CC} anlegen, wenn nur ein 8259A vorhanden

Bild 80 Unterbrechungs-Steuerbaustein 8259A am Systembus

die Hersteller-Handbücher |15| und |16| verwiesen.

Die Schaltung des Sammel-Unterbrechungseingangs INTR im 8085 ist im Prinzip nach Bild 81 realisiert. Die generelle Interruptmaske INTE maskiert auch den Sammel-Unterbrechungseingang INTR (vgl. Abschn. 2.4.2); d.h. mit (INTE) = Ø sind sämtliche externen Unterbrechungssteuerungen blockiert

Wird der Baustein 8259(A) durch Übertragen von Steuerwörtern in der Initialisierungsphase geeignet programmiert, läuft beim Erkennen einer Interruptanforderung folgender Dialog zwischen dem 8085 und dem 8259(A) ab:

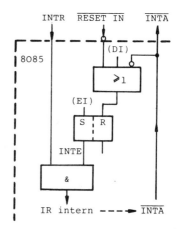

Bild 81 Prinzipschaltung des Unterbrechungseingangs INTR im 8085

1. Der 8259(A) unterbricht den MP 8085 durch ein Signal vom INT-Ausgang (Bild 80).
2. Sofern es die generelle Interruptmaske (INTE) zuläßt, nimmt der 8085 nach Beendigung des laufenden Befehls den Unterbrechungswunsch an, indem er einen INA-Maschinenzyklus (vgl. Tafel 7) mit dem Signal ($\overline{\text{INTA}}$) = Ø fährt.
3. Das $\overline{\text{INTA}}$-Signal veranlaßt den interrupt controller, den Operationscode des CALL-Befehls auf den Datenbus zu legen, den der 8085 einliest.
4. Ausgelöst durch den Operationscode CALL, fügt der 8085 zwei weitere Maschinenzyklen mit ($\overline{\text{INTA}}$) = Ø an, in denen der 8259(A) als Antwort zuerst die niederwertigen 8 Bit (2. INA-Zyklus) und dann die höherwertigen 8 Bit (3. INA-Zyklus) der Vektoradresse auf den Datenbus legt.
5. Der 8085 nimmt die Adreßbytes entgegen und führt den Unterprogrammaufruf aus, der in ein der Interruptnummer i zugeordnetes Interruptprogramm i führt.
(Arbeitet der 8259A mit den 16-Bit Mikroprozessoren 8086/88 zusammen, weicht der Dialog von dem eben beschriebenen ab.)

Der Baustein 8259(A) realisiert ein Mehrebenen-Interruptsystem mit Vektoradressen, in dem jedem Unterbrechungseingang IR i über das Verzweigungsschema gemäß Bild 82 ein Interruptpro-

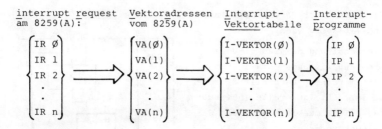

Bild 82   Verzweigung bei Mehrebenen-Interruptsystem

gramm IP i fest zugeordnet ist. Der interrupt controller 8259 erzeugt die Vektoradressen VA(i) hardwaremäßig nach Bild 83 im Abstand ix4 bzw. ix8 bezogen auf eine Rumpfadresse, die in der Initialisierungsphase an den Baustein übertragen wird. Die Vektoradresse VA(i) legt der interrupt controller auf den Systembus. Sie zeigt auf einen der äquidistanten Interruptvektoren I-VEKTOR(i) im Speicher, in denen Sprungbefehle auf die Interruptprogramme IP i (mit beliebigen Anfangsadressen) stehen.

Die Eigenschaften des Bausteins 8259A sind in |15| und |16| detailliert beschrieben. Im folgenden seien nur ein paar wesentliche Merkmale dieses leistungsfähigen, vielseitig einsetzbaren interrupt controllers herausgegriffen. Sein Verhalten ist

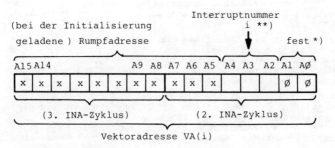

*) wenn Adreßintervall 4 eingestellt
**) mit i = ØØØ, ØØ1 bis 111   x = Ø/1

Bild 83   Bildung der Vektoradresse VA(i) im Baustein 8259(A)

durch das Übertragen von Steuerwörtern (initialization command words ICWs und operation command words OCWs) an verschiedene Aufgabenstellungen anpaßbar.

Die Grundbetriebsart ist die voll verschachtelte Betriebsart (engl. fully nested mode). Sie entspricht weitgehend dem in Abschnitt 2.4.1 beschriebenen Verfahren mit festen Eingangsprioritäten, wobei zusätzlich die Laufpriorität berücksichtigt wird; das aktuelle Interruptprogramm kann nur durch Unterbrechungsanforderungen höherer Priorität unterbrochen werden.

Hat man in einer Anwendung mehrere Unterbrechungssignale von im Prinzip gleicher Priorität, die nacheinander berücksichtigt werden sollen, wählt man die Betriebsart rotierende Prioritäten (engl. rotating priority mode). Bei automatischem Rotieren wird stets der eben bediente Unterbrechungseingang i auf die niedrigste Priorität gesetzt, der Eingang i+1 erhält die höchste Priorität usw. Beim Rotieren durch Software wird die jeweils niedrigste Priorität während des Betriebs durch Übertragen eines Steuerworts festgelegt.

In jeder Betriebsart sind die Interrupteingänge IR0-7 des Bausteins durch ein Unterbrechungsmaskenregister selektiv sperrbar, wobei ein Maskierungsbit wahlweise nur den betreffenden Eingang sperrt oder diesen Eingang und alle Eingänge geringerer Priorität. Die Interrupteingänge des Bausteins sind durch ein Steuerbit auf Pegeltriggerung (high Pegel) bzw. auf Flankentriggerung (ansteigende Flanke) einstellbar.

3 Hilfsmittel zur Programm-Entwicklung

3.1 Übersicht

Die Abläufe bei der Entwicklung eines Mikrocomputer-Programms wurden bereits in Bild 42 dargestellt. Man versteht darunter die Erstellung eines ablauffähigen Objektprogramms und den Test des Programms auf dem Mikrocomputer-Zielsystem, auf dem das Programm ablaufen soll. Zur Unterstützung der einzelnen Entwicklungsphasen werden verschiedene Hilfsprogramme und Geräte eingesetzt. Der Erfolg beim Einsatz von Mikrocomputerschaltungen wird wesentlich durch die verfügbaren Entwicklungs-Hilfsmittel mitbestimmt.

Der Text-Editor ist ein Hilfsprogramm zur Eingabe und zur Korrektur von Quellprogrammen (in Assemblersprache oder einer höheren Programmiersprache) über die Tastatur eines Bediengeräts. Der Texteditor legt das eingegebene Programm in einer Quelldatei auf dem Hintergrundspeicher des Rechnersystems ab. Programme in ihren verschiedenen Zuständen werden in Form von Dateien (engl. files) verwaltet. Eine Datei ist eine logisch zusammenhängende Datenmenge mit einem symbolischen Namen (s. Abschn. 3.2).

Assembler- bzw. Compilerprogramme übersetzen Quellprogramme in Objektprogramme, die zum Ablauf auf einem Mikrocomputersystem bestimmt sind. Zusätzlich zur Objektcode-Datei liefern die Übersetzer eine List-Datei, die das komplette Programmlisting (vgl. Beispiel 27) enthält.

Linker (Binder)- und locater-Programme benötigt man nur bei der modularen Entwicklung von Mikrocomputer-Programmen |7|. Der linker verbindet mehrere selbständig übersetzte Objektmoduln, die in verschiedenen Sprachen geschrieben worden sein können, zu einem Programmkomplex. Oft werden ein Hauptprogrammmodul und mehrere Unterprogrammmoduln zusammengebunden. Der locater setzt die bis dahin programmrelativen Adressen in absolute Speicheradressen um (Entrelativierung).

Ein Ladeprogramm (loader) bringt das ablauffähige Mikrocomputer-Programm zur Ausführung bzw. zum Test in den Hauptspeicher.

Das Monitor-Programm, auch als debugging-Programm bezeichnet, beinhaltet die wichtigsten Funktionen, die zum Bedienen des Mikrocomputers über eine Bedienkonsole (Sichtgerät, Fernschreiber oder Hexadezimaltastatur mit alphanumerischer Anzeige) erforderlich sind sowie einige Vorkehrungen zum Test von Programmen (s. Abschn. 3.3).

Test-Emulatoren bilden das Verhalten eines Ziel-Mikroprozessors (meist) durch einen Mikroprozessor desselben Typs hardwaremäßig im Emulator nach. Der besonders beschaltete Emulationsprozessor führt das zu prüfende Programm mittels Testhilfen wie Haltepunkt- und Einzelschritt-Steuerung quasi auf dem Zielsystem aus, wobei er von einem übergeordneten (master) Prozessor gesteuert und überwacht wird. Der Emulator ist mit einem vielpoligen Kabel über den Bausteinsockel des Zielprozessors mit dem Zielsystem verbunden (Bild 84). Der Vorteil der Emulation besteht darin, daß im Zielmikrocomputer selbst keinerlei Testhilfen (weder Hardware noch Software) erforderlich sind.

Der realtime tracer (Echtzeit-Ablaufverfolger) ist eine wertvolle Erweiterung des Emulators; er nimmt die Zustände der

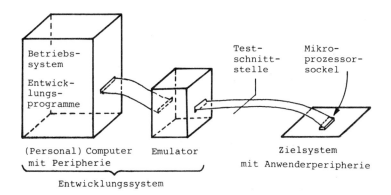

Bild 84 Trennung von Entwicklungssystem und Zielsystem

Daten-, Adressen- und Statusleitungen am emulierenden Prozessor während jedes Maschinenzyklus auf und schreibt sie in einen sehr schnellen trace-Speicher. Dies geschieht beim Ablauf des zu testenden Programms im Echtzeitbetrieb auf dem Zielsystem. Im Anschluß daran läßt sich der Programmablauf durch Anzeigen der trace-Speicher-Inhalte rückwärts verfolgen.

Nach dem erfolgreichen Test des Programms wird das ablauffähige Objektprogramm in der Regel mit einer Programmier-Einrichtung (PROM-/EPROM-programmer) in einem Festwertspeicher konserviert.

Bei der Programmierung von herkömmlichen Computern ist im allgemeinen das Zielsystem, auf dem das entwickelte Programm ablaufen soll, identisch mit dem Entwicklungscomputer, auf dem das Programm erstellt bzw.erprobt wird. Computer ab einer gewissen Leistungsklasse bieten die hardware- und softwareseitigen Voraussetzungen für den Betrieb der beschriebenen Programme. Ein Emulator ist hier naturgemäß nicht erforderlich, eine realtime trace-Einrichtung ermöglicht auch im größeren Computer den Echtzeittest von Programmen, insbesondere im Bereich der Prozeßrechnertechnik.

In der Mikrocomputertechnik herrschen andere Randbedingungen. Bei vielen technischen Anwendungen, die man etwa mit dem Begriff Geräteautomatisierung umreißen könnte, ist das Mikrocomputer-Zielsystem so klein, daß die hardwareseitigen Voraussetzungen (Bediengeräteanschluß, Speicherumfang, Testschaltungen, evtl. Betrieb von Hintergrundspeichern) für den Betrieb von Hilfsprogrammen nicht gegeben sind. Hier müssen Zielsystem und Entwicklungssystem gerätemäßig getrennt werden (Bild 84). Das Entwicklungssystem kann ein spezialisiertes Mikrocomputer-Entwicklungssystem |28| sein, das sämtliche Entwicklungshilfen einschließlich einem realtime trace-Emulator beinhaltet (siehe Abschn. 3.4) oder ein Universalrechner, häufig ein Personal Computer, auf dem die Entwicklungs-Hilfsprogramme laufen. Neben Text-Editor, Lader und Hintergrundspeicher-Verwaltung ermöglichen Cross Assembler und Cross Compiler das Übersetzen von

Programmen für beliebige Ziel-Mikroprozessoren, die nicht im
Entwicklungscomputer enthalten sind. Das Zielsystem kann an
den Universalrechner über einen externen Emulator angeschlossen werden, der das übersetzte, ablauffähige Programm aufnimmt
oder in das Zielsystem überträgt und den Testlauf unter den
vorgegebenen Bedingungen durchführt. Der Emulator hängt dabei
am Systembus des Universalrechners oder an einer seriellen
Schnittstelle (z.B. V.24, s. Abschn. 5.1.3).
Hat man nur einen Universalrechner mit cross software, jedoch
keinen Emulator zur Verfügung, so kann das übersetzte Programm
über eine serielle Kopplung in das Zielsystem übertragen oder
mit Hilfe einer Tastatur von Hand eingegeben werden (Bild 85).

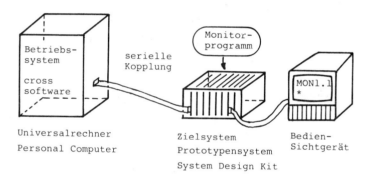

Bild 85 Konfiguration bei Programm-Entwicklung ohne
        Emulator

In diesem Fall muß das Zielsystem über ein eigenes Betriebs-
und Testprogramm (Monitor) und die notwendigen Peripherieanschlüsse verfügen. Zur Übertragung des Programms aus dem Universalrechner (host computer) in das Zielsystem sind auch Datenträger wie Kassette, Diskette oder Lochstreifen möglich.
Zielsysteme mit den genannten Bedien- und Testmöglichkeiten
sind z.B. Prototypensysteme, Ein-Platinen-Baukastensysteme und
Personal Computer.
Statt großen Universalrechnern werden in zunehmendem Maße preiswerte Personal-Computer als host computer ohne oder mit externem

Emulator eingesetzt. Die Betriebssysteme CP/M, UNIX und MSDOS
|30| |31| auf diesen Systemen gestatten eine komfortable Programmentwicklung und Datenhaltung für Mikrocomputer-Zielsysteme.

Somit gibt es - abhängig von der verfügbaren Geräteausstattung
- zwei Möglichkeiten des Programmtests (Bild 86.a und b). Wenn
im Zielsystem selbst keine Testhilfen zur Verfügung stehen, wie
dies im Automatisierungsbereich oft der Fall ist, bleibt nur
der Test mit dem Emulator.

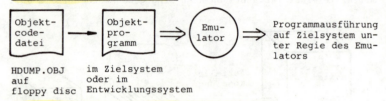

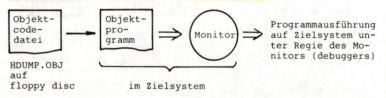

Bild 86   Programmtest mit Emulator (a) oder Monitor (b)

3.2   Programm-Entwicklung in Assemblersprache (Beispiel)

Vor der weiteren Beschreibung einzelner Entwicklungs-Hilfsmittel sei an Hand eines Programmbeispiels (Beispiel 28, HDUMP)
deren Einsatz erläutert. Nach der Erstellung des Flußdiagramms
(Bild 90) und der Niederschrift des Programms in der 8085-Assemblersprache ASM85 wird das Mikrocomputer-Entwicklungssystem
SME der Firma SIEMENS bzw. MDS der Firma INTEL (Serie II) |32|
zur weiteren Programm-Entwicklung und Dokumentation eingesetzt.

Eine kurze Beschreibung der einzelnen Komponenten des Mikrocomputer-Entwicklungssystems folgt im Abschnitt 3.4.

Die Eingabe des Quellprogramms HDUMP über die ASCII-Tastatur des Bedien-Sichtgeräts erfolgt mit Hilfe eines Texteditors z.B. AEDIT (siehe Seite 208), der das Quellprogramm als Datei (engl. source file) HDUMP.SRC auf dem Hintergrundspeicher anlegt (Bild 87). Die Erweiterung des Dateinamens .SRC (von sou_r_ce) ist frei wählbar. Anschließend wird der 8085-Assembler ASM80 MOD85 gestartet. Er holt den Quellcode aus der Datei HDUMP.SRC (der hier eine ORG-Pegelanweisung enthält), übersetzt ihn, und liefert den absolut adressierten Objektcode in einer Objektdatei mit dem Namen HDUMP.OBJ und ein Programm-Dokument (program listing) in der List-Datei HDUMP.LST. Die Erweiterungen .OBJ und .LST legt der Assembler fest. Läßt man den Inhalt der List-Datei ausdrucken, so erhält man ein vollständiges Programmprotokoll (program listing) (siehe Bsp. 27 und Bsp. 28) das zunächst die Unterlage für den Programmtest und danach ein wesentlicher Teil der Programmdokumentation ist.

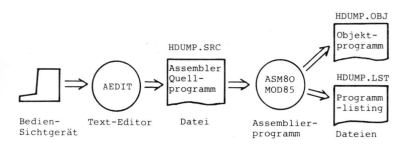

Bild 87 Programm-Eingabe, Übersetzung und Programmspeicherung im Mikrocomputer-Entwicklungssystem (SME/MDS)

Aufgabenstellung für Beispiel 28: In einem Unterprogramm HDUMP ist ein vorgegebener Hauptspeicherbereich hexadezimal verschlüsselt auf dem Bildschirm des Mikrocomputer-Terminals darzustellen. Jedes Speicherbyte ist als Folge zweier Hexadezimalziffern anzuzeigen und zwischen benachbarte Bytes ist je

ein Leerzeichen einzufügen, sodaß man z.B. erhält: 5A 41 3F ØØ...
Kommt man auf dem Bildschirm ans Zeilenende, so fügt dessen
Steuerung selbsttätig die Steuerzeichen Wagenrücklauf (CR) und
Zeilenvorschub (LF) ein. Anfangsadresse und Länge des Speicher-
bereichs erhält das Unterprogramm HDUMP vom aufrufenden Pro-
gramm in den Registern HL (Anfangsadresse) und E (Länge in
Bytes). Der darstellbare Bereich ist somit höchstens 255 Byte
lang.

Zur Lösung: HDUMP zerlegt jedes Speicherbyte gemäß Bild 88 in
eine linke und eine rechte Tetrade, die als Hexadezimalziffern
Ø ... F interpretiert werden. Der 4-Bit Code jeder Hexadezimalziffer ist in deren 7-Bit-langen ASCII-Code umzuwandeln und
dann auf den Bildschirm auszugeben; der Bildschirm "versteht"
ASCII-codierte Zeichen.

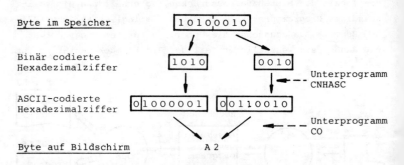

Bild 88 Hexadezimale Darstellung eines Bytes

Die Umwandlung einer Hexadezimalziffer aus dem Tetradencode in
den ASCII-Code geschieht in dem Unterprogramm CNHASC. Es erwartet die binär verschlüsselte Hexadezimalziffer in den rechten
4 Akkumulatorstellen (rechtsbündig, die übrigen Stellen sind
gelöscht) und liefert die 7-Bit ASCII-Kombination in den Stellen A6 ... AØ des Akkumulators (die Stelle A7 ist gelöscht).
Das Verfahren der Codeumwandlung zeigt das Flußdiagramm in
Bild 89. Dabei erfordern die Hexadezimalziffern Ø ... 9 eine
andere Umwandlung als die Ziffern A ... F, da von der Ziffer 9

(= 39H) zur Ziffer
A (= 41H) ein Sprung
in der ASCII-Codie-
rung erfolgt. Man
vergleiche hierzu
die Codetabellen in
Tafel 2 und Tafel 3.
Zur Ausgabe eines
ASCII-Zeichens aus
dem Akkumulator auf
den Bildschirm des
Bediengerätes ist
das Zeichen-Ausga-
beprogramm CO (engl.
consol out) des Mo-

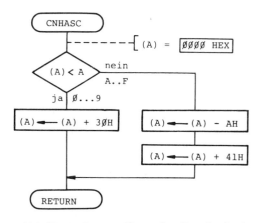

Bild 89 Codeumwandlung der Hexadezimalziffern von Tetradencode in ASCII-Code

nitorprogramms (s. Abschn. 3.3) aufzurufen, dessen Existenz im
Zielsystem vorausgesetzt wird. CO erwartet das auszugebende
ASCII-Zeichen rechtsbündig im Register C und kehrt erst nach
der Ausgabe des Zeichens in das aufrufende Programm (HDUMP) zurück. Zum Übersetzungszeitpunkt muß die Aufrufadresse des Moni-
tor-Unterprogramms CO dem Assembler bekannt gemacht werden
(EQU-Anweisung im Programm-listing Beispiel 28), damit er sie
in den Aufrufbefehl CALL ... einsetzen kann.

Den Gesamtablauf des Programms HDUMP veranschaulicht das Flußdiagramm in Bild 90. Die Programmschleife wird für jedes anzu-
zeigende Byte einmal durchlaufen, das Konvertier-Unterprogramm
CNHASC und das Ausgabe-Unterprogramm CO werden jeweils zweimal
aufgerufen.

Beispiel 28 gibt das Programm-listing (Programmliste) für das
Programm HDUMP wieder. Es ist der Ausdruck der list file (dt.
Listendatei) HDUMP.LST, die der Übersetzer ASM80 MOD85 des
Mikrocomputer-Entwicklungssystems angelegt und dem Betriebs-
system ISIS II zur Speicherung auf dem Hintergrundspeicher
übergeben hat.

Nach dem Aufruf des Assemblers (Bsp. 28, 1. Zeile) mit Angabe
der Quelldatei :F1:HDUMP.SRC meldet sich der Assembler mit

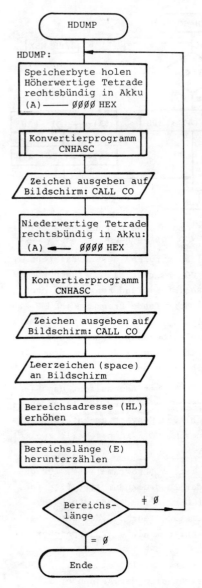

Bild 90 Flußdiagramm zum Programm HDUMP (Beispiel 28)

"ISIS-II ...". Der Zusatz ":Fl:" vor dem Dateinamen gibt die Nummer des floppy disc-Laufwerks an, auf dem die Datei HDUMP.SRC steht. Das eigentliche Programm-listing beginnt mit der Zeilen-Nummer (LINE) 1 und endet mit der Nummer 56.

Wie schon beim Beispiel 27 erläutert, enthält das Programmlisting das eingegebene Quellprogramm und den vom Assembler für jede Programmzeile abgesetzten Objektcode im Hexadezimalcode (Spalte OBJ). Die line-Nr. kennzeichnet die mit dem Editor eingegebenen Zeilen. Bleibt in einer Programmzeile die OBJ-Spalte frei, dann hat der Assembler bei der Übersetzung dieser Zeile keinen Objektcode erzeugt. Dies ist bei einigen Assembler-Anweisungen (Pseudobefehlen) wie ORG, EQU und END und stets bei reinen Kommentarzeilen der Fall.

Bei der Übersetzung eines Programms mit absoluten Adressen gibt die ORG-Anweisung vor der ersten codeerzeugenden Programmzeile die absolute Adres-

se des ersten belegten Speicherplatzes an. Im Beispiel 28 wird
in Zeile 18 der erste Programm-Speicherplatz ECØØ (hexadezimal)
mit dem Operationscode 31 (hexadezimal) belegt, der sich bei
der Übersetzung des Befehls "LXI SP, ØEEØØH' ergibt. Die Spalte LOC (engl. location) gibt die absolute Speicheradresse der
für eine Programmzeile abgelegten Objektcodebytes an. Zum Beispiel ist aus Zeile 26 zu entnehmen, daß für den Befehl "CALL
CNHASC" die drei Objektcodebytes "CD26EC" erzeugt und in die
Speicherplätze ECØA, ECØB und ECØC (hexadezimal) abgelegt wurden. Das Unterprogramm CNHASC schließt unmittelbar an das übergeordnete Programm HDUMP an und beginnt auf dem absoluten Adreßpegel EC26H (Zeile 48). Diese Adresse setzt der Assembler bytevertauscht in den o.g. CALL-Befehl in die Speicherplätze ECØBH
und ECØCH ein. An Hand des Adreßpegels in der LOC-Spalte und
des Objektcodes in der OBJ-Spalte kann man prüfen, ob der richtige Objektcode im Speicher steht und gegebenenfalls einzelne
Speicherinhalte ändern.

Im Interesse einer guten Lesbarkeit des Programms empfiehlt es
sich, an den Anfang des Programms (vor die erste Assembleranweisung) einen Programmkopf (vgl. Abschn. 2.3.5) zu stellen,
der eine kurze verbale Beschreibung des Programms enthält. Der
Assembler übernimmt den Programmkopf wie alle Kommentare mit
in das listing.

Nach Abschnitt 1.4.3 legt der Assembler während des Übersetzens
eine Symboltabelle (user symbols) an, die den im Markenfeld
auftretenden symbolischen Namen die ermittelten absoluten
Adressen bzw. Werte zuordnet. Die Symboltabelle wird in der
list file gespeichert und im Anschluß an die Programmzeilen
ausgedruckt (Beispiel 28).

Durch den Steuerparameter DEBUG beim Aufruf des Assemblers
wird die Symboltabelle als zusätzliche Information in die Objektdatei übernommen, um im in circuit emulator mit symbolischen Namen arbeiten zu können |33|.

Mit dem Steuerparameter XREF (Beispiel 28) legt der Assembler
zusätzlich eine Symbol-Querverweisliste (engl. symbol cross
reference) an, die mit in die list file übernommen wird. Diese

Beispiel 28: Programm HDUMP in Assemblersprache (listing). (Seite 188 - 189)

ASM80 :F1:HDUMP.SRC MOD85 DEBUG XREF

ISIS-II 8080/8085 MACRO ASSEMBLER, V4.1   MODULE PAGE 1

```
LOC   OBJ       LINE      SOURCE STATEMENT

                 1   ;***    HDUMP   ***   6.12.83   SCHOLZE  ***
                 2   ;
                 3   ;EINGANGSPARAMETER: ANFANGSADRESSE IM REG.-PAAR HL
                 4   ;                   BEREICHSLAENGE IN BYTES IM REG E
                 5   ;AUSGANGSPARAMETER: KEINE
                 6   ;WIRKUNG:  HDUMP STELLT DEN ANGEGEBENEN BEREICH DES HAUPTSPEICHERS
                 7   ;          AUF DEM BILDSCHIRM DES KONSOLGERAETS HEXADEZIMAL DAR.
                 8   ;          ZWISCHEN DIE BYTES SIND LEERZEICHEN EINGEFUEGT.
                 9   ;RUFT AUF: UNTERPROGRAMM AUS DES MONITORS (AUSGABE EINES ZEICHENS)
                10   ;PROGRAMM HDUMP LAEUFT AUF SMP-SYSTEM MIT MONITOR SMP-MON2
                11   ;
000F            12   MASK    EQU     0FH           ;MASKE ZUM AUSBLENDEN DER LINKEN TETRADE
0411            13   AUS     EQU     0411H         ;UNTERPROGRAMM AUS IM MONITOR
0020            14   SPACE   EQU     20H           ;ASCII-CODE FUER LEERZEICHEN
                15   ;
EC00            16           ORG     0EC00H        ;PROGRAMM-ANFANG AUF ADRESSE EC00H
                17   ;AUSFUEHRBARE 8085-BEFEHLE
EC00 3100EE     18   HDUMP:  LXI     SP,0EE00H
EC03 7E         19           MOV     A,M           ;DARZUSTELLENDES BYTE IN AKKU HOLEN
EC04 0F         20           RRC                   ;HOEHERWERTIGE TETRADE RECHTSBUENDIG IN DEN
EC05 0F         21           RRC                   ;AKKUMULATOR STELLEN
EC06 0F         22           RRC
EC07 0F         23           RRC
EC08 E60F       24           ANI     MASK          ;[A] <-- [A] UND 0FH, LOESCHEN DER LINKEN
                25                                 ;AKKUMULATORHAELFTE
```

```
EC0A CD26EC        26         CALL   CNHASC   ;KONVERTIER-UNTERPROGRAMM AUFRUFEN
EC0D 4F            27         MOV    C,A
EC0E CD1104        28         CALL   AUS      ;ASCII-CODIERTE HEXADEZIMALZIFFER AUF BILD-
                   29                         ;SCHIRM AUSGEBEN: HOEHERWERTIGE TETRADE
EC11 7E            30         MOV    A,M      ;DARZUSTELLENDES BYTE ERNEUT HOLEN
EC12 E60F          31         ANI    MASK     ;LOESCHEN DER LINKEN AKKUHAELFTE
EC14 CD26EC        32         CALL   CNHASC   ;KONVERTIER-UNTERPROGRAMM AUFRUFEN
EC17 4F            33         MOV    C,A
EC18 CD1104        34         CALL   AUS      ;ASCII-CODIERTE HEXADEZIMALZIFFER AUF BILD-
                   35                         ;SCHIRM AUSGEBEN: NIEDERWERTIGE TETRADE
EC1B 0E20          36         MVI    C,SPACE  ;CODE FUER LEERZEICHEN IM AKKU ERZEUGEN
EC1D CD1104        37         CALL   AUS      ;LEERZEICHEN AUF BILDSCHIRM AUSGEBEN
EC20 23            38         INX    H        ;WEITERSCHALTEN AUF NAECHSTES SPEICHERBYTE
EC21 1D            39         DCR    E        ;BYTEZAEHLER DEKREMENTIEREN
EC22 C200EC        40         JNZ    HDUMP    ;SPRUNG IN DUMP-SCHLEIFE, WENN E =/ 0
EC25 CF            41         RST    1        ;SPRUNG IN DEN MONITOR
                   42  ENDE:
                   43  ;               * UNTERPROGRAMM CNHASC *
                   44  ;EINGANGSPARAMETER: (A) = 4-BIT-HEXADEZIMALZIFFER (RECHTSBUENDIG)
                   45  ;AUSGANGSPARAMETER: (A) = 7-BIT ASCII-CODIERTE HEXADEZIMALZIFFER
                   46  ;ZERSTOERT FLAGS
                   47  ;
EC26 FE0A          48  CNHASC: CPI    10       ;ZUR UNTERSCHEIDUNG VON DEZIMALZIFFERN0..9
                   49                          ;UND PSEUDOTETRADEN A..F
EC28 DA32EC        50         JC     HEX09    ;SPRUNG, WENN (A) = 0,1,2,...9
EC2B DE09          51         SUI    9        ;ASCII-CODE FUER ZIFFERN A..F ERZEUGEN
EC2D F640          52         ORI    40H
EC2F C334EC        53         JMP    UPEND
EC32 F630          54  HEX09: ORI    30H      ;ZONE FUER ZIFFERN 0,1,2..9 EINFUEGEN
EC35 C9            55  UPEND: RET
                   56         END

USER SYMBOLS
AUS    A 0411    CNHASC A EC26    ENDE  A EC25   HDUMP  A EC00   HEX09  A EC32
                                  MASK  A 000F   SPACE  A 0020   UPEND  A EC34

ASSEMBLY COMPLETE, NO ERRORS
```

enthält - nach Symbolen geordnet - Verweise auf alle Programmzeilen, in denen die Symbole im Operanden-/Adressenteil auftreten (Bild 91). In der mit # gekennzeichneten Zeilen-Nummer ist der Name definiert.

```
ISIS-II ASSEMBLER SYMBOL CROSS REFERENCE, V2.1

AUS       13#   28    34    37
CNHASC    26    32    48#
ENDE      41#
HDUMP     18#   40
HEX09     50    54#
MASK      12#   24    31
SPACE     14#   36
UPEND     53    55#

CROSS REFERENCE COMPLETE
```

Bild 91 Symbol-Querverweisliste zu Beispiel 28

Der gesamte Leistungsumfang von verfügbaren 8085-Assemblern ist den jeweiligen Hersteller-Handbüchern, z.B. |33| zu entnehmen. Er kann aus Platzgründen hier nicht dargestellt werden.

3.3 Monitor-Betriebsprogramm

Erzeugt man lauffähige Objektprogramme auf einem host computer (vgl. Bild 85) mit Hilfe von cross software, so werden Zielsysteme benötigt, die das Laden, Starten und Austesten von Programmen im stand alone-Betrieb ermöglichen. Zielsysteme mit diesen Eigenschaften sind Mikrocomputer-kits (z.B. SDK 85 von INTEL), Experimentiercomputer (z.B. ECB 85 von SIEMENS) auf einer Leiterplatte oder ausbaufähigere Prototypsysteme auf mehreren Leiterplatten (z.B. SMP- und AMS-Systeme von SIEMENS, SBC-System von INTEL), die über einen Mikrocomputerbus miteinander verbunden sind; auch die Personal Computer sind hier zu nennen.

Diese Zielsysteme verfügen über Betriebsprogramme - auch Monitorprogramme oder kurz Monitore genannt -, die automatisch

nach dem Erzeugen eines Rücksetzimpulses auf Speicheradresse
ØØØØ gestartet werden (vgl. Abschn. 1.2.5.1) und den Dialog
des Mikrocomputersystems mit dem Bediener herstellen. Das Monitorprogramm
steht jederzeit aufrufbereit im Festwertspeicher
des Mikrocomputers.

Der Monitor ermöglicht dem Benutzer:

* die Steuerung des Mikrocomputers mit Kommandos über ein Konsolgerät
  (Daten-Sichtgerät) oder über eine auf der Mikrocomputerplatine
  integrierte Hexadezimaltastatur mit optoelektronischer
  Anzeige.

* die hexadezimale Ein-/Ausgabe von Programmen und Daten über
  das Konsolgerät mit Kommandos und durch den Aufruf von Unterprogrammen
  des Monitors.

* die Fehlersuche in Programmen mit Testhilfen wie Haltepunkt-
  und Einzelbefehlssteuerung.

Zum Betrieb eines Monitors muß das Mikrocomputersystem folgende
Hardware-Komponenten besitzen:

* Einen Festwertspeicher (ROM, EPROM) zur Aufnahme des Monitorprogramms
  (ca. 1 KB bis 4 KB Umfang).

* Lese-/Schreibspeicher zur Kellerung von Registerinhalten,
  als Hilfs-Speicherplätze für den Monitor und zur Aufnahme
  von Anwenderprogrammen im Teststadium.

* Einen seriellen Datenkanal zum Anschluß eines Bediengeräts
  oder eine einfache Bedieneinrichtung auf der Leiterplatte.

* Evtl. erforderliche Schaltungsvorkehrungen am Mikroprozessor
  für die Ausführung der Einzelbefehlssteuerung und LED-Anzeigen.
  Eine Rücksetztaste oder ein Einschalt-Reset ist
  in jedem Fall notwendig.

3.3.1 Monitor-Kommandos

Die grundlegenden Monitor-Kommandos sind in Anlehnung an den
Monitor eines industriellen Mikrocomputer-Prototypensystems
|34| in Tafel 18 zusammengestellt und erläutert. Kommandos

setzen sich aus einem Kommandosymbol, das die Funktion angibt
- hier ein Großbuchstabe -, und angefügten Parametern mit
Trennzeichen (engl. delimiter) zusammen. Nach Tafel 18 können
Parameter sein: Registernamen (reg), Speicheradressen (adr)
und Daten (dat). Mehrere Parameter sind durch Trennzeichen zu
trennen; als Trennzeichen akzeptiert der zugrunde gelegte Monitor wahlweise Leerzeichen (blank), Komma oder Wagenrücklauf.
Jedes Kommando wird durch einen Wagenrücklauf (CR) abgeschlossen bzw. zur Ausführung gebracht.

Tafel 18 Monitor-Kommandos |34| (Seiten 192 - 194)

I (insert)	Eingeben in den Speicher
I CR adr dat ..CR..	Eingabe von Programmen und Daten in hexadezimaler Form in den RAM ab Adresse adr. Die Bytes dat werden in aufeinanderfolgende Speicherzellen geschrieben. CR am Zeilenende, Beendigung der Dateneingabe durch Trennzeichen.
D (display)	Anzeigen von Speicherinhalten
D adr1 adr2 CR	Anzeigen der Speicherinhalte in hexadezimaler Darstellung auf dem Bildschirm von Adresse adr1 bis einschließlich adr2. Jede Ausgabezeile beginnt mit einer Adresse, gefolgt von maximal 16 Bytes, die durch Leerzeichen voneinander getrennt sind.
S (substitute)	Anzeigen und Ändern von Speicherinhalten
S adr dat-(dat)..	Nach der Eingabe eines Leerzeichens gibt der Monitor den Inhalt des Speicherplatzes adr hexadezimal mit nachfolgendem Bindestrich auf dem Bildschirm aus. Falls gewünscht, kann der Inhalt durch Eingabe zweier Hexadezimalziffern überschrieben werden, sonst mit Leerzeichen zum nächsten Speicherplatz weiterschalten. Beenden des Kommandos mit CR.
M (move)	Verschieben von Speicherbereichen
M adr1 adr2 adr3 CR	Die Inhalte der Speicherplätze des Ursprungsbereichs von adr1 bis adr2 werden in der gleichen Reihenfolge byteweise in den Zielbereich ab adr3 übertragen.

F (<u>f</u>ill)	Speicherbereich mit Konstanten füllen
F adr1 adr2 dat ..	Die Speicherplätze von adr1 bis adr2 werden mit einer Folge von max. 16 8-Bit-Konstanten (dat) gefüllt. Bei Bedarf wird die Folge sooft wiederholt, bis die Endadresse erreicht ist. Beenden des Kommandos mit CR.
X (e<u>x</u>amine)	Anzeigen und Ändern von Registerinhalten
X CR	a) Anzeigen aller Registerinhalte .. in einer Zeile ohne Änderungsmöglichkeit. Angezeigte Register: A, B, C, D, E, H, L, M (=HL), P (=PC), S (=SP), F, I (vgl. Bild 45). Form der Anzeige: A=5F B=Ø2 C=ØØ D=4A E=43 H=EC L=1Ø M=EC1Ø ...
x reg CR reg = dat (dat) CR	b) Anzeigen eines Registers mit Ändern, falls gewünscht. Nach der Eingabe des Registernamens reg (s.o.) gibt der Monitor aus: reg=dat bzw. reg=adr. Auf Wunsch kann der Registerinhalt mit einem neuen Wert überschrieben werden. Beenden des Kommandos mit CR. Soll der alte Wert erhalten bleiben, nur mit CR beenden. Für beide Varianten des X-Kommandos gilt, daß nicht die augenblicklichen Inhalte der Register angezeigt bzw. geändert werden, sondern die in einem <u>Schattenspeicher</u> (im RAM) zuletzt abgelegten Registerinhalte (z.B. nach Verlassen des Anwenderprogramms).
G (<u>g</u>o)	Starten eines Programms
G adr1 adr2 adr3 CR	Das Programm im Hauptspeicher wird ab Adresse adr1 gestartet. Wahlweise können ein oder zwei <u>Haltepunktadressen</u> adr2 und adr3 im Kommando angegeben werden, die auf das erste Byte von Befehlen zeigen müssen. Der Mikroprozessor verzweigt dann <u>vor</u> der Ausführung des adressierten Befehls in den Monitor auf Adresse ØØØ8H. Die Registerinhalte im Haltepunkt werden in den Schattenspeicher abgelegt und können z.B. mit dem X-Kommando angezeigt werden. Programmfortsetzung im Haltepunkt mit: G CR. Der Haltepunkt wird nach einmaligem Anhalten gelöscht.

	Während im Monitor gearbeitet wird, sind Interrupts gesperrt. Endet ein Programm mit dem RST1-Befehl, werden die Registerinhalte ebenfalls in den Schattenspeicher abgelegt. Mit G CR wird der Befehlszähler PC aus dem Schattenspeicher heraus geladen.
E (execute Instruction) E (adr) CR	**Programmablauf im Einzelbefehlsmodus** Das Programm ab Adresse adr wird im Einzelbefehlsmodus (single instruction) abgearbeitet. Nach jedem ausgeführten Befehl werden alle Registerinhalte auf dem Bildschirm angezeigt. Es können weitere Kommandos zur Programmanalyse verwendet werden. Danach Fortsetzung im Einzelbefehlsmodus mit: E CR bzw. Fortsetzung im Normalbetrieb mit: G CR. Die Registerinhalte einschließlich Befehlszählerstand (PC) werden hierbei aus dem Schattenspeicher aufgenommen, in den sie der Monitor nach jedem Befehlsschritt ablegt.
PI (port input) PI port CR	**Eingabe von Datenkanal** Vom Eingabekanal mit der Adresse port wird der anstehende Bytewert eingelesen und hexadezimal auf dem Bildschirm angezeigt.
PO (port output) PO port dat CR	**Ausgabe an Datenkanal** Das im Kommando hexadezimal definierte Byte dat wird über den Ausgabekanal mit der Adresse port ausgegeben.

Erklärungen zu Tafel 18:

adr adr1 adr2	Speicheradressen als 4stellige Hexadezimalzahlen
port	Ein-/Ausgabeadresse (2stellige Hexadezimalzahl)
dat	Datenbyte als 2stellige Hex-Zahl
reg	Registername
( )	wahlweiser Parameter im Kommando in Klammern
CR	Steuerzeichen CR (carriage return) im ASCII-Code

Zusätzlich zu den Monitorkommandos in Tafel 18 sind in den Monitorprogrammen verschiedener Hersteller vereinzelt weitere Kommandos verfügbar zur:

* Bedienung einfacher Hintergrundspeicher (z.B. Audio-Kassette)
* elektrischen Programmierung von EPROM-Festwertspeichern
* Lochstreifen-Ein-/Ausgabe
* Disassemblierung von Objektprogrammen im Speicher (Testhilfe)
* Behandlung von Unterbrechungen |34|.

Ein <u>Disassembler</u> bewirkt die Rückübersetzung des im Speicher befindlichen Maschinencodes in die mnemotechnischen Abkürzungen der symbolischen Assemblersprache; Adressen und Daten bleiben in hexadezimaler Darstellung. Während des Programmtests erleichtert die Disassemblierung die Kontrolle der Objektprogramme im Speicher.

Bei dem Monitor nach |34| wird jedes Kommando während der Kommandoeingabe durch ein unzulässiges Zeichen z.B. RUBOUT (entspricht DEL = 7FH in Tafel 3) abgebrochen und ein neues Kommando angefordert. Ein bereits in Ausführung befindliches Kommando läßt sich während der Ein-/Ausgabe über das Bedien-Sichtgeräte durch Eingabe des Zeichens ESC (vgl. Tafel 3) abbrechen. Eine laufende Ausgabe auf den Bildschirm kann durch gleichzeitiges Drücken der Tasten CTRL und S vorübergehend angehalten und mit den Tasten CTRL und Q wieder fortgesetzt werden.

3.3.2 Aufbau des Monitor-Programms

Der Aufbau von Monitorprogrammen entspricht im Prinzip dem Flußdiagramm in Bild 92 |35|. Die oberste Programmebene stellt die <u>Kommando-Entschlüsselungsroutine</u> dar, die in die dem Kommandosymbol entsprechende <u>Ausführungsroutine</u> verzweigt. Ist das eingegebene Zeichen nicht als Kommandosymbol definiert, wird ein Irrungszeichen (z.B. ? oder #) ausgegeben und mit dem Zeichen > ein neues Kommando angefordert. Die Ausführungsroutine steuert den Ablauf des Kommandos - einschließlich dem Einholen der Parameter von der Tastatur -, wobei sie <u>Arbeitsroutinen</u> (engl. utilities) aufruft, die oft wiederkehrende Grundfunktionen wie Ein-/Ausgaben über das Bediengerät und Zahlenkonvertierungen erledigen. Eine solche Arbeitsroutine ist z.B. das Unterprogramm CO (AUS), das wie in Beispiel 28 mit CALL-Befehlen auch vom Anwenderprogramm aus aufgerufen werden kann.

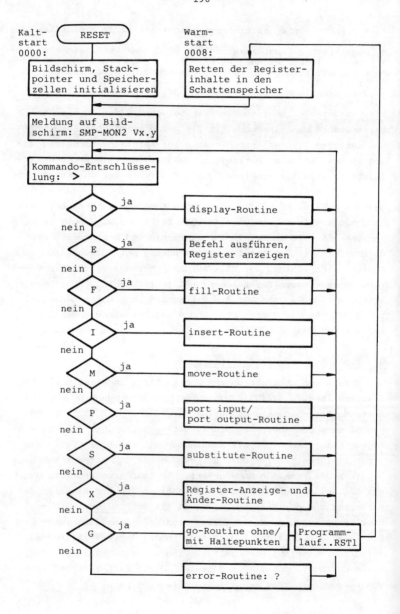

Das Rücksetzen des Mikrocomputersystems (entspr. Befehl RST Ø)
führt gemäß Bild 92 in ein Kaltstartprogramm (Initialisie-
rungsprogramm), das die serielle Konsol-Ein-/Ausgabe und andere, evtl. vorhandene Ein-/Ausgabebausteine in einen arbeits-
fähigen Zustand versetzt (initialisiert), einen Stack für den
Monitor definiert und bestimmte Speicherzellen im RAM vorbe-
legt. Anschließend wird in die Melderoutine verzweigt, die
nach |34| auf den Bildschirm der Konsole ausgibt: SMP-MON2 Vx.y.
Der daraufhin folgende Kommandoentschlüssler gibt dem Bediener
mit dem Zeichen > bekannt, daß er auf definierte Kommandos von
der Konsoltastatur wartet.
Beendet man ein Anwenderprogramm mit dem Befehl RST 1, so wird
in die Warmstartroutine (Wiederanlaufroutine) des Monitors verzweigt, die u.a. die Registerinhalte des Anwenderprogramms in
den Schattenspeicher ablegt. Sie können danach z.B. mit dem
X-Kommando angeschaut werden.

Sind im G-Kommando Haltepunktadressen angegeben, dann ersetzt
der Monitor vor dem Start des Programms den Originalbefehl,
auf den die Haltadresse zeigt, durch einen "RST 1"-Befehl, der
in die Warmstartroutine des Monitors führt. Dieser setzt daraufhin den Originalbefehl wieder ein und stellt den Befehlszähler um 1 zurück. Es können dann nach Bedarf die Register-
und Speicherinhalte mit Hilfe der Kommandos analysiert werden.
Setzt man das angehaltene Programm durch Eingabe von G CR fort,
werden die Registerinhalte einschließlich des Befehlszählers

Beispiel 29: Zur Anwendung der Monitor-Kommandos.
>G ECØØ ECØ7
#ECØ7 SMP-MON2 Vx.y
>X CR
A=xx B=xx C=xx D=xx E=xx H=xx L=xx M=xxxx S=EEØØ P=ECØ7 F=xx
I=xx
>G CR

 Bild 92 Struktur von Monitorprogrammen

aus dem Schattenspeicher geladen und das Programm fährt am Haltepunkt mit dem wieder eingesetzten Befehl fort. Im Beispiel 29 wird das Programm HDUMP (Beispiel 28) bei Adresse ECØØH gestartet und an Adresse ECØ7H angehalten.

Der Einzelbefehlsmodus (Tafel 18, E-Kommando) kann entweder rein softwaremäßig durch die E-Kommandoroutine |34| oder mit Hilfe eines Zählerbausteins realisiert werden, dessen Ausgang mit einem Unterbrechungseingang des Mikroprozessors (z.B. TRAP-Eingang des 8085) verbunden ist |36|. Der Zählerbaustein wird für den single step-Betrieb so programmiert, daß immer genau ein Befehl des Anwenderprogramms abläuft, bevor die Unterbrechung wirksam wird und in den Monitor zurückführt. In der Kommandoroutine werden auch die Register in den Schattenspeicher gerettet und angezeigt.

Tafel 19 Hilfs-Unterprogramme des Monitors |34|

Name		Beschreibung
AUS Adr.: Ø411H engl.: CO		AUS gibt ein ASCII-Zeichen, das im C-Register übergeben werden muß, auf den Konsol-Bildschirm aus.
EIN Adr.: Ø539H engl.: CI		EIN holt ein ASCII-Zeichen von der Konsol-Tastatur in das C-Register mit (Bit 7 = 0) und liefert im A-Register im Falle einer Hexadezimalziffer deren binäre Codierung.
BYAUS Adr.: Ø521H engl.: NMOUT		BYAUS gibt den Inhalt des Akkumulators in Form von 2 ASCII-codierten Hexadezimalziffern auf den Bildschirm aus. Zur Wirkungsweise vgl. Bild 88!
HOLAD Adr.: Ø56EH		HOLAD empfängt eine Folge von Hexadezimalziffern von der Konsol-Tastatur und legt die letzten 4 Zeichen vor einem Trennzeichen (,, ,CR) in das Registerpaar HL. Falls nur ein Trennzeichen eingeht, wird (CY) = Ø gesetzt, sonst (CY) = 1
KONV Adr.: Ø644H engl.: PRVAL		KONV wandelt eine 4-Bit-Ziffer (rechtsbündig) im Akkumulator in die entsprechende ASCII-Codierung um. (Bit7) = Ø.
ZIFF? Adr.: Ø55ØH engl.: CNVBN		ZIFF? liefert zu einer ASCII-codierten Hexadezimalziffer Ø .. F im Akkumulator deren Binärwert rechtsbündig im Akku.

3.3.3 Hilfsprogramme des Monitors

In Tafel 19 sind einige wichtige Arbeits-Unterprogramme (utilities) von Monitoren zusammengestellt, die in Anwenderprogrammen oft aufgerufen werden. Neben den Programmnamen nach |34| sind die englischen Bezeichnungen der entsprechenden Arbeitsroutinen in den INTEL-Monitoren, z.B. nach |36| angegeben, die sich in ihrer Wirkung im Prinzip - jedoch nicht in allen Einzelheiten - gleichen. Beim Aufruf mit "CALL name" muß die physikalische Adresse nach Tafel 19 dem Übersetzer mit Hilfe einer EQU-Anweisung bekannt gemacht werden. Neben der Parameterübergabe ist sehr sorgfältig zu beachten, welche Register durch das aufgerufene Unterprogramm zerstört werden.

Der hier zugrundegelegte Monitor bietet außerdem eine Anzahl von Arbeitsroutinen, deren Parameterübergabe nach der PL/M-Konvention (vgl. Abschn. 2.3.8) organisiert ist; diese Programme können von PL/M-Programmen aus aufgerufen werden.

3.4 Mikrocomputer-Entwicklungssysteme

Mikrocomputer-Entwicklungssysteme beinhalten alle Hardware- und Software-Hilfsmittel für die effektive Entwicklung von Mikrocomputer-Programmen. Das Flußdiagramm in Bild 42 gibt alle Entwicklungsschritte an, die von der Aufgabendefinition bis zur Konservierung des ablauffähigen Objektcodes in einem Festwertspeicher auszuführen sind. Im Abschnitt 3.1 wurden die Hilfsprogramme und die Emulations- und Koppeleinrichtungen allgemein beschrieben, die die einzelnen Entwicklungsschritte unterstützen bzw. automatisieren.

In diesem Abschnitt soll auf eine Mikrocomputer-Entwicklungsumgebung eingegangen werden, die bevorzugt bei der Programmentwicklung und beim Programmtest für die Mikroprozessoren der 80'er Reihe zu finden ist. Die Entwicklungs-Software lief dabei anfangs ausschließlich auf den speziellen Entwicklungssystemen SME bzw. MDS (vgl. Abschn. 3.2) der Serie II, die einen hohen Standard auf dem Gebiet der Entwicklungs-Unterstützung eingeführt haben.

Seit einigen Jahren wird - wesentlich aus Kostengründen -
die Zentraleinheit der Entwicklungssysteme weitgehend durch
den PERSONAL COMPUTER (bevorzugt der AT- und der 386er Klasse)
ersetzt, an den der Testemulator und ein PROM-Programmiergerät
angeschlossen werden. Die Entwicklungs-Software, die auf den
Serie-II-Geräten unter dem Betriebssystem ISIS II läuft, muß
für den Ablauf unter dem Betriebssystem DOS vom Hersteller entsprechend geändert werden.
Software-Häuser liefern sog. Betriebssystemschalen, die die
INTEL-Entwicklungs-Software (ursprünglich nur unter den INTEL-
Betriebssystemen ISIS II, NDX, RMX ausführbar) auch unter dem
PC-Betriebssystem DOS ablaufen lassen. Darüberhinaus gibt es
von vielen Herstellern eigene, auf PC's ablauffähige Entwick-
lungs-Software, Testemulatoren und EPROM-Programmiergeräte.

Im folgenden wird die Standard-Entwicklungsumgebung auf der
SME-/MDS-Gerätebasis unter Berücksichtigung des Personal Computers auf wenigen Seiten dargestellt, um dem zukünftigen Anwender den Einsatz dieser Entwicklungsumgebung nahezubringen.
Dies kann natürlich nicht die eigene Arbeit am System ersetzen.

3.4.1 Struktur eines Mikrocomputer-Entwicklungssystems

Die wesentlichen Hardware- und Softwarekomponenten des Ent-
wicklungssystems SME/MDS sind in Bild 93 |37| zu erkennen.
Beim SME/MDS ist die Zentraleinheit in das Bildschirm-Terminal
Datensichtstation DSS) integriert; beim PC als Zentraleinheit
sind die üblichen PC-Bildschirme und Tastaturen angeschlossen.
Die SME/MDS-Zentraleinheit ist aus MULTIBUS-I-Platinen aufge-
baut, die als Hauptprozessor den 8085 (teilweise auch den Pro-
zessor 8086), 64 KB Hauptspeicher und Schnittstellen für die
abgebildeten Peripheriegeräte beinhalten.
Für die Speicherung der umfangreichen System- und Entwicklungs-
Software sowie der Anwenderprogramme sind an die Zentraleinheit
Floppy-Disc-Speicher FDS und Magnetplattenspeicher MPS (Fest-
plattenspeicher) hoher Speicherkapazität anschließbar.

Die Ausgabe von Programm-listings erfolgt über den Matrixdrucker MDR, der in der Regel über eine CENTRONICS-Schnittstelle (s. Abschn. 5.3.4) mit der Zentraleinheit verbunden ist.
Das universelle PROM-Programmiergerät UPP dient zum Einbrennen
von ablauffähigen Maschinenprogrammen in die gängigen EPROM-
Bausteintypen 2716, 2732, 2764, 27128 usw. Dabei werden die
ablauffähigen Programme aus den Dateien des Hintergrundspei-
chers geholt und Byte für Byte in die Festwertspeicher übertragen.

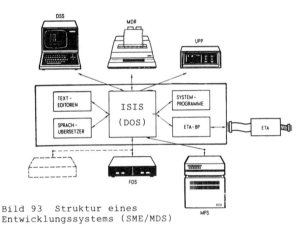

Bild 93 Struktur eines
Entwicklungssystems (SME/MDS)

Zum Echtzeit-Test-Adapter ETA oder in circuit emulator ICE
gehört ein Hardware-Steuerteil mit Emulations- und schnellem
Trace-Speicher, ein Personality Module mit dem emulierenden
Slave Processor sowie das umfangreiche Emulator-Softwarepaket.
Ein 40-poliges Flachbandkabel stellt die Verbindung zwischen
dem emulierenden Slave Processor (8085) im Personality Module
und dem Ziel-Mikrocomputer (engl. target system) her.
Der Emulator ICE85 ermöglicht den Test von 8085-Programmen
auf der Anwender-Hardware unter Echtzeitbedingungen, ohne daß
im Anwendersystem irgendeine Vorkehrung für den Test getroffen
wurde (s. Abschn. 3.4.3).

Die Software des Entwicklungssystems befindet sich auf den
Hintergrundspeichern. Nach dem Einschalten bzw. nach dem Rücksetzen des Systems wird ein Urladevorgang gestartet, der die
wichtigsten Teile des Betriebssystems, den Betriebssystemkern
von einer Systemdiskette oder einer Festplatte in den Hauptspeicher lädt und diesen startet. Der Betriebssystemkern initialisiert die elementaren Bediengeräte und Systemspeicherbereiche und meldet seine Bereitschaft auf dem Bildschirm,
z.B.: ISIS II, Vm.n

Der Bindestrich am Zeilenanfang, das Prompt-Zeichen von ISIS-
II bedeutet, daß nun ISIS-Kommandos eingegeben werden können.
ISIS-II erwartet die Systemdiskette normalerweise im Laufwerk
:F0:. Der PERSONAL COMPUTER lädt nach dem Einschalten selbständig das Betriebssystem DOS, sofern es auf den Standard-
Laufwerken a: (Disketten-Laufwerk) oder c: (Festplatte) zur
Verfügung steht.

Das Urladen wird durch residente Programme im Hauptspeicherbereich ermöglicht. Sie stehen in ROM-/EPROM-Speichern bereit
und übernehmen nach dem Einschalten bzw. Rücksetzen des
"leeren" Rechners die Regie, bis sie nach dem Urladen des
Betriebssystems von diesem abgelöst werden. Beim SME/MDS-
System übernimmt diese Funktion der 2-KB-lange, residente MDS-
MONITOR, der auch während der Laufzeit des ISIS-Systems die
elementaren Gerätesteuerfunktionen bereitstellt. Findet der
Urlader keine Systemdiskette, dann übernimmt der MDS-MONITOR
mit einem bescheidenen Kommandovorrat (ohne Dateiverwaltung)
die Regie. Beim Personal Computer übernimmt das residente
BIOS-Programm (Basic Input/Output System) den Urladevorgang.
Es stellt seine Ein-/Ausgabedienste dem DOS-System und den
Anwenderprogrammen zur Verfügung (BIOS-Funktionen), hat jedoch
keine Kommando-Schnittstelle zum Benutzer hin.

Nach dem Laden des Betriebssystemkerns (bei ISIS-II etwa 12KB)
bleibt dieser ständig im Hauptspeicher resident, während die
übrigen Systemprogramme und Anwenderprogramme nur bei ihrem
Aufruf geladen, ausgeführt und danach im Hauptspeicher über-

schrieben werden. Das ISIS-II- als auch das DOS-System sind sog. SINGLE-USER/SINGLE-TASK-Systeme.

Allgemein nimmt der <u>Betriebssystemkern</u> eines Entwicklungssystems dieselben Aufgaben wie in anderen Rechnern wahr:
* er verwaltet die Ein-/Ausgabegeräte des Systems und führt Ein-/Ausgabeaufträge aus (Gerätetreiber),
* er nimmt Kommandos vom Bediener entgegen, entschlüsselt sie und führt sie aus (engl. human interface),
* er führt Systemaufrufe aus Anwenderprogrammen und Systemprogrammen aus (DOS-Interrupts beim PC),
* er verwaltet den Hauptspeicher des Systems und die Dateien auf dem Hintergrundspeicher (engl. file system).

Sowohl beim ISIS-II-System |39| als auch beim DOS-System |67| wird der residente Systemkern durch sog. <u>externe Systemkommandos</u> ergänzt, deren Code erst beim Eingeben des Kommandos vom Hintergrundspeicher geholt, ausgeführt und im Hauptspeicher anschließend wieder "vergessen" wird. Die DOS-Kommandos PRINT, FORMAT, DISKCOPY und MODE sind bekannte Beispiele.

Bild 94 zeigt neben dem Betriebssystemkern und den erwähnten externen utilities vor allem die externen <u>Systemprogramme</u>, die die besonderen Eigenschaften eines Entwicklungssystems beinhalten.

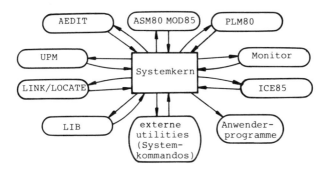

Bild 94   Betriebssystemkern mit Entwicklungs-Software

Von den Systemprogrammen zur Programmentwicklung für den Mikroprozessor 8085 sind nach Bild 94 zu nennen:

* Programmeditoren nach Wahl, hier AEDIT (s. Abschn. 3.4.2)
* Assembler ASM80 (MOD85) und Compiler PLM80
* Linker LINK und Locater LOCATE
* Software zum Betrieb des PROM-Programmiergeräts UPM
* Bibliotheksverwaltung LIB
* Emulator-Software ICE85 für den Echtzeit-Testadapter

Diese Systemprogramme werden wie externe Kommandos aufgerufen, in den Hauptspeicher geladen und ausgeführt. Es sind zumeist interaktive Programme, die über einen eigenen Kommandovorrat verfügen und nach Beendigung ihrer Aufgabe die Regie wieder an den Betriebssystemkern zurückgeben. Die Aufgaben dieser Systemprogramme wurden in Abschnitt 3.1 kurz erläutert, die Bedienung der Emulator-Software ICE85 ist in Abschnitt 3.4.3 beschrieben.

Das <u>LIB-Systemprogramm</u> gestattet es, Bibliotheksdateien anzulegen, die häufig benötigte Unterprogramme in Form von übersetzten und relativ adressierten Objektmoduln enthalten.
Das LINK-Programm bindet nur diejenigen Programme aus der Bibliothek in ein Anwenderprogramm, die in diesem Programm tatsächlich aufgerufen werden.

Eine Sequenz von Kommandos, also auch Aufrufe von Systemprogrammen, können in eine <u>Stapeldatei</u> (engl. batch file) eingetragen und durch den Aufruf der batch-Datei als Ganzes ausgeführt werden. Diese Eigenschaft erlaubt es z.B. alle für einen Entwicklungszyklus erforderlichen Kommandos durch den Aufruf einer batch-Datei zu ersetzen.

Der Assembler ASM80 des Entwicklungssystems ist ein <u>Makro-Assembler</u>. Hierbei können kürzere Befehlsfolgen, die an verschiedenen Stellen eines Programms benötigt werden, einmal als Makro unter einem Makro-Namen definiert werden (Makrodefinition). Bei jedem Makro-Aufruf mit dem Namen des Makros (Beisp.30) wird an die Aufrufstelle die definierte Makro-Befehlsfolge eingesetzt (Makroexpansion). Die eingesetzten Befehle werden vom

Assembler in den Maschinencode übersetzt. Die vollständige Makrodefinition einschließlich der Makro-Parametrierung ist in |7| gegeben.

Beispiel 30: Makrodefinition. Die Befehlsfolge, die den Akkumulatorinhalt um vier Stellen nach rechts verschiebt und die linke Akkumulatorhälfte auf Ø setzt, ist als Makro ROTATE zu definieren.

```
ROTATE  MACRO           ;MAKRO-Anweisung
        RRC             ;
        RRC             ;
        RRC             ;     MAKRO-Rumpf
        RRC             ;
        ANI    ØFH      ;
        ENDM            ;MAKRO-Ende-Anweisung
; H A U P T P R O G R A M M
        ...
        ...
NN:     ROTATE          ;MAKRO-Aufruf
        ...             ;Ab der Stelle NN wird der Makrorumpf
        ...             ;eingefügt (MAKRO-Expansion).
```

Eine sich öfter wiederholende Befehlsfolge kann wahlweise als Makro oder als Unterprogramm (vgl. Abschn. 2.3.5 und 2.3.8) definiert werden. Die Gegenüberstellung der zwei ähnlichen Programmierverfahren ergibt:
Bei Mehrfach-Aufruf benötigt das Unterprogramm weniger Speicherplatz, weil es nur einmal im Speicher steht, braucht jedoch mehr Zeit für Aufruf, Rückkehr und Parameterübergabe während der Programm-Laufzeit. Der Makro wird mehrfach in das Anwenderprogramm hineingesetzt, belegt daher mehr Speicherplatz, ist jedoch in der Ausführung schneller.

3.4.2 Grundbegriffe und Bedienhinweise

Adressierung von Geräten und Dateien. Im plattenorientierten Betriebssystem ISIS-II |39| sind Geräte und Dateien nach dem folgenden Schema einheitlich benannt:

[:gerät:] [dateiname] [.erweiterung]

Die eckigen Klammern besagen, daß diese Teile des Namens weg-

gelassen werden können. Unter dem Betriebssystem DOS |67| ist
eine hierarchisch gegliederte File-Struktur möglich, die allgemeine Schreibweise für einen vollständigen Dateinamen ist
hiermit:

[gerät:] [\ pfad \] [dateiname[.erweiterung]]

Die Angabe \pfad kann ein oder mehrere Unterverzeichnisse umfassen; das letztgenannte Unterverzeichnis (engl. subdirectory)
muß den Dateinamen enthalten.

In Tafel 20 sind die logischen Gerätenamen für Festplatten-
und Diskettenlaufwerke und einige Ein-/Ausgabegeräte unter
den zwei behandelten Betriebssystemen angegeben.

Tafel 20 Logische Gerätenamen unter ISIS-II und unter DOS

SME/MDS/ISIS-II		PC/DOS	
:FØ:	Disketten- und	A:	Disketten- und
:F1:	Festplatten-	B:	Festplatten-
:F2:	Laufwerke	C:	Laufwerke
:CO:	Konsol-Bildschirm	CON:	Konsol-Bildschirm
:CI:	Konsol-Tastatur	CON:	Konsol-Tastatur
:LP:	Drucker	LPT1:	Drucker (auch PRN)
		COM1:	Seriell-Interface

Zur Identifizierung von Dateien auf Hintergrundspeichern
benötigt man zusätzlich zur Laufwerksbezeichnung einen Dateinamen, der aus max. 6 (ISIS-II) bzw. max. 8 (DOS) alphanumerischen Zeichen besteht. Läßt man bei der Eingabe eines
Dateinamens die Laufwerksbezeichnung weg, dann greift das
Betriebssystem auf ein voreingestelltes Standard-Laufwerk zu.
Gibt man z.B. nach der DOS-Meldung A> den Dateinamen PROG ein,
so wird die Datei von dem eingestellten Laufwerk A: geladen
und gestartet. Die Eingabe B:PROG holt das Programm vom Laufwerk B:.

Die fakultative Erweiterung des Dateinamens besteht aus 1 bis
3 alphanumerischen Zeichen. Sie unterscheidet bei Programmdateien gleichen Namens die unterschiedlichen Entwicklungszustände des Programms (vgl. Abschn. 3.2). Die in der INTEL-
Entwicklungsumgebung üblichen Erweiterungen (s. Tafel 21)

Tafel 21 Dateinamens-Erweiterungen in der INTEL-
Entwicklungsumgebung ohne Laufwerk-/Pfad-Angabe

PROG.SRC	vom Benutzer eingegebenes Quellprogramm PROG, Erweiterung frei wählbar.
PROG.BAK	alte Quelldatei, die die Dateiverwaltung immer anlegt, wenn eine Quelldatei (PROG.SRC) nach einer Editiersitzung geändert zurückgeschrieben wird.
PROG.OBJ	Objektdatei, enthält den Objektcode, vom Assembler erzeugt.
PROG.LST	List-Datei (vgl. Beispiel 28), vom Assembler erzeugt.
PROG.LNK	enthält den aus mehreren Programmmoduln gebundenen, relativ adressierten Objektcode, vom Binder LINK erzeugt.
PROG	(ohne Erweiterung) enthält den absolut adressierten, ablauffähigen Maschinencode als Ergebnis des LOCATE-Laufs.

sind teilweise vom Programmierer vorzugeben, zumeist aber von den Systemprogrammen her festgelegt.

```
DIRECTORY OF :F1:BSPD1.NOS
NAME   .EXT  BLKS   LENGTH ATTR     NAME   .EXT  BLKS   LENGTH ATTR
HDUMP  .BAK   18     2083            HDUMP  .OBJ   3      164
HDUMP  .LST   38     4703            HDUMP  .SRC  18     2083
PIO1   .BAK    3      207            PIO1   .LNK   2       81
PIO1   .OBJ    2       88            PIO1   .LST  14     1586
PIO1   .LOC    2       49            PIO1   .HEX   2       77
PIO1   .PLM    3      210
                                105
244/4004 BLOCKS USED
```

Bild 95 Inhaltsverzeichnis der Diskette :F1:BSPD1.NOS

Sämtliche Dateien auf einer Festplatte oder Diskette werden bei ihrer Einrichtung in ein Inhaltsverzeichnis (engl. file directory) auf der Festplatte/Diskette eingetragen. Das Kommando DIR zeigt das Inhaltsverzeichnis des Standard-Laufwerks auf dem Bildschirm an (Bild 95). Die LIST-Datei des Programms HDUMP wird z.B. mit dem Kommando COPY :F1:HDUMP.LST TO :LP: ausgedruckt (vgl. Bild 28). Die technischen Daten der Laufwerke und Geräte sind den Hersteller-Handbüchern zu entnehmen.

Texteditor AEDIT. Bei der Programm-Entwicklung ist als erstes
das Quellprogramm in das Entwicklungssystem einzugeben (vgl.
Bild 87). Hierfür steht u.a. der innerhalb der INTEL-Entwicklungsumgebung gebräuchliche Programm-Editor AEDIT |40| zur
Verfügung. Der AEDIT ist in verschiedenen Versionen unter den
INTEL-Betriebssystemen ISIS und RMX als auch unter dem PC-Betriebssystem DOS ablauffähig. Auf dem Personal Computer können auch andere Textbearbeitungsprogramme wie z.B. der Programm-Editor "M" oder das komfortable Textverarbeitungssystem
WORD |72| verwendet werden.

Das AEDIT-Programm ist ein bildschirm-orientierter Editor mit
einer Menüführung am unteren Bildschirmende, die dem Benutzer
das Merken von vielen Steuertasten-Kombinationen erspart.
Bild 96.a zeigt das Hauptmenü des AEDIT, dessen Kommandozeilen
durch Drücken der TAB-Taste weitergeblättert und dessen Kommandos durch Eingeben des jeweils ersten Buchstabens ausgewählt werden. Danach erscheinen in der Menüzeile Aufforderungen zur Eingabe notwendiger Parameter oder Untermenüs mit
weiteren Kommandofunktionen.

Beim ersten Aufruf des Editors: -AEDIT :F1:HDUMP.SRC mit
einem neuen Dateinamen z.B. HDUMP.SRC meldet sich der Editor
und zeigt die erste Zeile seines Befehlsmenüs an. Auf dem
spezifizierten Laufwerk :F1: wird die Datei HDUMP.SRC kreiert
und im Hauptspeicher ein Editierpuffer angelegt. Letzterer
nimmt die eingegebenen Befehlszeilen auf, die jeweils mit der
RETURN-Taste abgeschlossen werden. Es gelten die in Bild 96.b
auszugsweise angegebenen AEDIT-Steuertasten.

Um Text eingeben zu können, ist aus dem Hauptmenü heraus zuerst
der INSERT-Modus mit dem Insert-Kommando (Taste <i>) einzuschalten. Danach können Programmzeilen - mit Hilfe der TAB-Taste formatiert - eingegeben und mit den Steuertasten gemäß
Bild 96.b beliebig korrigiert werden. Mit der ESC-Taste verläßt
man den Insert-Modus und kehrt in das Hauptmenü zurück.
Um vorhandenen Text zu überschreiben, muß man durch Drücken
der Taste <x> vom Hauptmenü in den EXCHANGE-Modus wechseln.

```
; Zwei Textzeilen mit TAB- und RET-Tasten:<RET>
Marke:<TAB>  MOV<TAB> A,C<TAB>       ; Kommentar<RET>
_|


-??-
Again  Block  Calc  Delete  Execute  Find  -find  --more--

-??-
Get   Hex  Insert  Jump  Kill_wnd  Makro  Other    --more--

-??-
Paragraph Quit Replace ?replace  Set  Tab  View    --more--

-??-
Window  Xchange
```

Anm.: | d.h. End-of-File-Marke (EOF); _ d.h. Cursorposition

a) Textzeilen mit Steuertasten und AEDIT-Hauptmenü

```
<TAB>       schaltet von einer Menüzeile zur nächsten weiter
<TAB>       im Insert-Modus: weiter zur nächsten Tabulatorstellung
<ESC>       beendet AEDIT-Kommando und kehrt ins Hauptmenü zurück
<►>,<►>,<▲>,<▼>  Cursor-Tasten zum Bewegen des Cursors
                 im angezeigten Editierspeicher
<HOME> = <Pos1>* bewirkt zusammen mit einer Cursortaste
                 schnelles Bewegen des Cursors zum Zeilen-
                 anfang/-ende bzw. zum Speicheranfang/-ende
<DEL> = <Entf>*  löscht ein Zeichen unter dem Cursor
<RUBOUT> = <◄>*  löscht ein Zeichen links vom Cursor
<CTRL><Z>   löscht die gesamte Zeile,auf die der Cursor zeigt
```

Anm.: *) Tasten der Multifunktionstastatur II des PC/AT

b) Wichtige AEDIT-Steuertasten auf INTEL- und PC/AT-Tastaturen

Bild 96   AEDIT-Kommandomenü und Steuertasten

Mit dem <u>Kommando QUIT</u> im Hauptmenü wird eine AEDIT-Sitzung beendet. Die Option EXIT des Untermenüs schreibt den letzten Bearbeitungszustand der Datei auf den Hintergrundspeicher zurück. Neben diesen Grundfunktionen bietet der AEDIT komfortable Zusatzfunktionen, von denen hier nur einige erwähnt seien:

Die Anzahl der Schritte pro <TAB>-Schaltung - standardmäßig auf 4 eingestellt - kann mit dem SET-Kommando und der Option TABS nach Bedarf verändert werden. Zusätzlich ersetzt die Option NOTAB ein TAB-Steuerzeichen im Quellprogramm durch eine entsprechende Anzahl von Blanks.

Das OTHER-Kommando gestattet das gleichzeitige Editieren von zwei Dateien, die sich im Hauptspeicher des Entwicklungssystems befinden und abwechselnd auf dem Bildschirm angezeigt werden. So können z.B. Fehlermeldungen in der List-Datei eines Assemblerprogramms interpretiert und nach dem Umschalten in der Quelldatei entsprechende Korrekturen vorgenommen werden. Eine fortgeschrittene Eigenschaft des AEDIT ist die Möglichkeit, eine Sequenz von häufig benötigten AEDIT-Kommandos, Optionen in Untermenüs und Codes für Steuertasten in einem Makro zusammenzufassen und als Ganzes auszuführen.

3.4.3 Programmtest mit dem Testemulator

Aufbauend auf den Vorbemerkungen in Abschn. 3.1 soll der Testemulator ICE85 (in circuit emulator 8085) |41| des Mikrocomputer-Entwicklungssystems SME/MDS erläutert werden. Er ermöglicht in der Anordnung nach Bild 84 einen Programmtest auf dem Zielsystem einschließlich der Original-Anwenderperipherie, wobei der emulierende Mikroprozessor 8085 durch die komfortablen Testfunktionen des Emulators gesteuert und überwacht wird. Die Kontrolle des emulierenden Mikroprozessors geschieht durch das Abfragen seiner Systembus-Leitungen (Daten, Adressen, Status) und die gezielte Beeinflussung einzelner Steuereingänge (z.B. READY-Eingang). Der Programm-Ablaufverfolger (engl. tracer) des ICE85-Emulators übernimmt den Zustand der Systembus-Leitungen während jedes Maschinenzyklus ohne zusätzliche Zeitverzögerung in einen schnellen Trace-Speicher (realtime trace), in dem bis zu 1024 abgelaufene Befehle erfaßt werden können.

Die Hardware des Emulators einschließlich des Trace-Moduls ist auf zwei Leiterplatten im Entwicklungssystem realisiert, der emulierende Prozessor sitzt auf dem (40poligen) Sockel-Adapter im Zielsystem. Die Hardware wird von der Emulator-Software gesteuert, die mit dem Aufruf im Betriebssystem

```
    -ICE85
    *
```

in den Hauptspeicher des Entwicklungssystems geladen und gestartet wird. Das Symbol * fordert dazu auf, nun Kommandos in der

ICE85-Kommandosprache an der Konsole einzugeben. Das ICE85-Kommando EXIT (CR) gibt am Ende einer ICE85-"Sitzung" die Kontrolle wieder an ISIS-II zurück.

Die wichtigsten Testhilfen des Emulators ICE85 sind im folgenden kurz erläutert. Beispiele für die entsprechenden ICE85-Kommandos enthält Tafel 22. Wegen der Fülle der Möglichkeiten können die Funktionen des Emulators ICE85 |41| hier nur auszugsweise beschrieben werden:

* Symbolische Adressierung von Speicherplätzen und Ein-/Ausgabekanälen während des Tests. Die symbolischen Namen können entsprechend der Symboltabelle verwendet werden, wenn bei der Übersetzung des Programms der Steuerparameter DEBUG (vgl. Beispiel 28) eingegeben wurde. In Tafel 22.a ist das Symbol .HEXØ9 verwendet. Der Punkt vor dem Namen kennzeichnet diesen als Anwendersymbol. Darüberhinaus können in ICE85 Symbole mit dem DEFINE-Kommando der Symboltabelle hinzugefügt und dann in ICE85-Kommandos verwendet werden.

* Die im Programm benötigten Speicher- und Ein-/Ausgabebereiche können für die Emulation wahlweise in das Zielsystem oder in das Entwicklungssystem gelegt werden, wenn z.B. die Hardware des Zielsystems im Teststadium noch nicht vollständig vorhanden ist. Diese Speicher- und Ein-/Ausgabekanal-Zuordnung geschieht mit den MAP-Kommandos (Tafel 22.b) vor dem Laden des Objektprogramms. Der Speicher wird dem zu testenden Programm in Blöcken von 2 KByte, die (8-Bit) Ein-/Ausgabekanäle (ports) werden in Gruppen von je 8 ports zugewiesen. Alle nicht zugewiesenen Adreßbereiche sind zugriffsgeschützt (guarded); ein Zugriff des Programms während der Emulation auf diese Bereiche wird mit einer Fehlermeldung und Abbruch der Emulatoin quittiert.

Die Ausführung des Programms bzw. von Abschnitten des Programms kann als Echtzeit-Emulation mit dem GO-Kommando oder als Einzelschritt-Emulation (single step emulation) mit dem STEP-Kommando gestartet werden. Der Bediener kann eine laufende Emulation jederzeit durch Drücken der ESC-Taste auf der Konsoltastatur

Tafel 22 Beispiele für Emulator-Kommandos (ICE85)

a) Symbolische Adressierung im Emulator	
*BYTE .HEXØ9	;Das BYTE-Kommando zeigt den Inhalt des ;Speicherbytes HEXØ9 an (vgl.Bsp. 28).
*DEFINE .DELIM = EC1BH	;Das DEFINE-Kommando weist der Adresse ;EC1BH für den Test den Namen DELIM zu.
b) Speicher- und Ein-/Ausgabekanal-Zuordnung (mapping)	
*MAP MEM ØØØØH TO Ø7FFH = USER	;Der 2 KByte Adreßbereich ist ;im Zielsystem (USER) realisiert
*MAP MEM E8ØØH = INTELLEC 28K	;Der 2 KB Speicherblock E8ØØH ;bis EFFFH (USER-Adressen) wird ;in den RAM des Entwicklungssy- ;stems ab Adresse 28 K geladen.
*MAP IO E8H TO EFH = USER	;Die 8 EA-Adressen sind im ;Zielsystem (USER) vorhanden.
c) Steuerung der Echtzeit-Emulation	
*GO FROM .HDUMP	;Programmausführung ab Marke ;HDUMP (Bsp.28) in Echtzeit ;ohne Haltebedingung.
*GO FROM .HDUMP TILL EC21H EXE	;Start der Echtzeit-Emulation ;ab Marke HDUMP bis zur Aus- ;führung (EXE) des an Adresse ;EC21H beginnenden Befehls.
d) Steuerung der Einzelschritt-Emulation	
*ENABLE DUMP	;Ausdrucken von Systembusdaten ;und von Registerinhalten nach ;jedem Befehlsschritt (s.STEP).
*STEP FROM .HDUMP COUNT 1Ø	;Ab Marke HDUMP sind 10 Befehle ;schrittweise auszuführen.
*STEP FROM .START COUNT 2Ø TILL PC = ABCDH OR BYTE .CTR > 35	;Ab START sind 2Ø Befehle schrittweise ;auszuführen, jedoch Abbruch, wenn Be- ;dingung (PC) = ABCDH oder Bedingung ;(CTR)>35 erfüllt.
e) Kommandos zur Programmanalyse (Anzeigen und Ändern)	
*RA	;zeigt den Inhalt des Akkumulators an
*RBC = ECØØH	;lädt Registerpaar BC mit ECØØH
*PORT EDH	;zeigt das Byte am EA-Kanal EDH an
*PRINT -1Ø	;zeigt die Systembusdaten der 10 zuletzt ;ausgeführten Befehle aus dem Trace- ;speicher an.

abbrechen.

* Bei der Echtzeit-Emulation wird das Anwenderprogramm gestartet und mit der echten Ablaufgeschwindigkeit des Zielsystems bis zum Erreichen einer Haltebedingung ausgeführt (Tafel 22.c). Die Haltebedingung oder eine Kombination von Bedingungen kann im GO-Kommando angegeben werden. Der Emulator hält nach der Ausführung des Befehls, in dem die Haltebedingung erfüllt ist, und meldet sich mit EMULATION TERMINATED, PC = nnnnH. Durch die Spezifikation FOREVER werden vorher gesetzte Haltebedingungen unwirksam. Fehlt das Schlüsselwort FROM einschließlich Startadresse, wird das Programm ab dem letzten Haltepunkt fortgesetzt.
Eine Echtzeit-Emulation ist nur dann wirklich gegeben, wenn die Hardware des Zielsystems (Speicher und Ein-/Ausgabe) vollständig vorhanden ist und bei der Emulation benutzt wird. Von Echtzeit-Emulation spricht man, wenn die Laufzeit (Ausführungszeit) des Programms im Emulator unter Testbedingungen nicht größer ist, als die Laufzeit des ausgetesteten Programms ohne Emulator-Kontrolle. Muß der emulierende Prozessor auf den Hauptspeicher und/oder Ein-/Ausgabekanäle des Entwicklungssystems zugreifen, so ist kein Echtzeittest im genannten Sinne gegeben.
Während des Emulationslaufs übernimmt der Trace-Modul die Information auf dem Systembus (Adresse, Status, Daten) während jedes Maschinenzyklus für bis zu 1024 abgelaufene Zyklen in den Trace-Speicher, dessen Inhalt nach abgeschlossener Emulation angezeigt werden kann.

* Bei der Einzelschritt-Emulation (single step emulation) können nach jedem ausgeführten Befehl die Systembus-Zustände und Registerinhalte auf den Bildschirm ausgegeben werden. Im STEP-Kommando (Tafel 22.d) sind verschiedenartige Haltebedingungen zugelassen. Die Einzelschritt-Emulation ist natürlich keine Echtzeit-Emulation.

* Nach dem Abbruch einer Emulation können zur Analyse des abgelaufenen Programms dessen hinterlassene Speicher-, Register- und Port-Inhalte angezeigt und wahlweise über die

Konsoltastatur geändert werden (Tafel 22.e). Ein sehr wirkungsvolles Hilfsmittel ist die Anzeige des Trace-Speicherinhalts mit dem PRINT-Kommando in 3 wählbaren Anzeigemodi. Da die Systembus-Zustände während der letzten 1024, vor dem Haltepunkt abgelaufenen Maschinenzyklen angezeigt werden können, läßt sich der (Echtzeit-) Programmablauf gut rückwärts verfolgen.
Die Eingabe eines Kommandos in ICE85 wird stets mit Wagenrücklauf (CR) abgeschlossen; CR ist in Tafel 22 weggelassen.

Es soll nun das Programmbeispiel HDUMP (Beispiel 28) mit dem Testemulator ICE85 untersucht werden. Beispiel 31 gibt das Druckerprotokoll des Testdialogs wieder, das durch das ICE85-Kommando LIST :LP: (:LP: ist die "Datei" line printer) erzeugt werden kann. In dem Testprotokoll ist die Reaktion des Emulators auf die eingegebenen Kommandos enthalten. Im folgenden sind die Wirkungen der Kommandos in Beispiel 31 an Hand der Bezugsnummern kurz erläutert:

zu 1) Die drei MAP-Kommandos legen die Speicher- und EA-Adressen-Zuordnung für den Emulationslauf fest (s. Bild 97). Die absoluten Adressen im Programm HDUMP werden im Emulator auf die Programm-Anfangsadresse 7ØØØH (Offset) im Entwicklungssystem umgerechnet. Im freigegebenen Ein-/Ausgabeadressen-Block E8 bis EF liegen die Konsolgeräte-Adressen EC und ED, die im Monitor des Zielsystems verwendet werden.

zu 2) Laden des ablauffähigen Anwenderprogramms HDUMP in den Hauptspeicher des Entwicklungssystems.

zu 3) Starten des Monitors im Zielsystem (SMP-System) ab Adresse ØØØØ bis zur Ausführung des an Adresse ØØBAH beginnenden Befehls. Das Durchlaufen der Kaltstart-Routine des Monitors im Anwendersystem bereitet das Konsol-Sichtgerät auf die folgende Datenausgabe vor.

zu 4) Laden der Anfangsadresse (ØØØØ) und der Länge (FF hex.) des in Beispiel 29 darzustellenden Speicherbereichs in die Register HL und E mit ICE85-Kommandos.

zu 5) Einzelschritt-Emulation von 3 Befehlen (COUNT 3) ab der Anfangsmarke HDUMP. Das Vorab-Kommando ENABLE DUMP bewirkt, daß nach jedem ausgeführten Befehl die Systembus-Zustände während

Beispiel 31: Untersuchung des Programms HDUMP (Bsp. 28) mit
dem Testemulator ICE85 (Testprotokoll).

```
*MAP MEM 0000H TO 07FFH = USER                                  ⎫
*MAP MEM E800H TO EFFFH = INTELLEC 28K                          ⎬ 1)
WARN C1:MAPPING OVER SYSTEM                                     ⎪
*MAP IO E8H TO EFH = USER                                       ⎭
*LOAD :F1:HDUMP.OBJ                                         ←── 2)
*GO FROM 0 TILL 00BAH EXECUTED                                  ⎫
EMULATION BEGUN                                                 ⎬ 3)
EMULATION TERMINATED, PC=00BDH                                  ⎭
*RH = 00                                                        ⎫
*RL = 00                                                        ⎬ 4)
*RE = FF                                                        ⎭
*ENABLE DUMP                                                    ⎫
*STEP FROM .HDUMP COUNT 3                                       ⎪
EMULATION BEGUN                                                 ⎪
 EC00-E-31  EC01-R-00  EC02-R-EE                                ⎪
P=EC03H S=EE00H A=0CH F=10H B=00H C=20H D=FFH E=00H H=02H       ⎪
L=FFH I=87H                                                     ⎪
 EC03-E-7E  02FF-R-CD                                           ⎬ 5)
P=EC04H S=EE00H A=CDH F=10H B=00H C=20H D=FFH E=00H H=02H       ⎪
L=FFH I=87H                                                     ⎪
 EC04-E-0F                                                      ⎪
P=EC05H S=EE00H A=E6H F=11H B=00H C=20H D=FFH E=00H H=02H       ⎪
L=FFH I=87H                                                     ⎪
EMULATION TERMINATED, PC=EC06H                                  ⎭
*GO FROM .HDUMP TILL EC21H                                      ⎫
EMULATION BEGUN                                                 ⎬ 6)
EMULATION TERMINATED, PC=EC22H                                  ⎭
*R                                                              ⎫
P=EC22H S=EE00H A=20H F=B0H B=00H C=20H D=FFH E=FEH H=00H       ⎪
L=01H I=87H                                                     ⎪
*BYTE 0 TO 5                                                    ⎬ 7)
0000H=C3H 40H 00H FFH FFH FFH                                   ⎪
*PORT EDH                                                       ⎪
45H                                                             ⎭
*GO TILL .ENDE                                                  ⎫
EMULATION BEGUN                                                 ⎬ 8)
EMULATION TERMINATED, PC=0008H                                  ⎭
*PRINT -5                                                       ⎫
      ADDR INSTRUCTION ADDR-S-DA ADDR-S-DA ADDR-S-DA            ⎪
1003: 04 1B RET         EDFE-R-20 EDFF-R-EC                     ⎪
1009: EC20 INX   H                                              ⎬ 9)
1011: EC21 DCR   E                                              ⎪
1013: EC22 JNZ                                                  ⎪
1017: EC25 RST   1      EDFF-W-EC EDFE-W-26                     ⎭
 *EXIT
```

Anm.: Zu den Nummern 1) bis 9) siehe Erläuterungen im Text!

der Maschinenzyklen und die Registerinhalte nach dem abgeschlossenen Befehl auf dem Bildschirm des Entwicklungssystems angezeigt werden. Der erste Befehl LXI SP,ØEEØØH auf den Adressen ECØØH bis ECØ2H (des Anwendersystems) wird folgendermaßen protokolliert:

(ADR)	(STAT)	(DAT)	(ADR)	(STAT)	(DAT)	(ADR)	(STAT)	(DAT)
ECØØ	- E	- 31	ECØ1	- R	- ØØ	ECØ2	- R	- EE
(Zyklus M1)			(Zyklus M2)			(Zyklus M3)		

Erklärungen sind in Klammern hinzugefügt. Der Status E (execute) kennzeichnet einen Befehlhol-Zyklus, der Status R (read) einen Lesezyklus und W einen Schreibzyklus.

zu 6) Echtzeit-Emulation vom Programmanfang bis zur Haltepunkt-Adresse EC21H, sodaß der Befehl DCR E in Beispiel 28 als letzter ausgeführt wird.

zu 7) Mit den Kommandos R, BYTE und PORT werden die Inhalte der Register, von Speicherzellen und EA-Kanälen angezeigt, wie man sie im Haltepunkt (hier EC21H, nach Ausführung des Befehls DCR E) vorfindet. Das Interruptregister I enthält dabei die Interruptmaske, wie sie der Befehl RIM liefert (vgl. Abschn. 2.3.6). Das Byte-Kommando gibt die Inhalte der Speicherplätze ØØØØH bis ØØØ5H auf den Bildschirm aus.

zu 8) Fortsetzung der Echtzeit-Emulation nach dem Haltepunkt mit (PC) = EC22H bis zur Marke ENDE im Programm HDUMP (Bsp.28). Der letzte ausgeführte Befehl RST 1 führt auf die Haltadresse ØØØ8H im Monitor des Zielsystems.

zu 9) Mit dem Kommando PRINT -5 werden die Trace-Speicherinhalte für die letzten fünf ausgeführten Befehle auf dem Bildschirm angezeigt. Im instruction mode (= voreingestellter PRINT-Anzeigemodus) wird in einer Zeile (frame) die Befehlsadresse und der disassemblierte Befehl ausgegeben. Laufen außer dem Befehlholzyklus weitere Buszyklen (Speicher- oder Ein-/Ausgabezyklen) ab, dann werden die Systembus-Zustände (ADDR-S-DA) für diese Zyklen in derselben Zeile protokolliert. Im Programm HDUMP (Bsp. 28) bewirkt der Befehl JNZ HDUMP an der Adresse EC22H beim letzten Schleifendurchlauf keinen Sprung an den Programmanfang, weil die Sprungbedingung nicht erfüllt ist. Die Sprung-

- 217 -

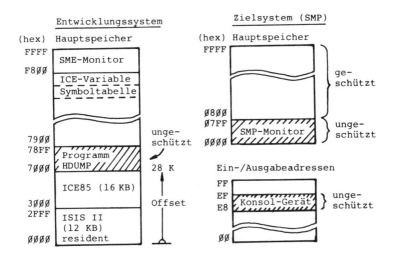

Bild 97 Speicher- und Ein-/Ausgabeadressen-Zuordnung für einen Emulationslauf gemäß MAP-Anweisungen in Beispiel 31

adresse des Befehls wird daher nicht aus dem Speicher ausgelesen, wie aus dem Trace-Protokoll zu ersehen ist. Der Befehl RST 1 im frame 1017 legt die Folgeadresse in zwei Schreibzyklen (W) in den Stack ab.

Neben dem beschriebenen Mikrocomputer-Entwicklungssystem der Serie II gibt es die leistungsfähigeren Geräte der Serie III und der Serie IV |60|, die in erster Linie für die Entwicklung mit 16-Bit-Mikroprozessoren (8086 bis 80286) vorgesehen sind. Den Platz der Zentraleinheit im Serie-IV-System nimmt inzwischen ein Personal Computer (mit Winchester Laufwerk) ein, an den der Echtzeit-Testemulator I²ICE |69| angeschlossen wird.

Verschiedene INTEL-Entwicklungssysteme können als Entwicklungsstationen über ETHTERNET zu einem Systemverbund zusammengeschaltet werden.

4 Aufbau von 8-Bit-Mikrocomputersystemen

Um ein arbeitsfähiges Mikrocomputersystem zu erhalten, ist der Mikroprozessor über den Systembus mit Speicher- und Ein-/Ausgabeeinheiten zu beschalten. Allen busorientierten Mikrocomputerkonfigurationen unterschiedlichen Umfangs liegt die Struktur nach Bild 11 zugrunde. Neben den Funktionseinheiten, deren Wirkungsweise in den Abschnitten 1.2.3, 1.2.6 und 1.2.7 beschrieben wird, benötigt man Hilfsbausteine für die Verstärkung von Signalen (Puffer- bzw. Treiberbausteine), für die Zwischenspeicherung von Bussignalen (engl. latches), für die Dekodierung von Adressen, für Taktsteuerung, Rücksetz-Einrichtung und Einzelschritt-Steuerung.

4.1 Mikrocomputer-Konfiguration

Der Umfang eines Mikrocomputersystems richtet sich nach der geplanten Anwendung. Lange Programme und große Datenmengen bedingen einen umfangreichen Ausbau des Hauptspeichers (max. 64 KB beim MP 8085), viele Ein-/Ausgabeeinrichtungen bzw. Hintergrundspeicher erfordern entsprechende Ein-/Ausgabebausteine. Ergänzungsbausteine wie DMA-Controller, Interrupt Controller, Arithmetikprozessor oder programmierbarer Zeitgeberbaustein steigern die Verarbeitungsleistung eines Mikrocomputersystems erheblich und reduzieren in der Regel den Aufwand an Software.

Zu den meisten Mikroprozessortypen gibt es systemkompatible Speicher-, Ein-/Ausgabe- und Ergänzungsbausteine, die aufgrund ihrer Anschlüsse und ihrer Signalpegel, sowie ihrem zeitlichen Verhalten direkt an den Systembus des Mikroprozessors (vgl. Abschn. 2.1.3 und 2.1.4) angeschaltet werden können.

Da die Anzahl der Bausteine eines Mikrocomputersystems unmittelbar in dessen Herstellkosten eingeht, wird man - insbesondere bei großen Stückzahlen - ein Mikrocomputer-Anwendungssystem mit der geringstmöglichen Anzahl von Bausteinen zu realisieren suchen. Dies hat zudem den Vorteil einer geringen Fehlerhäufigkeit, denn die Fehlerwahrscheinlichkeit wächst mit der Anzahl der verschalteten Bausteine.

4.1.1 Blockschaltbild für 8085-Mikrocomputersysteme

Den verschiedenen Systemkonfigurationen mit dem Mikroprozessor 8085 liegt im Prinzip das Blockschaltbild nach Bild 98 zugrunde. Im Vergleich zu der allgemeinen Struktur eines busorientierten Mikrocomputersystems (Bild 11) werden hierbei die Systembus-Schnittstelle und die Standard-Peripheriebausteine des 8085 berücksichtigt.

Es gibt für den Mikroprozessor 8085 einige Speicher- und Ein-/Ausgabebausteine (8155, 8156, 8355, 8755, 87C64), die direkt an den gemultiplexten 8085-Systembus angeschlossen werden können. Diese 8085-Spezialbausteine (Multifunktionsbausteine, siehe Abschn. 4.2.4) erlauben den Aufbau von 8085-Kleinstsystemen mit minimal 3 Bausteinen. Sie sind auch an den Mikroprozessor 8088 (s. Abschn. 7) anschaltbar. - Im Blockschaltbild (Bild 98) werden jedoch die allgemein eingesetzten Speicherbausteine (vgl. Tafel 5) und die weitverbreiteten Standard-Ein-/Ausgabebausteine (8251, 8253, 8255, 8259) der 80'er Mikrocomputerreihe dargestellt. Diese Bausteine benötigen einen 8-Bit-Datenbus und gleichzeitig den vollständigen Adressenbus A15-$\emptyset$, was man durch Zwischenspeicherung der Adressensignale A7-$\emptyset$ in einem externen 8-Bit-latch erreicht (vgl. Bild 50).

Die in Bild 98 gestrichelt eingezeichneten Pufferbausteine (Treiberbausteine) haben die Aufgabe, die Leistung der 8085-Ausgänge zu verstärken, wenn eine größere Anzahl von Speicher- und Ein-/Ausgabeeinheiten am Systembus zu betreiben ist. Ein 8085-Signalausgang liefert z.B. im low-Zustand einen Gleichstrom von 2 mA bzw. von -400 µA im high-Zustand |12|. Er kann somit gleichstrommäßig einen TTL-Eingang und bis zu 36 MOS-Eingänge treiben, solange dabei die gesamte kapazitive Belastung durch Baustein-Eingänge und Leitungen ca. 150 pF nicht übersteigt. Ein Eingang des EA-Bausteins 8255 |16| stellt am Systembus z.B. eine kapazitive Last von C_L = 10 pF (max.) dar. Die Signal-Zeitdiagramme des 8085 und die angegebenen Buszeiten

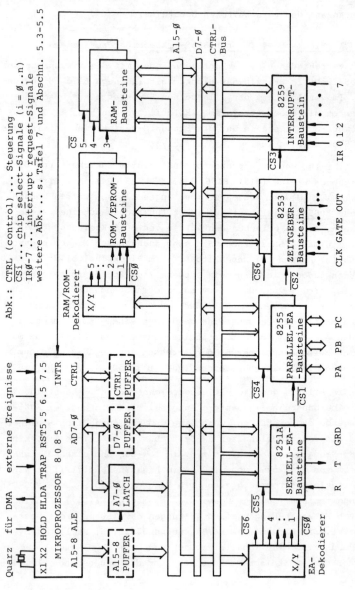

Bild 98 Blockschaltbild für 8085-Mikrocomputersystem mit Standard-Bausteinen

in den Datenbüchern |12|, |13| gelten bei einer kapazitiven
Belastung der Ausgänge mit 150 pF. Größere Kapazitäten bewirken eine Verlangsamung der Signalflanken und damit Impulsverzögerungen, die ein System "außer Tritt" bringen können. Werden in einem System die für den 8085 vorgegebenen Belastungsgrenzen gleichstrommäßig oder kapazitiv überschritten, so ist
der Einsatz von Pufferbausteinen unumgänglich. Verbindet ein
Bussystem mehrere Leiterplatten miteinander, dann steigen die
Leitungskapazitäten, sodaß sich hier immer eine Pufferung der
Bus-Ausgänge auf den Platinen empfiehlt.

Während eines Buszyklus liegt auf dem Adressenbus A15-$\emptyset$ die
Adresse des auszuwählenden Bus-Teilnehmers, deren Dekodierung
die Auswahlsignale chip select CSi oder chip enable CEi für
die peripheren Bausteine liefert. Üblicherweise hat man auf
einer Mikrocomputerplatine eine getrennte Speicheradressen-
und EA-Adressendekodierung (Bild 98). Mehr zu Adressierungs-
und Dekodierungsfragen folgt im Abschnitt 4.2.

Ein-/Ausgabebausteine können in einem System nach Bedarf einzeln oder mehrfach eingesetzt werden. Die Funktionsweise einiger Standard-Peripheriebausteine wird in Abschnitt 5 gebracht.

4.1.2 Realisierungsformen von Mikrocomputern

Das Spektrum der Mikrocomputersysteme reicht vom Ein-Chip-Mikrocomputer über Ein-Platinen-Mikrocomputer und modulare Mehr-Platinensysteme (Baugruppensysteme) bis zum Personal Computer
und zum Mehrbenutzersystem.

Für Kleinanwendungen besonders geeignet ist der Ein-Chip-Mikrocomputer (engl. single chip computer), der neben dem Mikroprozessor einen RAM- und ROM-/EPROM-Bereich begrenzten Umfangs,
Ein-/Ausgabekanäle und verschiedene Ergänzungsschaltungen in
einem Baustein vereint. Der Ein-Chip-Mikrocomputer 8051 (Bild
99) beinhaltet die dargestellten Funktionen einschließlich
zweier 16-Bit-Zähler in einem 40poligen dual in line-Gehäuse
|42|. Unter der Typenbezeichnung 8051 enthält der Baustein einen maskenprogrammierten 4-KB-Festwertspeicher (ROM), der als
Prototyp verwendete Typ 8751 enthält stattdessen einen 4-KB-

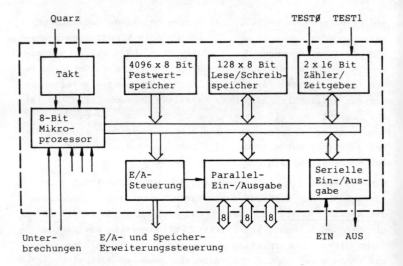

Bild 99 Ein-Chip-Mikrocomputer (Beispiel 8051)

EPROM-Speicher, dessen Inhalt der Anwender nach Bedarf ändern kann. Daneben gibt es - vorwiegend für Experimentiersysteme - die Version 8031 des Mikrocomputers ohne integrierten Festwertspeicher. Der extern zu realisierende Programmspeicher - wie eventuell weitere periphere Bausteine - werden dabei über die Ein-/Ausgabekanäle angeschlossen, die dann zu einem Systembus umfunktioniert werden.

Beim Ein-Platinen-Mikrocomputer sind sämtliche Hardware-Komponenten auf einer Leiterplatte aufgebaut. Übliche Leiterplattengrößen sind das (Einfach-) Europaformat (100 mm x 160 mm), das Doppel-Europaformat (233,4 mm x 160 mm) und verschiedene in USA genormte Kartentypen. Die Firma INTEL bevorzugt für ihre Single Board Computer-Reihe (SBC) ein Kartenformat mit den Abmessungen 304,8 mm x 171,5 mm, auf denen Mikrocomputer mit einem umfangreichen Speicher- und Ein-/Ausgabespektrum realisiert sind |43|. Den Ein-Platinen-Mikrocomputern liegt im Prinzip das Blockschaltbild nach Bild 98 zugrunde. Eine gewisse Anpassung an den jeweiligen Umfang der zu lösenden Aufgabe kann hierbei durch das Vorsehen von Bausteinsockeln auf der Leiterplatte erreicht werden, die bei Bedarf bestückt werden. Typische Ein-Platinen-Computer sind die system design kits mit Sichtgeräte-Anschluß und Monitor-Programm (vgl. Abschn. 3.3).

Für mittlere bis größere Anwendungen im Bereich der Meß-, Steuer- und Regeltechnik setzt man bevorzugt Mehr-Platinensysteme (Baugruppensysteme) ein. Hierbei sind verschiedene Funktionseinheiten auf einzelnen Leiterplatten (Baugruppen) aufgebaut, die über ein festgelegtes Bussystem miteinander Information austauschen. Das Bussystem ist im allgemeinen als gedruckte Rückwandverdrahtung (engl. motherboard) realisiert (Bild 100).

Baugruppen am Systembus können sein:

☐ Prozessorplatinen mit verschiedenen Mikroprozessortypen
☐ Prozessorplatinen mit/ohne Arithmetikprozessor, Prozessorplatinen mit/ohne DMA-Steuerung
☐ RAM-, ROM- und EPROM-Platinen
☐ Ein-/Ausgabeeinheiten mit serieller/paralleler EA, mit digitaler/analoger EA, Interrupt-Steuerungs- und Zeitgebereinheiten.

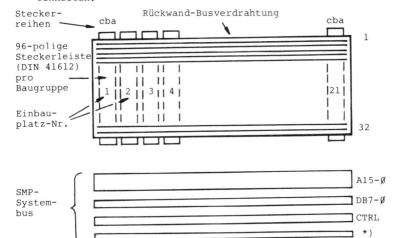

*) Versorgungsleitungen, CTRL d.h. Steuerbus

Bild 100 Mikrocomputer-Mehrplatinensystem (Beispiel SMP)

Tafel 23 Bus-Steckerbelegung
(Beisp. SMP-Bus |44|)

Anschluß-Nr.	Reihe a	Reihe c
1	- 15 V	- 12 V
2	- 5 V	GND
3	---	+ 5 V
4	CLK	MMIO
5	---	A 12
6	RESET	A 0
7	ALE	A 13
8	MEMR	A 1
9	RESIN	A 14
10	MEMW	A 2
11	---	A 15
12	RDYIN	A 3
13	BUSEN	---
14	DB 0	A 4
15	HLDA	---
16	DB 1	A 5
17	HOLD	---
18	DB 2	A 6
19	INT	---
20	DB 3	A 7
21	---	---
22	DB 4	A 8
23	INTA	---
24	DB 5	A 9
25	---	---
26	DB 6	A 10
27	---	---
28	DB 7	A 11
29	EOP	---
30	IOW	IOR
31	+ 15 V	GND
32	+ 5 V	+ 12 V

In Bild 100 ist das SMP-Baugruppensystem |44| zugrundegelegt. Es ist ein verhältnismäßig einfaches Bussystem mit einem 8-Bit Datenbus DB7-0 und einem 16-Bit Adressenbus A15-0 für Europa-Format-Platinen mit max. 21 Einbauplätzen im Baugruppenträger. Prozessorbaugruppen gibt es mit den Mikroprozessoren 8080, 8085, 8088 oder dem Mikrocomputer 8031. Es kann stets nur eine Prozessorplatine als aktiver bus master arbeiten; Multiprozessorbetrieb ist nicht möglich.

Die Definition der Busleitungen einschließlich des Steuerbus beruht im Prinzip auf der 8080-Standard-Systemschnittstelle (s. Abschn. 4.2.5). Die zeitlichen Abläufe (timing) auf dem SMP-Bus werden durch den als Zentralprozessor eingesetzten Mikroprozessortyp und dessen Grundtakt bestimmt. Die Anforderung von Wartezyklen durch passive Busteilnehmer (Signal RDYIN in Tafel 23) ist möglich. Zu dem dreiteiligen Systembus kommen die Versorgungsleitungen (GND und +/- 5 V, +/- 12 V, +/- 15 V) hinzu. In Tafel 23 ist die Standard-Belegung des SMP-Bussteckers angegeben. Die Steckerreihe b ist für Erweiterungen für 16-Bit Mikroprozessoren vorgesehen. Die mit einem Signalnamen versehenen Steckeranschlüsse sind an jedem Einbauplatz durch die Rückwandverdrahtung miteinander verbunden. Zusätzlich können für einzelne Platinen Sonder-Signale auf die freigebliebenen Anschlüsse gelegt werden. Die

Steckerreihe b des 3reihigen DIN-Steckers für Erweiterungen
ist in Tafel 23 nicht enthalten.

4.2 Anschaltung von Funktionseinheiten an den 8085-Systembus

4.2.1 Isolierte und speicherbezogene Ein-/Ausgabe

Über die Adressenleitungen des Systembus werden Speicher- und
Ein-/Ausgabe-Funktionseinheiten adressiert. Die Lese- und
Schreibzyklen auf dem 8085-Systembus (vgl. Abschn. 2.1.3) sind
für Speicher- und Ein-/Ausgabeeinheiten gleich. Allein das
Steuersignal $IO/\overline{M}$ ermöglicht die Unterscheidung zwischen Ein-/
Ausgabe- und Speicherzyklus.

Führt der Mikroprozessor einen Ein-/Ausgabebefehl (IN port/
OUT port) aus, dann aktiviert er das $\overline{RD}$- oder $\overline{WR}$-Signal und
setzt zusätzlich das Unterscheidungssignal $IO/\overline{M}$ auf high (vgl.
Tafel 7). Auf dem Adressenbus $A7-\emptyset$ (bzw. auf A15-8) liegt dann
eine 8-Bit-lange Ein-/Ausgabeadresse, die einen von 256 8-Bit-
Kanälen auswählt. Führt der 8085 Befehle mit Speicherbezug
(z.B. "MOV r,M", "STA adr", "ADD M") aus, geht das Unterscheidungssignal $IO/\overline{M}$ auf low, was bedeutet, daß auf dem Adressenbus eine 16-Bit-lange Speicheradresse liegt. Bezieht man die
Steuerleitung $IO/\overline{M}$ hardwaremäßig mit in die Auswahl der Funktionseinheiten am Systembus ein, dann wendet man das übliche
Verfahren der isolierten Ein-/Ausgabe (engl. isolated IO) |12|
|13| an. Gemäß Bild 101 stehen dann nebeneinander ein 256 Ka-
näle umfassender Ein-/Ausgabeadressenraum und ein 64 KByte umfassender Speicheradressenraum zur Verfügung.

Verwendet man für Ein-/Ausgabevorgänge nicht die hierfür vorgesehenen IN-/OUT-Befehle, sondern Befehle mit Speicheradressen (Speicher-Referenz-Befehle), dann liegt das seltener angewendete speicherbezogene Ein-/Ausgabeverfahren (engl. memory
mapped IO) vor. Das Steuersignal $IO/\overline{M}$ ist dann bei Speicher-
und Ein-/Ausgabezugriffen stets im low-Zustand und damit ohne
Funktion. Da die Ansprache von Speicher- und Ein-/Ausgabeein-
heiten dann ausschließlich mit der 16-Bit-langen Speicheradresse geschieht, muß der 64 KByte Adressenraum in einen Speicher-
und Ein-/Ausgabebereich unterteilt werden, wie dies in Bild 102

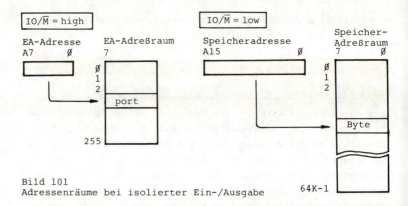

Bild 101
Adressenräume bei isolierter Ein-/Ausgabe

mit Hilfe des Adreßbits A15 gezeigt wird. Die Aufteilung läßt sich zugunsten des stark reduzierten Speicher-Adressenbereichs verschieben, wenn mehrere Adreßbits zur Unterscheidung herangezogen werden.

Das memory mapped IO-Verfahren hat den Vorteil, daß Daten von Kanälen (wie Speicherdaten) direkt mit arithmetischen und logischen Befehlen verarbeitet werden können. Der Befehl "ADD M" hat z.B. die Wirkung: (A) ← (A) + (port), wenn die 16-Bit-Adresse des ports im HL-Registerpaar steht. Andererseits dau-

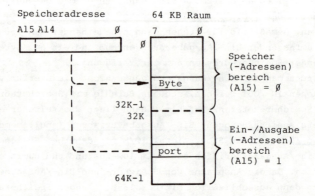

Bild 102 Aufteilung des 64 KB Adressenraums bei speicherbezogener Ein-/Ausgabe (Beispiel)

ern die Befehle "LDA adr" und "STA adr" länger als die IN/OUT-Befehle beim isolated IO-Verfahren.

Ein Nachteil des memory mapped IO-Verfahrens ist bei größeren Mikrocomputer-Anwendungen, daß der Speicher nicht mehr bis zu 64 KB ausgebaut werden kann.

4.2.2 Auswahl der Funktionseinheiten

Für die üblichen Speicherbausteine und Standard-Ein-/Ausgabebausteine (vgl. Bild 98) läßt sich eine einheitliche Schnittstelle zum Systembus hin angeben. Jede Einheit benötigt neben den Steuersignalen ($\overline{RD}$, $\overline{WR}$) den vollen Datenbus D7-∅ und eine unterschiedliche Anzahl von Adressenleitungen A_{nm} des Systembus (Bild 103). Bei Speicherbausteinen dient dieser intern dekodierte Teil des Adressenbus (A_{nm}) zur Auswahl der Speicherplätze (Bytes) innerhalb des Bausteins. Die Adreßsignale A10-∅ adressieren z.B. in einem Speicherbaustein einen von 2048 Speicherplätzen (Bild 104.a). Bei den Interface-Bausteinen (Ein-/Ausgabebausteinen) wählen die niederwertigen Adreßbits A_{mn} ein Register bzw. einen Kanal innerhalb des Bausteins aus.

Ein-/Ausgabebausteine können 2 bis 16 interne Adressen haben. In Bild 104.b sind zur Unterscheidung von 4 internen Adressen die 2 Adreßleitungen A1-∅ vorgesehen. Das RESET-Signal bringt den Interface-Baustein in einen normierten Zustand; es ist nicht bei allen Bausteinen vorhanden.

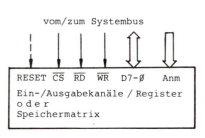

Bild 103 Einheitliche Schnittstelle von Standard-Bausteinen

Die Auswahlsignale CSi für Speicher- und Ein-/Ausgabebausteine werden aus den höherwertigen Adreßleitungen des Systembus' gewonnen (Bild 104). Ist die Bausteinadresse verschlüsselt, dann muß dieser Teil des Adressenbus extern dekodiert werden.

Allgemein gilt, daß die Auswahlsignale (Selektionssignale) für

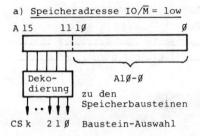

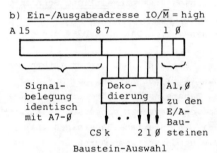

Bild 104 Adressierung von Speicher- und Ein-/Ausgabebausteinen bei isolierter Ein-/Ausgabe (dekodierte Baustein-Auswahl)

die Einheiten am Systembus aus dem Teil der Adresse gebildet werden, der nicht von den Einheiten selbst benötigt bzw. dekodiert wird. Die höherwertigen Adreßstellen A15-11 (Bild 104.a) bestimmen, in welchem Teil des 64 K Adressenraums die 2 K Speicherplätze des Speicherbausteins liegen. Entsprechend legen die Bitstellen A7-2 der Ein-/Ausgabeadresse (Bild 104.b) fest, wo die vier EA-Adressen des Bausteins im 256-Byte-großen EA-Adressenraum liegen (isolierte Ein-/Ausgabe vorausgesetzt).

Ein Baustein nach Bild 103 ist am Systembus ausgewählt und reagiert mit einer Lese- oder Schreiboperation, wenn

- sein Auswahl-Eingang $\overline{CS}$ (oder $\overline{CE}$) "enabled" wird, d.h. auf low-Potential liegt und
- sein Lese- oder Schreib-Steuereingang $\overline{RD}$ (auch $\overline{OE}$, output enable) oder $\overline{WR}$ (auch $\overline{WE}$, write enable) aktiv, d.h. auf low-Potential geschaltet wird.

Die Ausgänge nicht selektierter Bausteine auf den Systembus sind hochohmig.

Beim Ein-Platinen-Computer gem. Abschn. 4.1.2 werden die Baustein-Auswahlsignale auf einer Platine (ggfls. durch Dekodierung) gebildet und auch auf dieser Platine benötigt. Beim Mehrplatinen-Mikrocomputer sind die Speicher- und Interface-Bausteine auf verschiedenen Platinen verteilt. Die Adresse muß hier die Baugruppe (Platine), den Baustein auf der Baugruppe und schließlich das Byte (Speicherplatz oder Register) im Baustein auswählen. Entsprechend ist die Adresse in eine Baugruppenadresse, eine Bausteinadresse (bei mehreren Bausteinen auf einer Baugruppe) und eine Byteadresse aufzuteilen, wie dies in Bild 105 am Beispiel der Ein-/Ausgabeadresse gezeigt wird.

Die Auswahl der Baugruppe geschieht im allgemeinen durch einen Vergleich der Baugruppenadresse auf dem Systembus mit einer festen oder (durch Schalter) einstellbaren Adreßkombination auf der Baugruppe (Bild 106). Bei Gleichheit der Binärkombinationen wird

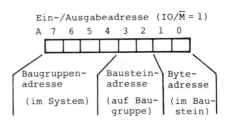

Bild 105 Aufteilung der Adresse bei Bussystemen (Beispiel)

ein Baugruppen-Selektionssignal erzeugt, das die übrigen Funktionen auf der Platine, u.a. die Bausteinauswahl auf der Bau-

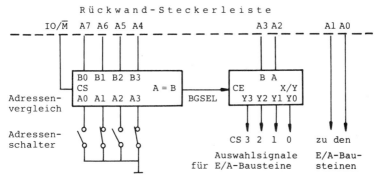

Anm.: BGSEL d.h. Baugruppen-Selektionssignal

Bild 106 Auswahlschaltung auf Ein-/Ausgabebaugruppe in einem Bussystem (dezentral)

gruppe freigibt. Hierdurch vermeidet man Stichleitungen, die
bei einer zentralen Baugruppenauswahl unumgänglich wären.

4.2.3 Dekodierung der Speicher- und Ein-/Ausgabeadresse

Die Bildung der Auswahlsignale CSi für die Funktionseinheiten
am Systembus kann auf unterschiedliche Weise erfolgen:
Bei kleineren Systemen mit wenigen Speicher- und Ein-/Ausgabe-
einheiten wird die lineare Bausteinauswahl bevorzugt. Dabei
verbindet man einzelne höherwertige Adreßleitungen direkt mit
dem CS-Anschluß des Bausteins. Bei einer Aufteilung des Adressenbus gemäß Bild 104 sind damit 5 Speicherbausteine und 6
Ein-/Ausgabebausteine linear adressierbar. Bild 107 zeigt ein
Beispiel für die lineare Auswahl von 3 Standard-Speicherbau-
steinen zu je 2 KBytes und von 3 Standard-Ein-/Ausgabe-Bustei-
nen bei isolierter Ein-/Ausgabeadressierung. Jeweils ein Adreßbit wählt mit $(A_i) = 1$ einen Baustein aus. Die übrigen Adressenbits müssen im Zustand Ø sein, soweit sie zur Bausteinauswahl dienen. Um die gleichzeitige Auswahl eines Speicher- und
eines EA-Bausteins bei bestimmten Adressen auf dem Bus zu vermeiden, müssen die Adreßbits A_i zur Bildung der chip select-
Signale mit dem Unterscheidungssignal IO/$\overline{M}$ bzw. dem negierten
Signal $\overline{IO/\overline{M}}$ UND-verknüpft werden (Bild 107). Eine andere und
häufigere Realisierung der isolierten Ein-/Ausgabe findet man
bei der 8080-Standard-Schnittstelle (siehe Bild 116).
Durch das auswählende Adreßbit ist der Adressenbereich jedes
Bausteins im jeweiligen Adressenraum festgelegt. In Bild 107
sind die Speicher- und Ein-/Ausgabeadressen angegeben, die der
Verschaltung entsprechen. Bei den Standard-Ein-/Ausgabe-Bustei-
nen wurden die Adreßbits Al und A0 für die bausteininterne
Adressierung reserviert.
Die Darstellung der linearen Bausteinauswahl nach Bild 107 hat
mehr grundsätzliche als praktische Bedeutung, da man für den
Aufbau von Kompaktsystemen meist die 8085-Spezial-Bausteine
(s.Abschn. 4.2.4) verwendet und bei größeren Systemen eine Dekodierung der höherwertigen Adreßbits vornimmt. Die Verschlüsselung des höherwertigen (Baustein-) Adressenteils hat im Speicherbereich überdies den Vorteil, daß die Speicherbausteine zu-

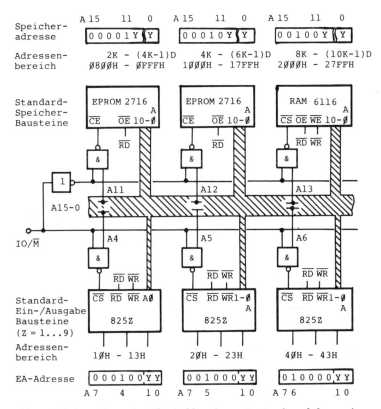

Abk.: Y d.h. relevante Bitstelle, kann Werte 0 und 1 annehmen.

Bild 107 Lineare Bausteinauswahl bei Standard-Bausteinen -
Beispiel für isolierte Ein-/Ausgabe (ohne Datenbus)

sammenhängende Adressenbereiche belegen, was bei linearer Auswahl nicht der Fall ist. Ferner ist zu beachten, daß im vorliegenden Beispiel der Speicherbereich ØØØØH bis Ø7FFH nicht adressierbar ist. Da der 8085 beim Rücksetzen auf die Startadresse Ø verzweigt, muß die Adreßkombination A15-11 = ØØØØØ für die Auswahl eines Speicherbausteins zusätzlich dekodiert werden.

Bei verzweigteren Mikrocomputersystemen ist die <u>vollständige</u>

oder teilweise Verschlüsselung der Baustein-Auswahladresse unumgänglich, weil nur hierbei der volle Adressenbereich nutzbar wird. Zur Entschlüsselung der höherwertigen Adreßbits verwendet man zweckmäßigerweise Dekodierbausteine mit mehreren Freigabe-Eingängen (Enable-Eingängen), z.B. den 1-aus-8-Dekodier-Baustein 74138 (8205) mit den Enable-Eingängen G1, $\overline{G2A}$ und $\overline{G2B}$ (Bild 108). Ein Dekodier-Baustein ist "eingeschaltet", wenn die 3 Enable-Eingänge gleichzeitig erfüllt sind. Bei isolierter Ein-/Ausgabe aktiviert das $IO/\overline{M}$-Signal wahlweise den

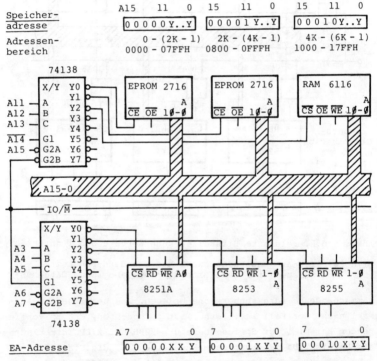

Abk.: Y d.h. relevante Bitstelle, kann Werte 0 und 1 annehmen.
X d.h. nicht benutzte Bitstelle (beliebiger Wert)

Bild 108 Verschlüsselte Bausteinauswahl bei Standard-Bausteinen, Beispiel für isolierte Ein-/Ausgabe

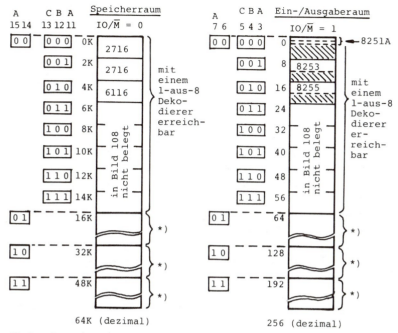

*) je ein weiterer Dekodierer (in Bild 108 nicht vorhanden)
C B A .. Selektionseingänge des Dekodierers

Bild 109 Zuordnung der Adressen zu Bausteinen durch die Dekodierung gemäß Bild 108 (isolierte Ein-/Ausgabe)

Speicheradressen- oder den EA-Adressendekodierer (Bild 108).
Legt man die Adressenbits A15 und A14 der Speicheradresse bzw.
A7 und A6 der Ein-/Ausgabeadresse auf die übrigen Freigabeeingänge, so ist damit derjenige Teil des gesamten Adressenraums festgelegt, der mit dem Dekodierer erreichbar ist. Bei 2-KB-Speicherbausteinen ist mit einem 1-aus-8 Speicheradressen-Dekodierer ein 16 K-Bereich ansprechbar. In Bild 108 sind die Adressenbereiche für die Speicherbausteine angegeben. Da jedes Adreßbit dekodiert wird, kann die Speicheradresse voll verschlüsselt werden. Mit vier 1-aus-8-Dekodierern ist der gesamte Speicheradressenraum von 64 K zugänglich (Bild 109), 2-KB-Speicherbausteine vorausgesetzt.

Das Unterscheidungssignal IO/$\overline{M}$ wählt zusammen mit den höchstwertigen Bits A7 und A6 der Ein-/Ausgabeadresse in Bild 108 den EA-Adressendekodierer aus. Dieser liefert ein Selektionssignal für einen der drei Ein-/Ausgabe- bzw. Ergänzungsbausteine 8251A, 8253 oder 8255, wenn eine der angegebenen Adressen in einem EA-Befehl auftritt. Auf Grund der Beschaltung seiner Enable-Eingänge wählt der Dekodierbaustein in Bild 108 die EA-Adressen 0 bis 63 aus. Um den gesamten EA-Adressenraum 0 bis 255 zu erreichen, benötigt man insgesamt vier 1-aus-8-Dekodierer für die Ein-/Ausgabeadressen-Dekodierung (Bild 109).

Da das Adressenbit A2 der Ein-/Ausgabeadresse in der Schaltung nach Bild 108 weder im externen Dekodierer noch in den EA-Bausteinen entschlüsselt wird, kann das Bit A2 den Wert X = $\emptyset$ oder 1 annehmen. Beispielsweise können die Register des Bausteins 8253 sowohl durch die
Adressen 0000 1000 B - 0000 1011 B = 08H - 0BH als auch durch die
Adressen 0000 1100 B - 0000 1111 B = 0CH - 0FH angesprochen werden. Somit belegt der Baustein 8253 mit vier internen Adressen - bedingt durch die Art der Dekodierung - acht Ein-/Ausgabeadressen (8 - 15 dezimal). Der Baustein 8255 belegt ebenfalls acht EA-Adressen (16 - 23 dezimal). Da der EA-Baustein 8251 nur zwei interne Register adressiert, werden bei seiner Auswahl die

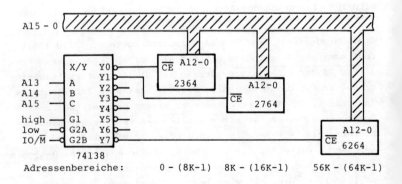

Bild 110 Dekodierung der Speicheradresse für 8-KB-Speicherbausteine (isolierte Ein-/Ausgabe)

zwei Adreßbits A2 und A1 nicht entschlüsselt; er belegt auch acht EA-Adressen. In Bild 109 sind die Adressen der Ein-/Ausgabebausteine und der durch die Dekodierung bedingte Adressenverschnitt (schraffiert) dargestellt. Im Interesse einer einfachen Dekodierschaltung wird ein gewisser Adressenverschnitt im Ein-/Ausgabebereich im allgemeinen hingenommen.

Eine sehr übersichtliche Dekodierung der Speicheradresse ergibt sich, wenn man (in größeren Systemen) die höherintegrierten 8K x 8 Bit-Speicherbausteine 2764 (EPROM), 2364 (ROM) oder 6264 (RAM) einsetzt. Ein Dekodierer genügt hier für die Selektierung der maximal möglichen 8 Speicherbausteine (Bild 110). Der Dekodierer wird mit $IO/\overline{M} = \emptyset$ aktiviert.
Weitere Einzelheiten zur Dekodierung findet man in |12| und |13|.

4.2.4 Anschluß von 8085-Spezialbausteinen

Neben den Standard-Speicher- und Ein-/Ausgabebausteinen (vgl. Bild 98 und Abschn. 4.2.3) gibt es kombinierte Speicher- und Ein-/Ausgabebausteine - Multifunktionsbausteine -, die verschiedene Funktionen wie Speichern, Ein-/Ausgabe und Zeitzählung in einem chip vereinigen |12| |13|. Sie werden als 8085-Spezialbausteine bezeichnet, weil ihre Prozessor-Schnittstelle besonders auf den 8085-Systembus (vgl. Abschn. 2.1.3) abgestimmt ist: Die Zwischenspeicherung der niederwertigen Adreßbytes A7-$\emptyset$ findet innerhalb der Spezialbausteine (Bild 111) statt, die das Steuersignal ALE des 8085 direkt auswerten. Zur Unterscheidung von Speicher- und Ein-/Ausgabeoperationen gibt es einen $IO/\overline{M}$-Steuereingang, der bei isolierter Ein-/Ausgabe mit dem Steuersignal $IO/\overline{M}$ des 8085 oder bei speicherbezogener Ein-/Ausgabe z.B. mit dem Adreßbit A15 beschaltet werden kann. Mit diesen Multifunktionsbausteinen lassen sich kompakte 8085-Mikrocomputersysteme mit wenigen Bausteinen realisieren; mit drei Bausteinen (einschließlich des 8085) ist eine arbeitsfähige Einheit realisierbar. Dieselben Bausteine werden auch eingesetzt, um die Ein-Chip-Computer 8048 oder 8051 zu erweitern und Kompaktkonfigurationen mit dem 16-Bit Mikroprozessor 8088 herzustellen.

Die Gruppe der Spezialbausteine, bestehend aus den Bausteintypen 8155, 8156, 8355 und 8755, soll hier in ihren Funktionen (Bild 111) und ihrer Anschlußtechnik kurz erläutert werden, ohne im einzelnen auf die Programmierung dieser Bausteine mit Steuerwörtern einzugehen.

Der Zeitgeber (timer) und die Kanäle der Multifunktionsbausteine werden bei isolierter Ein-/Ausgabe mit IN/OUT-Befehlen angesprochen, die RAM-, ROM- und EPROM-Bereiche mit den üblichen

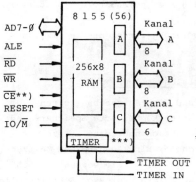

Erläuterungen:

*) Der Auswahleingang $\overline{CE}_1$ dient während des EPROM-Programmierens als Programmiereingang

**) Beim 8155 ist dieser Auswahleingang low active; beim 8156 ist dieser Auswahleingang high active CE.

***) ist ein 14-Bit-Zähler

Bausteine 8355 und 8755 sind pin-kompatibel

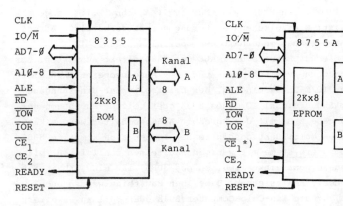

Bild 111 8085-Spezial-Bausteine (Multifunktionsbausteine) |12|

- 237 -

Speic ferenzbefehlen. In Bild 111 fällt auf, daß neben den $\overline{RD}$- und $\overline{WR}$-Anschlüssen auch $\overline{IOR}$- und $\overline{IOW}$-Steuereingänge vorhanden sind. Bei den Bausteinen 8355 und 8755A kann ein Eingabekanal wahlweise durch Aktivieren des $\overline{IOR}$-Eingangs oder mit IO/$\overline{M}$ = high und $\overline{RD}$ = low gelesen werden. Entsprechendes gilt für die Ausgabekanäle.

Zusätzlich zu dem dargestellten Baustein 8155, dessen Enable-Eingang ($\overline{CE}$) low active ist, gibt es den nahezu identischen 8156 mit bejahendem Auswahleingang CE. Die Typen 8355 und 8755A verfügen über jeweils 2 Auswahleingänge CE (high active) und $\overline{CE}$ (low active), die gleichzeitig aktiviert sein müssen, was eine teilweise Dekodierung der Adresse ermöglicht. Der Einsatz eigener Dekodierbausteine wird bei Minimalkonfigurationen möglichst vermieden. - Benötigt man einen größeren Programmspeicher, so können anstatt des 8755A die reinen EPROM-Bausteine 87C64 (8 K x 8 Bit) oder 87C256 (32 K x 8 Bit) mit internem Adreß-latch eingesetzt werden |63|.

<u>Beim Anschluß der Multifunktionsbausteine ist zu beachten, daß Speicher und Ein-/Ausgabe in einem Baustein durch dasselbe Auswahlsignal aktiviert werden, sodaß Speicher- und EA-Adresse miteinander verquickt sind.</u> Bei der linearen Selektierung des Bausteins nach Bild 112 muß das Adreßbit A11 der Speicheradresse und das Bit A3 der Ein-/Ausgabeadresse 0 sein. Die mit X gekennzeichneten Adreßstellen (X bedeutet "don't care")

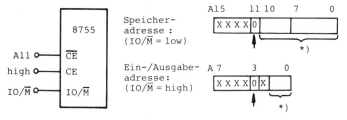

Anm.: *) zur Adressierung im Baustein

Bild 112 Adressierung von Multifunktionsbausteinen (isolierte EA)

sind für die Adressierung des einen Bausteins ohne Bedeutung, bei der linearen Adressierung mehrerer Bausteine dürfen sie jedoch nicht beliebig stehen, da man die gleichzeitige Auswahl mehrerer Bausteine am Systembus vermeiden muß. Dies sei am Beispiel eines 3-Baustein-Mikrocomputers, dem typischen <u>8085-Minimalsystem</u> (Bild 113) veranschaulicht. Es verfügt über 2 KB EPROM (wahlweise ROM), über 256 Bytes RAM, über einen Zeitgeber, 5 Parallel-Ein-/Ausgabekanäle, 4 Interrupt-Eingänge und eine serielle Ein-/Ausgabe und reicht damit für eine Vielzahl kleinerer Anwendungen aus. Das System ist mit weiteren Spezialbausteinen aufrüstbar.

Anm.:

*) Verbindung ist notwendig, wenn 8755A einen Wartetakt benötigt

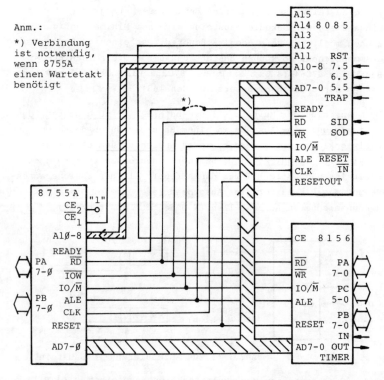

Bild 113 8085-Minimalsystem mit Multifunktionsbausteinen

Bei der Beschaltung der Auswahleingänge der peripheren Bausteine in Bild 113 ist zu beachten, daß der Rücksetzvorgang (low-Signal am 8085-Eingang $\overline{\text{RESET IN}}$) die Startadresse ∅∅∅∅ erzeugt (vgl. Bild 20). Deshalb muß der EPROM-Baustein 8755A, der das Startprogramm enthält, mit A11 = ∅ "enabled" werden, während die übrigen Bausteine - um Mehrfach-Aktivierungen in der Rücksetzphase zu vermeiden - mit auf 1 gesetzten Adreßbits, z.B. A12 = 1 auszuwählen sind. Die Adressen und die Adressenbereiche der Multifunktionsbausteine, die sich aus der Beschaltung nach Bild 113 ergeben, sind in Bild 114 zusammengestellt. Ein weiterer Multifunktionsbaustein mit paralleler und serieller Schnittstelle, Timer und Interruptlogik ist der 8256A |59|.

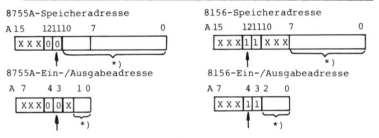

a) Speicher- und Ein-/Ausgabeadressen (isolierte Ein-/Ausgabe)

Anm.: *) Byteadresse im Baustein;   X d.h. "don`t care"-Bits

b) Adressenbereiche für periphere Bausteine, (X) = 0 angenommen

8755A-Speicher: 0000 - 07FFH   8156-Speicher: 1800H - 18FFH
8755A-Kanäle: 00 - 03   8156-EA/TIMER: 18H - 1FH

Bild 114 Adressen und Adressenbereiche der Multifunktions-
         Bausteine des 8085-Minimalsystems nach Bild 113

4.2.5 Die 8080-Standard-Schnittstelle

Die Systembus-Definition des MP 8085 (vgl. Abschn. 2.1.3) ergibt sich aus der Forderung, die gegenüber dem Vorgänger 8080 erweiterten Funktionen (RST-Eingänge, SID/SOD-Leitungen) in einem Gehäuse mit 40 Anschlüssen unterzubringen. Setzt man

zusätzlich zum Demultiplexen des Adreß-/Datenbus AD7-Ø die
8085-Lese-/Schreib-Steuersignale ($\overline{RD}$, $\overline{WR}$, IO/$\overline{M}$) um, so erhält
man die Standard-System-Schnittstelle des 8080 (Bild 115) |12|
|13|, die auf die Anschaltung der üblichen Speicherbausteine
und der mit dem MP 8080 entstandenen Standard-Ein-/Ausgabe-
bausteine zugeschnitten ist.

Bei dem weniger hochintegrierten 8080-System besteht der zentrale Prozessor aus drei Bausteinen, dem Mikroprozessor 8080,
dem Taktgenerator 8224 und dem Systemsteuerbaustein 8228 (Bild
115). Auf den Datenleitungen D7-0 des 8080 erscheint zu Beginn
jedes Maschinenzyklus kurzzeitig der Prozessorstatus, der für
die Dauer des Maschinenzyklus im Systemsteuerbaustein 8228
zwischengespeichert wird. Dieser bildet daraus die typischen
Signale $\overline{MEMR}$, $\overline{MEMW}$, $\overline{IOR}$, $\overline{IOW}$ und $\overline{INTA}$ des 8080-Systembus zur
Steuerung der peripheren Bausteine. Darüber hinaus enthält der
Baustein 8228 bidirektionale Treiber für den Datenbus. Die
Steuersignale $\overline{MEMR}$ oder $\overline{MEMW}$ (memory read oder memory write)
erzeugt die zentrale Baugruppe während eines Buszyklus mit
Speicherzugriff. Zur Ausführung der Ein-/Ausgabebefehle "IN
port" und "OUT port" werden die Steuersignale $\overline{IOR}$ oder $\overline{IOW}$

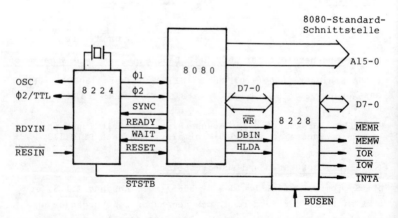

Bild 115 8080-Zentralprozessor mit 8080-Standard-
System-Schnittstelle

(input/output read oder input/output write) generiert. Bei der
Anschaltung von Standard-Peripherie-Bausteinen nach dem isolierten Ein-/Ausgabeverfahren verbindet man die Signale $\overline{\text{MEMR}}$
und $\overline{\text{MEMW}}$ mit den Lese-/Schreibeingängen ($\overline{\text{RD}}$ und $\overline{\text{WR}}$) der Speicherbausteine und die Signalleitungen $\overline{\text{IOR}}$ und $\overline{\text{IOW}}$ mit den entsprechenden Eingängen der Ein-/Ausgabebausteine. So werden
Speicher- und EA-Adressenraum unterschieden.

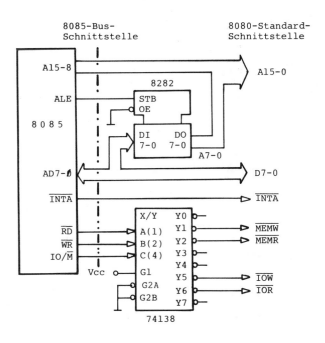

Bild 116   Umsetzung der 8085-Bus-Schnittstelle in die
          8080-Standard-Schnittstelle

Die Schnittstellen-Umsetzung (Bild 116) beinhaltet neben der
bereits bekannten externen Zwischenspeicherung der Adressen
A7-∅ einen 1-aus-8-Dekodierbaustein (Typ 74138 oder 8205), der
die 8080-Steuersignale erzeugt. Die Signale $\overline{\text{MEMR}}$, $\overline{\text{MEMW}}$, $\overline{\text{IOR}}$
und $\overline{\text{IOW}}$ können nach Bild 117 auch durch eine Demultiplexer-

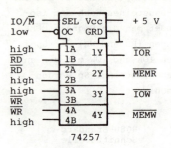

Bild 117 Erzeugung der Steuersignale $\overline{MEMR}$, $\overline{MEMW}$, $\overline{IOR}$ und $\overline{IOW}$ aus den 8085-Signalen $\overline{RD}$, $\overline{WR}$ und IO/$\overline{M}$

Schaltung aus den 8085-Signalen $\overline{RD}$, $\overline{WR}$ und IO/$\overline{M}$ gebildet werden. Die 8080-System-Schnittstelle wurde bei vielen industriellen Bus-Systemen zugrunde gelegt, z.B. bei dem herstellerspezifischen SMP-Baugruppensystem |44| und dem universellen multicomputerfähigen MULTIBUS |45|. Die SMP-Bus-Schnittstelle ist in Tafel 23 angegeben. Die Schnittstellenumsetzung nach Bild 116 ist unbedingt erforderlich, wenn eine 8085-Prozessorplatine in ein Baugruppensystem mit 8080-Standard-Bus-Schnittstelle eingesetzt werden soll.

4.3 Gesamtschaltung eines 8085-Mikrocomputersystems

Struktur und Umfang der Mikrocomputer-Hardware werden auf Grund einer Analyse des zu lösenden Problems festgelegt. Bei handelsüblichen Mikrocomputersystemen - vom Single Board Computer bis zum Arbeitsplatz-Computer mit Mehr-Benutzer-Zugriff - versucht man durch "Einbau" einer größtmöglichen Flexibilität jeweils größere Aufgabenbereiche mit einem System abzudecken. Das in den Bildern 118.a und 118.b angegebene Schaltungsbeispiel |46| stellt im Prinzip einen Single Board Mikrocomputer dar, der zwei Speicherbausteine zu je 8 KBytes und zwei Ein-/Ausgabebausteine enthält. Er ist jedoch für eine Erweiterung auf insgesamt 8 Speicherbausteine (64 KBytes) und insgesamt 8 Ein-/Ausgabe- bzw. Ergänzungsbausteine ausgelegt. Die zusätzlichen Komponenten können auf mehrere Leiterplatten verteilt werden, ohne daß hier ein Baugruppensystem mit Busstruktur im Sinne des Abschnitts 4.1.2 vorliegt.

Da im Beispiel preiswerte Standard-Speicher- und Ein-/Ausgabebausteine eingesetzt werden sollen, ist der niederwertige

Adressenbus A7-∅ extern zwischenzuspeichern. Um die o.g. Ausbaufähigkeit zu gewährleisten, wird der gesamte Adressenbus A15-∅ extern zwischengespeichert (2 x 8282) und der Datenbus D7-∅ mit einem bidirektionalen Treiberbaustein (1 x 8286) gepuffert. Die am häufigsten benötigten Steuersignale $\overline{IOW}$, $\overline{IOR}$, $\overline{MEMW}$ und $\overline{MEMR}$ der Standard-Schnittstelle (vgl. Abschn. 4.2.5) werden in dem Multiplexer-Baustein 74257 gebildet.

Die Zwischenspeicher- und Treiberbausteine sind im Normalfall eingeschaltet ($\overline{OE}$ = low), sie können durch das Signal BUSEN (bus enable, high active) oder durch das Signal HLDA während des DMA-Zyklus (in Bild 118 nicht enthalten) abgeschaltet werden, sodaß dann ein anderer Bus-Teilnehmer die Zustände auf der Standard-System-Schnittstelle bestimmt. Die Transferrichtung des bidirektionalen Datentreibers 8286 wird durch die Signale $\overline{RD}$ oder $\overline{INTA}$ des Mikroprozessors umgeschaltet. Bei einem Maschinenzyklus "Schreiben" ($\overline{RD}$ = high und $\overline{INTA}$ = high) überträgt der Baustein von A nach B, bei einem lesenden Maschinenzyklus ($\overline{RD}$ = low oder $\overline{INTA}$ = low) ist der Treiber von B nach A geschaltet. Zu den Maschinenzyklen des 8085 siehe Abschn.2.1.3.

In Bild 118.b ist die Dekodierung der Speicher- und Ein-/Ausgabeadressen zentral in zwei 1-aus-8-Dekodierbausteinen 74138 realisiert. Der Speicher-Adressendekodierer liefert 8 Freischaltsignale für 8 Speicherbausteine von jeweils 8 KBytes (max.), der Ein-/Ausgabedekodierer kann bis zu 8 Ein-/Ausgabebausteine auswählen. Da das Verfahren der isolierten Ein-/Ausgabe zugrundeliegt, wird das Signal IO/$\overline{M}$ zur Auswahl jeweils eines Dekodierbausteins auf einen der drei Freigabeeingänge geführt. Da die Unterscheidung von Speicher- und EA-Adressenraum schon durch die Lese-/Schreib-Steuersignale der Standard-Schnittstelle erfolgt, ist diese zusätzliche Unterscheidung nicht unbedingt notwendig; man könnte statt des Signals IO/$\overline{M}$ auch eine weitere Adressenleitung auf den Freigabeeingang schalten, wenn dies erforderlich wäre.

Da der 8085 während des Ein-/Ausgabezyklus die 8-Bit-lange EA-Adresse gleichzeitig auf den höherwertigen Adressenbus A15-8 und auf den niederwertigen Adressenbus A7-∅ ausgibt, sind im

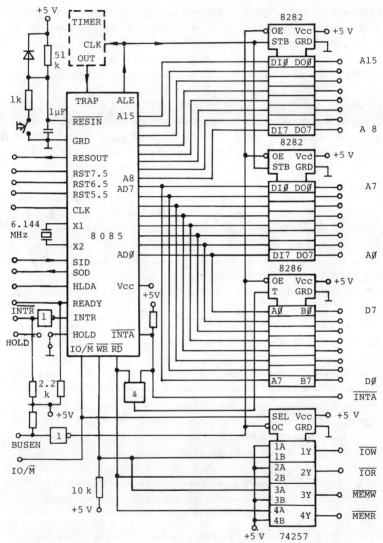

Bild 118.a Mikroprozessor 8085 mit Buspufferung und Adreß-Zwischenspeicher, Rücksetz- und Single Step-Einrichtung

Standard-System-Schnittstelle

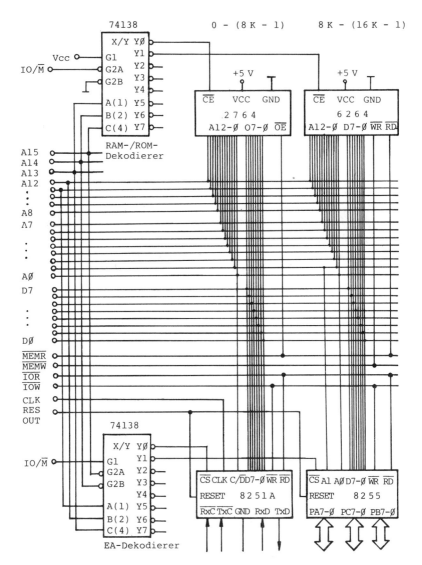

Bild 118.b Dekodierung und Anschluß von Speicher- und Ein-/Ausgabeeinheiten an die Standard-Systembus-Schnittstelle

Interesse einer gleichmäßigen Busbelastung die Leitungen
A15-11 statt A7-3 zum EA-Dekodierer geführt. Auf Grund der
Beschaltung des EA-Adressendekodierers sind im System die EA-
Adressen nach Bild 119 verfügbar. Der serielle Ein-/Ausgabe-
baustein 8251A (s. Abschn. 5.4), der mit der Selektionslei-
tung $\overline{Y0} = \overline{CS}$ ausgewählt wird, hat intern 2 Kanäle, die mit der
Adreßleitung AØ (= $C/\overline{D}$) unterschieden werden. Der Baustein belegt die EA-Adressen ØØH und Ø1H, die Portadressen Ø2H bis
Ø7H bleiben ungenutzt. Der Parallel-Ein-/Ausgabebaustein 8255
(s. Abschn. 5.3), mit der Selektionsleitung $\overline{Y1} = \overline{CS}$ (8255)
ausgewählt, benötigt 4 Port-Adressen (Eingänge A1 und A0), so-
daß 4 Kanaladressen ungenutzt bleiben; der Baustein 8255 kann
wahlweise mit den Adressen Ø8 - ØBH bzw. ØC - ØFH angesprochen
werden.

Benötigt man in einem System mehr als 8 EA-Bausteine, so kann
man entweder bis zu drei EA-Adressendekodierer hinzufügen und/
oder den vorhandenen Dekodierbaustein statt mit IO/$\overline{M}$ mit der
Adreßleitung A2 beschalten.

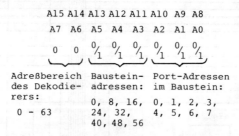

Bild 119 Festlegung der EA-Adressen durch den EA-Dekodierer

Bei der Festlegung der Adressenbereiche für die Speicherbausteine in Bild 118 ist ab Adresse ØØØØ ein Festwertspeicher
(hier EPROM-Baustein 2764) vorzusehen, damit der Prozessor
nach dem Rücksetzvorgang ein Startprogramm vorfindet. Für das
Rücksetzen des Systems ist in Bild 118.a die übliche Rücksetz-
schaltung angegeben. Zur Einleitung eines definierten Rück-

setzablaufs muß der Eingang $\overline{\text{RESIN}}$ für mindestens drei Taktperioden auf Low-Potential gezogen werden |13|. Der 8085 liefert daraufhin etwas verzögert das Signal RESOUT (high active), an dessen Ende ein Maschinenzyklus M1 (Op-Code-Fetch) mit gelöschtem Befehlszähler-Register beginnt. Unterbrechungen sind nach dem Rücksetzen gesperrt. Da während des Rücksetzablaufs - ebenso wie im HALT- und HOLD-Zustand - die Adressen, Daten und Steuersignale hochohmig sind, sollen die wichtigsten Steuersignale - vor allem das $\overline{\text{WR}}$-Signal - mit Zugwiderständen auf High-Potential gelegt werden (Bild 118.a).

Der Mikrocomputer unterstützt den Einzelbefehlsmodus des Monitor-Betriebsprogramms (vgl. Abschn. 3.3) hardwaremäßig mit einem Zählerbaustein nach Bild 118.a. Dieser Baustein kann ein programmierbarer Zähler (z.B. 8253, s.Abschn. 5.5) sein, der an den Systembus des Mikrocomputers angeschlossen ist und mit Steuerwörtern programmiert wird. Die Zählfunktion wird dabei durch Übertragen der Zählgröße an den Baustein gestartet. Der Zähler kann wahlweise auch durch einen nichtprogrammierbaren Standard-Zählbaustein (z.B. 74193) realisiert werden, der durch einen Impuls - z.B. über den SOD-Ausgang des 8085 - zu laden und zu starten ist.

Der ALE-Impuls auf dem

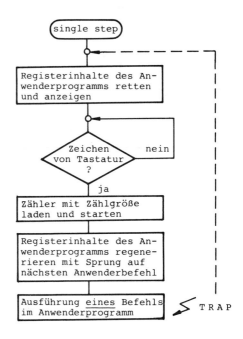

Bild 120 Zum Einzelbefehlsmodus

Takteingang dekrementiert den Zähler zu Beginn jedes Maschinenzyklus um 1. Im Falle des programmierbaren Zählers wählt das single step-Steuerprogramm des Monitors die Zählgröße so, daß der Nulldurchgang des Zählers nach dem Sprung in das zu testende Anwenderprogramm und während des ersten Befehls im Anwenderprogramm stattfindet. Der Nulldurchgang erzeugt über das Signal OUT ein TRAP-Signal am 8085 (vgl. Bild 118.a), das nach Ausführung dieses Befehls den Prozessor unterbricht und erneut in die single step-Routine zurückkehrt. Eine Übersicht über das Zusammenwirken des single step-Steuerprogramms mit der erzeugten Unterbrechung (TRAP) gibt das Diagramm in Bild 120. Nach jeder Verzweigung in das Monitorprogramm werden z.B. alle Registerinhalte des Anwenderprogramms auf dem Bildschirm angezeigt. Mit einer Tastatureingabe wird die Ausführung des nächsten Anwenderbefehls veranlaßt.

5 Mikrocomputer-Ein-/Ausgabeorganisation

Der Datenaustausch zwischen dem Mikroprozessor und seinen peripheren Einheiten erfolgt über den Systembus. Für den Anschluß der peripheren Einheiten an den Mikroprozessor 8085 wird oft die 8080-Standard-Busschnittstelle nach Abschnitt 4.2.5 zugrundegelegt, deren Zeitverhalten von dem des 8085-Systembus geringfügig abweicht.

Die peripheren Einheiten eines Mikrocomputers haben nach Abschnitt 1.2.6 teilweise recht unterschiedliche Aufgaben der externen Datenspeicherung, der Mensch-Maschine-Kommunikation (eigentliche Ein-/Ausgabe) und der Prozeßsteuerung und -regelung. Durch diese unterschiedlichen Funktionen bedingt ergeben sich verschiedenartige gerätespezifische Schnittstellen (Bild 121) mit entsprechendem Zeitverhalten. Neben der 8-Bit-breiten Parallelübertragung eines Bytes gibt es die bitserielle Ein-/Ausgabe von Zeichen. Teilweise benötigen periphere Geräte Steuersignale, über die der einheitliche Systembus nicht verfügt. Besondere Beachtung verdient das Zeitverhalten der verschiedenen Geräteschnittstellen. Während der Mikroprozessor

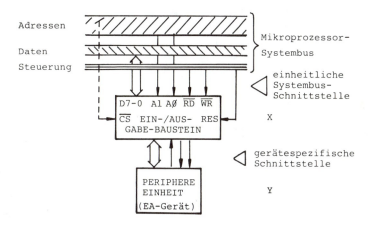

Bild 121 Schnittstellen-Anpassung durch Ein-/Ausgabebaustein

für die Übertragung eines Bytes über den Systembus 3 Grundtakte (z.B. 1 µs bei T = 333 ns) benötigt, braucht die Floppy Disc z.B. 32 µs für einen Datentransfer, ein Nadeldrucker druckt ein Zeichen z.B. in 12,5 ms ab und zwischen zwei aufeinanderfolgenden Eingaben von einer Tastatur können Sekunden oder Minuten vergehen. Während die Abläufe auf der Systembus-Schnittstelle im wesentlichen durch das Zeitraster des Systemtaktes (T) bestimmt sind, wird auf der Geräteseite das Zeitverhalten durch die Arbeitsgeschwindigkeit der peripheren Einheit vorgegeben. Die Anpassung der gerätespezifischen Schnittstellen an den Systembus erfolgt durch zwischengeschaltete Ein-/Ausgabebausteine oder Interface-Bausteine nach Bild 121, die stets dieselbe, systemkompatible Bus-Schnittstelle, jedoch unterschiedliche Geräteschnittstellen besitzen.

Nach Abschnitt 1.2.6 unterscheidet man bei den Ein-/Ausgabebausteinen einfache, nichtprogrammierbare Pufferbausteine mit/ohne Zwischenspeicher für ein Datenbyte, die vielseitig einsetzbaren programmierbaren Standard-Ein-/Ausgabebausteine mit paralleler und serieller Geräteschnittstelle sowie programmierbare Interface-Bausteine für bestimmte Gerätetypen, die die Gerätesteuerung ganz oder teilweise beinhalten. Als Beispiel für Ergänzungseinheiten nach Abschn. 1.2.7 wird im folgenden der programmierbare Zeitgeber 8253 beschrieben.
Die Programmierung der Bausteine erfolgt wahlweise mit Ein-/Ausgabebefehlen oder Speicherbefehlen, die jeweils ein Steuer- oder Statusbyte bzw. ein Datenbyte vom/zum Baustein übertragen.

5.1 Schnittstellen von peripheren Einheiten

5.1.1 Passive Parallel-Ein-/Ausgabe

Die einfachste Geräteschnittstelle erhält man bei der passiven Digital-Ein-/Ausgabe. Der 8-Bit-Mikroprozessor gibt dabei ohne begleitende Synchronisationssignale ein Datenbyte parallel, d.h. auf den 8 Datenleitungen des Systembus gleichzeitig, an eine periphere Einheit aus, bzw. liest ein Byte von der peripheren Einheit über den Systembus in den Akkumulator ein.

Für die Parallel-Ausgabe wird zur Zwischenspeicherung der flüchtigen Datenbussignale (Standzeit ca. 1,5 Taktperioden) im einfachsten Fall ein 8-Bit-Speicherbaustein 74LS373 zwischen den System-Datenbus und das "Gerät" geschaltet, das nach Bild 122 z.B. eine 8-Bit-lange Leuchtdiodenanzeige sein kann. Der Pufferspeicher entkoppelt die LED-Anzeige vom Bus, d.h. er belastet den Datenbus mit einer TTL-Eingangslast und liefert auf der Ausgangsseite für den Betrieb der Leuchtdioden einen Strom von max. 24 mA (I_{OL}). Der Speicherbaustein mit 8 D-Flipflops übernimmt die Binärzustände vom Datenbus D7-∅, solange der Enable-Eingang G auf high-Potential liegt. Das ist während eines Bus-Ausgabezyklus ($\overline{IOW}$ = low) der Fall, wenn der Ausgabe-Speicherbaustein zusätzlich mit (A7) = ∅ ausgewählt wird (lineare Baustein-Auswahl). Statt $\overline{IOW}$ kann auch die UND-Verknüpfung der Signale IO/$\overline{M}$ und WR zur Bausteinauswahl verwendet werden. Eine Leuchtdiode i leuchtet, wenn auf der entsprechenden Datenleitung D_i eine ∅ (d.h. low-Potential) liegt. Die Ein-/Ausgabeadresse des Bausteins ist nach Bild 122 gleich 7FH. Die zwei erforderlichen Befehle für die Ausgabe eines Bytes sind im Beispiel 32 gegeben.

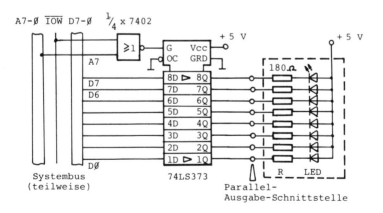

Bild 122   LED-Anzeigeschaltung an passiver Digital-Ausgabe

Beispiel 32: Befehle für Digital-Ausgabe nach Bild 122.

BIMU	EQU	00110101B	;Auszugebendes Bitmuster
AUSGAB	EQU	7FH	;EA-Adresse des Ausgabebausteins
	MVI	A, BIMU	;Bitmuster im Akku bereitstellen
	OUT	AUSGAB	;und auf Leuchtdioden anzeigen

Eine einfache Parallel-Eingabe ohne Synchronisationssignale
erhält man mit Hilfe einer Achtfach-Treiberschaltung, über die
eine periphere Eingabeeinheit an den Systembus angeschlossen
werden kann. Da die periphere Eingabe in der Regel langsamer
ist als der Bus-Eingabezyklus, benötigt man hier einen uni-
direktionalen Pufferbaustein ohne Zwischenspeicher (Bild 123).
Die Ausgänge des Pufferbausteins zum System-Datenbus hin müssen im Ruhezustand hochohmig sein (high impedance-Zustand).
Wenn der Baustein mit seiner Adresse (A6) = $\emptyset$ und ($\overline{IOR}$) = $\emptyset$
ausgewählt ist, werden die Binärzustände der Schalter auf den
System-Datenbus durchgeschaltet, um schließlich in den Akkumulator zu gelangen. Nach Bild 123 bewirkt ein geschlossener
Schalter S_i (i = $\emptyset$, 1, ...7), daß während des Eingabe-Buszyklus
auf der Daten-Busleitung D_i Low-Potential liegt und in die

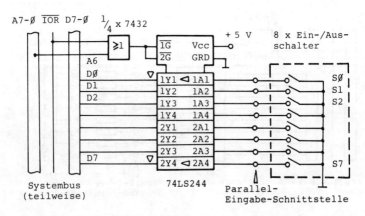

Bild 123 Passive Digital-Eingabe mit 8 Schaltern

Akkumulatorstelle A_i eine $\emptyset$ (entspr. "low") geladen wird. Die
Schalter können mechanische, von Hand betätigte Schaltelemente,
elektromechanische (Relais) oder elektronische Elemente sein.
Beispiel 33 zeigt die Befehle eines Unterprogramm-Aufrufver-
teilers, der durch die Schalter-Eingabe gesteuert wird.

Beispiel 33: Aufruf-Verteiler mit Digital-Eingabe. Jedem
Schalterelement S_i ist ein Unterprogramm UP_i fest zugeordnet.
Nach dem Einlesen der Schalterkombination S7-$\emptyset$ werden nacheinander diejenigen Unterprogramme aufgerufen und ausgeführt,
deren zugeordneter Schalter geschlossen ist.

	IN	$\emptyset$BFH	;Einlesen der Schalterzustände S7-$\emptyset$
AUFRVT:	RAL		;Schalterzustand (S7) ins CY-Flag
	CNC	UP7	;Sprung ins Unterprogramm UP7,wenn
			;(A7) = (S7) = $\emptyset$, sonst weiter
	RAL		;Schalterstellung (S6) ins CY-Flag
	CNC	UP6	;Nach UP6, wenn (A6) = (S6) = $\emptyset$
	...		;und so weiter bis CNC UP$\emptyset$

Beim Schließen und Öffnen von mechanischen Kontakten treten
Prellerscheinungen von je 10 ms bis 20 ms Dauer auf, die einer
Eingabeschaltung während eines Schaltvorgangs mehrere Impulse
vortäuschen |47|. Bei Schalter-Eingaben kann man oft davon
ausgehen, daß sie im statischen Zustand abgefragt werden, sodaß man eine Entprellung weglassen kann. Bei mechanischen Ta-
sten- und Tastatureingaben ist die Kontakt-Entprellung erforderlich, damit beim einmaligen Drücken einer Taste nur ein Impuls im Mikroprozessor erkannt wird. Eine neben dem RC-Tiefpaß

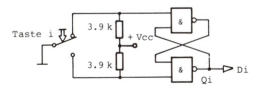

Bild 124 Elektronische Entprellung
         einer Taste mit Umschaltkontakt

oft verwendete elektronische Entprellschaltung für eine Taste
mit Umschaltkontakt ist in Bild 124 gegeben. Das RS-Flipflop
liefert an seinem Ausgang Qi einen entprellten Impuls, wenn
die Taste i gedrückt wird. Der Mikroprozessor kann das Signal
über eine Digital-Eingabe nach Bild 123 einlesen. Die Hardware-Entprellung kann wahlweise durch eine Software-Entprellung (Abfrage im Programm nach der Prellzeit) ersetzt werden.

5.1.2 Parallele Handshake-Schnittstelle

Bei dem passiven Datenaustausch nach Abschnitt 5.1.1 gibt es
keine Synchronisationssignale zwischen den Teilnehmern, sodaß
hiermit nur sehr einfache "Geräte" betreibbar sind. Will man
einen definierten Datenaustausch zwischen zwei autonomen Einheiten X und Y (nach Bild 121) organisieren, von denen jede
ein eigenes, unabhängiges Taktsystem besitzt, so muß zwischen
den zwei Einheiten eine Handshake-Schnittstelle eingerichtet
werden. Hierzu benötigt man neben den 8, 16 oder mehr parallelen Datenleitungen mindestens zwei Handshake-Signale (timing-Signale), von denen eines die Daten als gültig kennzeichnet
und das andere Signal den Empfang der Daten quittiert (Quittungsbetrieb). Die Signalnamen TX (vom zentralen Gerät X kommend) und TY (von der peripheren Einheit Y kommend) sind in
Anlehnung an DIN 66202 |48| für die allgemeine Darstellung im
Signal-Zeitdiagramm (Bild 125) gewählt.

Obwohl in DIN 66202 eine Kanal-Bus-Schnittstelle im engeren
Sinne definiert wird, ist das Handshake-Verfahren ein allgemeines, vielfältig eingesetztes Schnittstellenprinzip zur Synchronisation des Datenaustauschs zwischen voneinander unabhängigen Geräten. Durch das Quittungsverfahren paßt sich die
Übertragungsrate den unterschiedlichen Verarbeitungs- und Reaktionszeiten beider beteiligter Partner an.

Die zeitlichen Abläufe (Bild 125) sind für Eingabe und Ausgabe
unterschiedlich. Für die Daten-Eingabe (Bild 125.a) gilt:

① Die X-Einheit (EA-Baustein) fordert mit dem 1-Setzen von
TX die periphere Y-Einheit auf, ein gültiges Datenwort
einzugeben.

② Das Gerät (Tastatur, Analog-Eingabe, Floppy Disc) setzt nach der ihm eigenen Reaktionszeit t_1 mit TY die Daten gültig, die es bereits (Vorhaltezeit t_v) auf die Datenleitungen geschaltet hat.

③ Nach der Zeit t_2 zeigt die X-Einheit durch das Ø-Setzen des Signals TX an, daß sie die Daten in ein Datenregister übernommen hat.

④ Die Y-Einheit schaltet nun die Datenausgänge ab und meldet dies durch Nullsetzen von TY: Ende des Eingabezyklus.

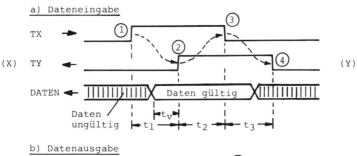

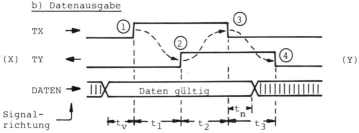

Bild 125 Handshake-Signaldialog für Eingabe- und Ausgabezyklus

Für die <u>Datenausgabe</u> (Bild 125.b) gilt:

① Mit TX = 1 zeigt die X-Einheit (EA-Baustein) an, daß sie kurz zuvor (Daten-Vorlaufzeit t_v) gültige Daten auf die Datenleitungen gelegt hat.

② Die Ausgabeeinheit Y (z.B. Bildschirm, Drucker, Floppy Disc) setzt nach der Übernahme der Daten in ein Register nach der Zeit t_1 das Antwortsignal TY auf 1.

③ Nach einer bausteinabhängigen Reaktionszeit t_2 signalisiert die X-Einheit durch Rücksetzen von TX, daß sie die Daten unmittelbar oder nach einer Nachhaltezeit t_n ungültig schaltet.

④ Mit dem Rücksetzen von TY beendet die Y-Einheit die Datenausgabe; es kann eine weitere Ausgabe stattfinden.

Diesen prinzipiellen Handshake-Ablauf findet man bei verschiedenen Geräten in unterschiedlichen Modifikationen vor; in Abschnitt 5.3 wird z.B. die Handshake-Schnittstelle des Parallel-Ein-/Ausgabebausteins 8255 beschrieben.

Programmierbare Ein-/Ausgabebausteine haben nach Abschn. 1.2.6 neben Datenregistern auch Steuerungs- und Statusregister. Im Statusregister wird z.B. vermerkt, ob das Datenregister mit gültiger Information geladen ist oder ob es geladen werden kann, ob der Interface-Baustein noch arbeitet (busy) oder fertig (ready) ist. Die Information im Statusregister wird durch den Mikroprozessor ausgewertet (Bild 29).

5.1.3 Serielle Ein-/Ausgabeschnittstelle

Neben der 8-Bit-breiten Parallelschnittstelle hat die serielle, genauer <u>bitserielle</u> Ein-/Ausgabe in der Mikroprozessortechnik eine große Bedeutung erlangt. <u>Auf einer bitseriellen Schnittstelle sendet der Datensender die Informationsbits eines Wortes oder eines Zeichens zeitlich nacheinander in einem bestimmten Takt über eine Übertragungsleitung zu einem Daten-Empfänger</u> (Bild 126). Hierbei sind <u>Simplexbetrieb</u> (Daten nur in einer Richtung vom Sender zum Empfänger), <u>Vollduplexbetrieb</u> (gleichzeitige Datenübertragung in beide Richtungen) und <u>Halbduplexbetrieb</u> (Datenübertragung in beide Richtungen, aber nur abwechselnd) zu unterscheiden.

In der prinzipiellen Darstellung von Bild 126 sitzt im Sender ein Schieberegister, das das übernommene Datenbyte mit dem Sendetakt Bit für Bit über einen (nicht dargestellten) Leitungstreiber auf die Übertragungsleitung schaltet. Im Empfänger sammelt ein Schieberegister die ankommenden Bits mit dem Empfangstakt auf, bis das Datenbyte vollständig ist und zur Weiterverarbeitung parallel ausgelesen wird.

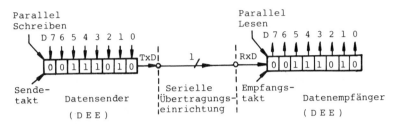

Abk.: DEE d.h. Daten-End-Einrichtung (Mikrocomputer oder periphere Einheit, Terminal)

TxD d.h. Sendedaten, RxD d.h. Empfangsdaten

Bild 126 Serielle Übertragung eines Bytes

In der Datenfernübertragung (DFÜ) |49| benötigt man zur Überbrückung größerer Entfernungen zusätzlich zu den Datenendeinrichtungen (Computer, Terminals, Schnittstellenmultiplexer) Datenübertragungseinrichtungen DÜE (MODEM d.h. Modulator-Demodulator) nach Bild 127, die die digitalen seriellen Schnittstellensignale der DEE in modulierte Analogsignale umwandeln. Diese werden über größere Entfernungen über Telefonleitungen, Standleitungen oder andere Übertragungssysteme übertragen. Die digitale Schnittstelle zwischen DEE und DÜE wurde frühzeitig von internationalen und nationalen Normungsgremien als V.24/ (V.28)-Schnittstelle (CCITT) |50|, als RS 232 C-Schnittstelle (EIA, d.h. Electronic Industries Association) |51| und in DIN 66020 (FNI, d.h. Fachnormenausschuß Informatik) |52| genormt, um die Geräte verschiedener Hersteller miteinander betreiben zu können.

In der Computer- und Mikrocomputertechnik hat die bitserielle Schnittstelle der Datenendeinrichtung als V.24-Schnittstelle für periphere Geräte wie Bildschirm-Terminals, Tastaturen und Drucker sowie für die Kopplung von Mikrocomputern Verbreitung erlangt. Da diese Peripheriegeräte meist in unmittelbarer Nähe des Mikrocomputers oder zumindest in demselben Gebäude stehen, benötigt man hier keine Datenübertragungseinrichtungen, sondern man verbindet die Datenendeinrichtungen gemäß Bild 127 direkt über die digitale V.24-Schnittstelle miteinander.

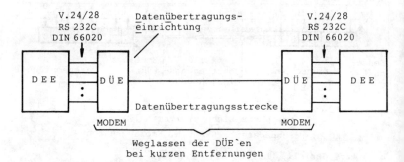

Bild 127 Datenübertragungssystem mit/ohne MODEMs

Die V.24-Norm definiert ca. 50 Schnittstellenleitungen zur Übertragung von binären Daten, Steuer- und Schrittaktinformation zwischen DEE und DÜE. Die V.28-Norm legt dazu die elektrischen Eigenschaften (u.a. Signalpegel) der definierten Leitungen fest. Die Normen DIN 66020 und RS 232C umfassen die Leitungen, deren Funktion und Pegel. Viele Signale der V.24-Schnittstelle beziehen sich auf den Betrieb und die Steuerung der Datenübertragungseinrichtungen DÜE. In Tafel 24 ist eine Auswahl derjenigen V.24-Schnittstellensignale zusammengestellt, die vor allem beim Anschluß von peripheren Geräten ohne DÜE benutzt werden. Die Anschlußnummern beziehen sich auf den 25-poligen D-Subminiatur-Steckverbinder nach Bild 128.

Auch die in Tafel 24 angegebenen Leitungen werden bei realisierten Geräteanschlüssen nur soweit benötigt verwendet und dazu noch teilweise in unterschiedlichen Funktionen. Eine minimale, oft angewendete V.24-Geräte-Schnittstelle besteht aus den drei Leitungen Betriebserde (E2, GRD), Sendedaten (D1, TxD) und Empfangsdaten (D2, RxD) (Bild 128), über die z.B. ein

Tafel 24 V.24-Schnittstellenleitungen für den direkten Anschluß von peripheren Geräten |50| |51| |52| (Auswahl)

DEE *)	DIN V.24	DIN 66020	Bezeichnung dt.	RS 232C	Bezeichnung engl.
1	101	E1	Schutzerde	AA	Protective Ground
7	102	E2	Betriebserde	AB	Signal Ground GRD
2	103	D1	Sendedaten	BA	Transmitted Data TxD
3	104	D2	Empfangsdaten	BB	Received Data RxD
4	105	S2	Sendeteil ein	CA	Request to Send RTS
5	106	M2	Sendebereit	CB	Clear to Send CTS
6	107	M1	Betriebsbereit	CC	Data Set Ready DSR
20	108.2	S1.2	Endgerät betriebsbereit	CD	Data Terminal Ready DTR
15	114	T2	Sendeschrittakt	DB	Transmit Clock TXC
17	115	T4	Empfangsschritttakt	DD	Receive Clock RxC

*) Anschlußnummer am 25poligen Subminiatur D-Steckverbinder

Terminal (Tastatur mit Bildschirm) an einen seriellen E/A-Baustein des Mikrocomputers angeschlossen ist. Über die Schnittstelle werden ASCII-Zeichen (7 Bit und wahlweise ein Paritätsbit) übertragen. Befinden sich beide Daten-End-Einrichtungen im DTE-Modus (data terminal equipment, |49|), dann müssen die Datenleitungen TxD und RxD im Verbindungskabel gekreuzt werden, damit ein Datensender mit einem Datenempfänger verbunden ist.

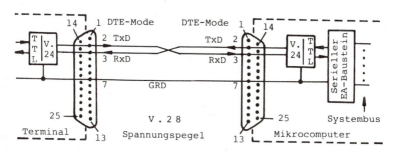

Bild 128 Minimale V.24-Verbindung
(Terminal am Mikrocomputer)

Als Beispiel für die Anwendung weiterer V.24-Steuerleitungen bei Verbindungen ohne MODEMs sei der Anschluß eines Matrixdruckers an einen Mikrocomputer genannt. Fügt man zu dem Minimalsystem (Bild 128) die Leitung

Mikrocomputer V.24 (Pin 5) CTS ◄─────┐ RTS (Pin 4) Drucker

hinzu, dann kann die Druckersteuerung die Übertragung von Zeichen im Mikrocomputer stoppen, wenn der Zeilenpuffer im Drukker voll ist. Hierzu muß das Druckprogramm vor dem Absenden eines Zeichens an den Drucker das Eingangssignal CTS auf wahr abfragen.

Die <u>elektrischen Eigenschaften</u> der "V.24"-Leitungen sind in der V.28-Empfehlung, in DIN 66020 und in der RS 232C-Norm festgelegt. Danch müssen die Sender- und Empfängerschaltungen so ausgelegt sein, daß auf der Schnittstelle bzgl. der Betriebserde die Spannungspegel gemäß Tafel 25 eingehalten werden.

Tafel 25   V.24-Spannungspegel (V.28-Norm)

Spannungspegel	Datenleitung	Steuer-/Meldeleitung
$-25V < U < -3V$	1	AUS (OFF)(idle)
$-3V < U < +3V$	Undefinierter Bereich	
$+3V < U < +25V$	$\emptyset$	EIN (ON)

Zur Umsetzung der TTL-Pegel in V.24/28-Spannungspegel auf der Übertragungsseite werden meist integrierte Pegelumwandler-Bausteine nach Bild 129 verwendet. Betreibt man die Bausteine mit

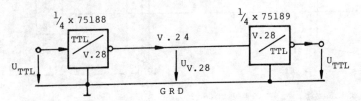

Bild 129   Pegelumsetzer TTL/V.28 für eine V.24-Leitung

Versorgungsspannungen von +/- 12 Volt, so erhält man auf der Schnittstelle Signalspannungen von etwa + 10 V (entspr. logisch Ø) und - 10 V (entspr. logisch 1).

Bei der seriellen Übertragung von Daten über V.24-Schnittstellen werden grundsätzlich Zeichen von 5-, 6-, 7- oder 8 Bit Länge im Synchron- oder Asynchronmodus übertragen. Bei der synchronen Datenübertragung folgen die Zeichen eines Datenblocks mit einer durch den Sende- und Empfangstakt vorgegebenen Datenrate lückenlos aufeinander. Die Synchronisation des Empfängertaktes erfolgt zu Beginn eines Blocks durch die Übertragung von 1 oder 2 Synchronisationszeichen (SYN, vgl. Tafel 3) und muß während des Blocktransfers aufrechterhalten werden. Die synchrone Übertragungstechnik wird hauptsächlich in der Datenfernübertragung angewendet, wo es auf eine gute Nutzung der Datennetze ankommt. Im weiteren soll auf die asynchrone Datenübertragung eingegangen werden, die beim Anschluß von peripheren Geräten an Mikrocomputer eine Rolle spielt. Dabei wird ein Zeichen synchron vom Sender zum Empfänger übertragen, während zwischen zwei aufeinanderfolgenden Zeichen unterschiedlich lange Pausen liegen können. Diese Betriebsform kommt z.B. der Eingabe von Zeichen über eine Tastatur entgegen.

Im Asynchron-Modus gibt der Sender die Bitstellen eines Zeichens mit einem Sendetakt auf die Datenleitung, von der sie das andere Datenendgerät mit einem Empfangstakt gleicher oder nahezu gleicher Frequenz entgegennimmt (vgl. Bild 126). Der Empfangstakt wird üblicherweise nicht zwischen den Datenendeinrichtungen übertragen, sondern in jedem Gerät (quarzstabilisiert) erzeugt. Normalerweise sind Sendetakt TxC und Empfangstakt RxC in einem Gerät gleich und auf das 16- oder 64-fache der gewünschten Datenübertragungsrate in Bit/s (Baud) einzustellen. Zur fehlerfreien Übertragung eines Zeichens im Asynchronmodus muß der Empfänger synchronisiert werden, d.h. er muß erfahren, wann ein Zeichentransfer beginnt und wann die einzelnen Bitstellen des Zeichens abzufragen, d.h. in das Empfangs-Schieberegister einzutakten sind. Die Voraussetzung hierfür schafft die Übertragung eines Zeichens als Zeichenrahmen

(engl. frame) nach Bild 130. Es zeigt die logischen Zustände
der zu übertragenden Bits (obere Bildhälfte) und die entsprechenden V.28-Spannungspegel (untere Bildhälfte). Die Übertragung eines Bits wird als Schritt bezeichnet. Aus der gewählten
Datenübertragungsrate von 50, 75, 110, 300, 600, 1200, 2400,
4800, 9600 oder 19200 Baud ergibt sich die Übertragungszeit
für einen Schritt. Bei einer Baudrate von 2400 Schritten/s dauert ein Schritt 0,4166 ms, die Übertragung eines Rahmens nach
Bild 130 mit 11 Schritten (1 Startbit, 7-Bit-Zeichen, 1 Paritätsbit und 2 Stoppbits eingestellt) benötigt somit 4,583 ms.

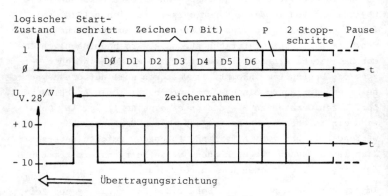

Bild 130 Zeichenrahmen bei asynchroner Datenübertragung
(Beispiel: 7-Bit Zeichen, Paritätsbit, 2 Stoppschritte)

Zu Beginn erzeugt der Sender einen Startschritt (logisch Ø),
der entweder unmittelbar auf die Stoppschritte (wahlweise 1
oder 2) des vorhergehenden Rahmens folgt oder eine Pause (logisch 1) ablöst. Die 1-0-Flanke des Startschritts startet im
Empfänger einen Zähler mit der z.B. 16-fachen Zählfrequenz RxC
(bezogen auf die Übertragungsrate). Ergibt die Abfrage der RxD-
Leitung nach 8 Zähltakten, daß es sich wirklich um einen Startschritt (logisch Ø) handelt, dann fragt der Empfänger nach 16
weiteren Zähltakten die erste, niederwertige Bitstelle DØ des
Zeichens in der Schrittmitte ab usw. Nach dem Empfang von ein
oder zwei Stoppschritten ist ein Zeichenrahmen zu Ende und das

Endgerät wartet auf einen neuen Startschritt. Dieses asynchrone Synchronisationsverfahren garantiert nur dann eine fehlerfreie Datenübertragung, wenn die Frequenz TxC des Sendegeräts und die Frequenz RxC des Empfangsgeräts so nahe beieinander liegen, daß für die Dauer eines Zeichentransfers die Bitabfrage im Empfänger nicht in den Bereich der Schrittwechsel (Flanken) fällt.

Geringere Bedeutung als die V.24-Schnittstelle hat in der Mikrocomputertechnik die serielle 20 mA-Linienstrom-Schnittstelle (Teletype- oder current loop-Schnittstelle), da die langsamen elektromechanischen Fernschreiber (110 Baud) als Bediengeräte durchwegs von den Datensichtgeräten abgelöst wurden. Die Schnittstelle ist in der CCITT-Empfehlung V.31 definiert; sie besteht aus einer Sendestromschleife und einer Empfangsstromschleife (4 Leitungen), die im Ruhezustand je einen Linienstrom von 20 mA (entspr. logisch 1) führen (Bild 131). Eine logische 0 erhält man durch Unterbrechung des Linienstroms. Der Zeichenrahmen für die asynchrone Übertragung entspricht Bild 130 (obere Bildhälfte). Schaltungen für die TTL/20 mA-Umsetzung findet man in |47|.

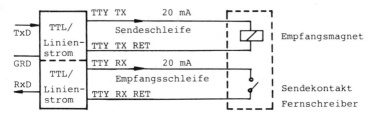

Bild 131 Linienstrom-Schnittstelle mit Teletype-Anschluß

In 8085-Systemen wird der Zeichenrahmen für die serielle Übertragung meist hardwaremäßig mit Hilfe eines U(S)ART-Bausteins (s. Abschn. 5.4) erzeugt; er kann jedoch auch per Programm über die SID-/SOD-Ein-/Ausgänge des 8085 (vgl. Abschn. 2.1.5) generiert werden.

5.2 Steuerung der Ein-/Ausgabe durch den Mikroprozessor

Im vorhergehenden Abschnitt 5.1 wurde der Datenaustausch an der Schnittstelle zwischen peripheren Geräten und Ein-/Ausgabebausteinen beschrieben. Im folgenden werden die grundsätzlichen Möglichkeiten des Datenverkehrs zwischen den Ein-/Ausgabebausteinen am Systembus und dem Mikroprozessor (vgl. Bild 98) behandelt, die sich durch unterschiedliche Hardware-Unterstützung der Ein-/Ausgabevorgänge auszeichnen. Bei der programmierten Ein-/Ausgabe (Einzelzeichen-Ein-/Ausgabe) (s. Abschn. 5.2.1 und 5.2.2) wird jedes Byte mit einem Ein-/Ausgabebefehl (IN/OUT port) über den Systembus einzeln übertragen, während bei der Block-Ein-/Ausgabe (s. Abschn. 5.2.3) ein DMA-Controller-Baustein ganze Blöcke von z.B. 128 Bytes selbständig - ohne direkte Beteiligung des Mikroprozessors - zwischen dem Gerätepuffer und dem Hauptspeicher überträgt.

Bei der Wahl des Ein-/Ausgabeverfahrens sind die Übertragungsrate und die Arbeitsweise der peripheren Einheit zu beachten. Geräte wie Bildschirmausgabe, Lochstreifenleser/-stanzer und Zeichendrucker arbeiten im Start-Stop-Betrieb, d.h. das Gerät fällt in den Stop-Zustand und wartet, bis es vom Prozessor mit einer Ein-/Ausgabeoperation bedient wird. Erfolgt dies, so startet das Gerät automatisch die nächste Zeichen-Ein-/Ausgabe. Wird das Gerät vom Prozessor ohne Wartezeiten immer sofort bedient, dann arbeitet es mit der maximal möglichen Geschwindigkeit. Synchron umlaufende Geräteeinheiten wie die Floppy Disc übertragen Daten mit einer festen, durch die Gerätetechnologie bestimmten Transferrate (Bytes/s) und müssen vom Mikroprozessor in festen Zeitabständen mit Ein-/Ausgabeoperationen bedient werden. Leert der Mikroprozessor beim Lesen von der Diskette den Zeichenpuffer im Interface nicht vor dem Eintreffen des nächsten Bytes von der Diskette, dann wird das vorhergehende Zeichen im Pufferregister überschrieben (Zeitfehler). Durch größere Pufferspeicher (z.B. für einen Datenblock) zwischen Gerät und Mikrocomputer kann die Zeitfehler-Gefahr entschärft werden.

5.2.1 Polling-Verfahren

Wartet der Mikroprozessor im Programm auf das Eintreffen eines externen Ereignisses, das durch ein binäres elektrisches Signal dargestellt wird, so kann dies durch wiederholtes Abfragen (polling) der Ein-/Ausgabeeinrichtung geschehen (Bild 132). Ist das Ereignis eingetreten, reagiert das Programm durch eine Ein-/Ausgabeoperation. Die programmierbaren Ein-/Ausgabe- und Interfacebausteine unterstützen das Polling-Verfahren, indem sie ihren Zustand bzw. den Zustand der angeschlossenen peripheren Einrichtung in einem Statusbyte speichern (vgl. Bild 29). Die Ein-/Ausgabeabläufe zwischen dem peripheren Gerät und dem EA-Baustein (vgl. Abschn. 5.1) beeinflussen die Zustandsbits im Statusbyte des Ein-/Ausgabebausteins:
Hat die periphere Einheit ein Byte über ihre Schnittstelle zum EA-Baustein übertragen, dann setzt dieser ein Statusbit "BEREIT FÜR EINGABE" - der Mikroprozessor kann also ein Byte über den Systembus einlesen - ; hat der EA-Baustein ein Byte an die periphere Einheit ausgegeben, so setzt er ein Statusbit mit der Bedeutung "BEREIT FÜR AUSGABE" - der Prozessor kann also ein Byte über den Systembus ausgeben. Dieser Ablauf ist in Ein-/Ausgabe-Bausteinen mit paralleler Handshake-Schnittstelle (vgl. Abschn. 5.1.2) und bitserieller Schnittstelle (vgl. Abschn. 5.1.3) im Prinzip gleich. Hat z.B. ein EA-Baustein ein Zeichen an einen Matrixdrucker ausgegeben, so ist sein Pufferregister zur Aufnahme eines weiteren Zeichens vom Mikroprozessor bereit und er vermerkt dies in einem Statusbit BEREIT FÜR AUSGABE. In verschiedenen EA-Bausteinen sind Statusbits mit derselben Bedeutung oft unterschiedlich benannt.

Das Polling-Programm (Bild 132.b) liest das Statusbyte des EA-Bausteins und fragt das aktuelle Statusbit solange auf "wahr" ab, bis eine programmierte Reaktion erforderlich wird: Von der Tastatur wird ein Byte eingelesen, an die Drucker-Schnittstelle ein weiteres Zeichen ausgegeben. Der Ein-/Ausgabebefehl für ein Byte (programmierte Ein-/Ausgabe) invertiert im allgemeinen das betreffende Statusbit im EA-Baustein, d.h. im Falle der Drucker-Ausgabe "Pufferregister voll", nach dem Abdruck

"Pufferregister leer".

In einer Abfrageschleife können auch mehrere EA-Geräte zyklisch nacheinander agefragt und bei Bedarf mit einem Wort-/Bytetransfer bedient werden.

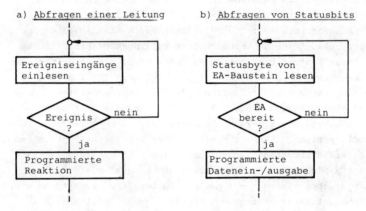

Bild 132 Ein-/Ausgabe nach dem Polling-Verfahren

Das Pollingverfahren ist für Start-Stop-Betriebsweise und für solche synchron arbeitenden Geräte geeignet, mit deren Transferrate das Programm gut Schritt halten kann. Bei einem Winchester-Plattenlaufwerk mit einer Transferrate von ca. 500 kByte/sec (entspr. einer Übertragungszeit von ca. 2 µs/Byte) verbietet sich der Polling-Betrieb. Der Nachteil des wenig aufwendigen und übersichtlichen Polling-Verfahrens liegt darin, daß der Mikroprozessor - bedingt durch die "unproduktive" Synchronisations-Warteschleife - ausschließlich mit der Ein-/Ausgabe beschäftigt ist, solange diese läuft.

Als Beispiel sei der Betrieb einer Analog-Eingabe am Systembus des 8085 im Polling-Verfahren erläutert. Es soll eine sich ändernde analoge Spannung abgetastet und im Mikrocomputer digital erfaßt werden. Hierzu ist nach Bild 133 ein Analog-Digital-Konverter |47| (z.B. mit 8 Bit breitem Digital-Ausgang) er-

forderlich, der die Analogspannung U_A bzw. U_A' im Bereich 0...
+10 V an seinem Eingang in eine absolute 8-Bit-Dualzahl umwandelt, die über einen Pufferbaustein (vgl. Bild 123) auf den Datenbus des Mikroprozessors geschaltet wird. Die Zuordnung von Analogwert zu Digitalwert ist in der Tabelle in Bild 133 gegeben. Der AD-Wandler mit einer Auflösung von 8 Bit kann nur Änderungen der Eingangsspannung erfassen, die größer oder gleich 1/256 des Aussteuerbereichs (10 V), d.h. größer oder gleich 39,062 mV sind. Die Umwandlung der anliegenden Analogspannung U_A' wird durch ein Steuersignal STC (start convert) (Bild 134) angestoßen, worauf der Baustein auf der Statusleitung EOC (end of conversion) mit high-Pegel den Konvertiervorgang anzeigt. Mit der high-to-low-Flanke des EOC-Signals meldet der Baustein das Ende des Konvertiervorgangs (beim Typ ADC EK 8 B max. 1.8 ms). Um die sich ändernde Analogspannung während der Konvertierzeit am Eingang des AD-Wandlers konstant zu halten, kann ein Sample and Hold-Baustein (S&H) hinzugefügt werden (Bild 133). Während der Abtastphase, gekennzeichnet durch den Zustand high des Steuersignals S&H̄, wird die Eingangsspannung U_A ständig im S&H-Baustein gespeichert, so daß U_A gleich U_A' ist. Bevor ein Konvertiervorgang im AD-Wandler gestartet wird, muß der S&H-Baustein mit dem Steuersignal S&H̄ = low in die Haltephase umgeschaltet werden, in der er den zuletzt abgetasteten Spannungswert am Ausgang U_A' konstant hält, um ein einwandfreies Arbeiten des AD-Wandlers zu gewährleisten. Die zeitlichen Abläufe der erwähnten Steuerungs- und Statussignale enthält Bild 134. Zur Veranschaulichung sind die Zeitbedingungen für die (low cost) Bausteinkombination ADC EK 8 B und LF 198 (Sample and Hold) eingetragen.

Wird die Analog-Eingabe am 8085-Systembus im Polling-Verfahren betrieben, so ist ein Konvertier- und Eingabezyklus nach dem Flußdiagramm in Bild 135 zu programmieren, wobei die Zeitbedingungen gemäß Bild 134 einzuhalten sind. In einer Polling-Schleife fragt der Mikrocomputer das Statussignal EOC (end of conversion) solange ab, bis es mit low-Pegel den Abschluß einer Konvertierung anzeigt, und liest daraufhin den gewandel-

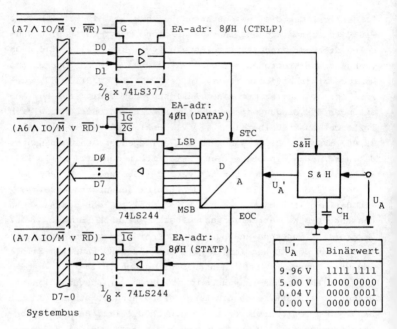

Bild 133 Anschaltung einer Analog-Eingabe an den Systembus

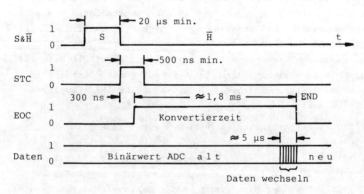

Bild 134 Signal-Zeit-Diagramm für Analog-Digital-Umwandlung mit Aufbau nach Bild 133

ten Binärwert in den Akkumulator ein. Bei der sequentiellen Abtastung eines Spannungsverlaufs legt man die gewonnenen Werte in einer Tabelle im Hauptspeicher oder auf dem Hintergrundspeicher ab. Für den Konvertier- und Eingabezyklus ist die Befehlsfolge in Beispiel 34 gegeben, wobei die in Bild 133 zugrundegelegten Port-Adressen und die Belegung der Datenbus-Stellen berücksichtigt werden.

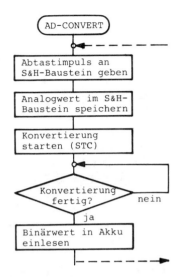

Bild 135   Analog-Eingabe (Polling)

Beispiel 34: Polling-Programm für Analog-Eingabe.

```
CTRLP   EQU   8ØH           ;Port-Adressen-Zuweisung
STATP   EQU   8ØH           ;gemäß Bild 133
DATAP   EQU   4ØH
ADC:    MVI   A,Ø1H         ;Abtastimpuls in AØ erzeugen
        OUT   CTRLP         ;Abtastimpuls S&H- = 1 ausgeben
        CALL  DELAY         ;Standzeit Abtastimpuls erzeugen
        MVI   A,Ø2H         ;Steuerbits S&H- = Ø und STC = 1
        OUT   CTRLP         ;S&H-Baustein in Halte-Zustand
                            ;Konvertierung starten
        MVI   A,ØØH         ;Steuerbit STC = Ø erzeugen
        OUT   CTRLP         ;STC-Impuls rücksetzen
POLL:   IN    SPATP         ;Status (EOC) einlesen
        ANI   00000100B     ;EOC-Bit ausblenden
        JNZ   POLL          ;Abfrageschleife
        IN    DATAP         ;Binärwert in Akku einlesen,
        ...   ...           ;wenn (EOC) = Ø
```

Die DELAY-Subroutine für die Dauer des Abtastimpulses (die von der Kapazität des Halte-Kondensators C_H abhängt), ist in Beispiel 35 nicht angegeben. Üblicherweise wird in die Polling-Schleife zusätzlich eine Zeitüberwachung (engl. watch dog) einprogrammiert, die diese nach einer Maximalzeit mit einer Fehlermeldung beendet, wenn die Statusmeldung "Ende der Konvertierung" in dieser Zeitspanne nicht eintrifft.

Will man mit einem Analog-Digitalwandler mehrere Analogspannungen erfassen, dann fügt man zur Schaltung in Bild 133 vor den Abtast- und Haltekreis einen Multiplexer hinzu, der jeweils einen vom Mikrocomputer durch Adreßsignale ausgewählten Analogeingang auf den S&H-Baustein durchschaltet. Näheres hierzu siehe in |47|. In Datenerfassungssystemen mit z.B. 8 oder 16 Analogeingängen sind die hierzu erforderlichen Komponenten in einem Baustein in Hybridtechnologie zusammengefaßt.

5.2.2 Interrupt-gesteuerte Ein-/Ausgabe

Wie beim Polling-Verfahren wird bei der interruptgesteuerten Ein-/Ausgabe jedes Byte einzeln mit einem IN-/OUT-Befehl zwischen dem Ein-/Ausgabebaustein und dem Akkumulator des Mikroprozessors transferiert. Dabei erfährt der Mikroprozessor den genauen Zeitpunkt für die Daten-Ein-/Ausgabe jedoch nicht durch ständiges Abfragen von peripheren Statusbits, sondern durch Unterbrechungs-Anforderungen (interrupt requests) von peripheren Einheiten. Der Mikroprozessor wird während der Beartung anderer Programme zu beliebigen Zeitpunkten unterbrochen, um eine Ein-/Ausgabeoperation durchzuführen. Das Unterbrechungssystem des Mikroprozessors (vgl. Abschn. 2.4) ruft ein dem Interruptsignal zugeordnetes Unterbrechungs-Unterprogramm auf, das die Ein-/Ausgabeoperation mit dem anfordernden Gerät abwickelt und anschließend in das unterbrochene Programm zurückkehrt.

Mit Hilfe der Interruptsteuerung lassen sich leistungsfähige Realzeit-Mikrocomputersysteme aufbauen, die mehrere periphere Einheiten betreiben und gleichzeitig eine Programmbearbeitung im Mikroprozessor zulassen. Diese findet parallel zu den Verarbeitungsabläufen in den Ein-/Ausgabegeräten statt, wodurch eine wesentliche Leistungssteigerung im Vergleich zu Pollingsystemen erreicht wird.

In Bild 136 ist eine Anordnung für unterbrechungsgesteuerte Einzelzeichen-Ein-/Ausgabe mit programmierbaren Ein-/Ausgabebausteinen (PE(0) und PE(1)) und mit dem einfachen Hardware-Interface der Analog-Eingabe (PE(2), vgl. Bild 133) gegeben. Das Unterbrechungssignal für eine periphere Einheit wird im Ein-/Ausgabebaustein erzeugt, indem ein Statusbit des Statusregisters SR mit der Bedeutung "BEREIT FÜR EINGABE" (bei Dateneingabe zum Mikroprozessor) oder "BEREIT FÜR AUSGABE" (bei Datenausgabe vom Mikroprozessor) auf eine gleichbedeutende <u>Statusleitung</u> geschaltet wird, die mit einem Unterbrechungseingang des Mikroprozessors oder einer Interrupt-Erweiterung verbunden ist. Wie man diese Statusbits im EA-Steuerbaustein aus den Schnittstellen-Abläufen zur peripheren Einheit hin gewinnt, wurde im Abschnitt 5.2.1 erläutert.

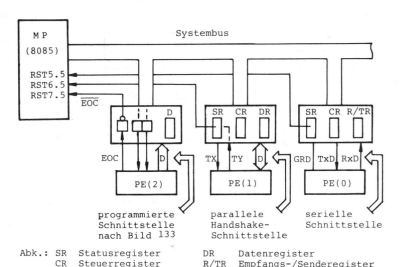

Bild 136 Unterbrechungsgesteuerte Einzelzeichen-Ein-/Ausgabe

Als Beispiel soll die Analog-Eingabe PE(2) (Bild 136) am Systembus des Mikroprozessors 8085 unterbrechungsgesteuert betrieben werden. Die Handshake-Schnittstelle des Analog-Digitalwandlers mit den Steuersignalen STC und EOC wird über das einfache Interface nach Bild 133 direkt durch das Programm bedient. Nach dem Ausgeben des Abtastimpulses S&H̄ und des Startimpulses STC (vgl. Signal-Zeit-Diagramm Bild 134) verzweigt der Mikroprozessor in ein anderes Programm. Nach Ablauf der Konvertierungszeit unterbricht die Analog-Eingabe den Mikroprozessor mit der low to high-Flanke des invertierten Signals $\overline{EOC}$ auf dem flankengesteuerten Interrupt-Eingang RST7.5 (Bild 136). Es wird eine Interrupt-Subroutine INT75 gestartet, die den anstehenden Binärwert einliest und die Umwandlung des nächsten Analogwerts anstößt. Den groben Ablauf zeigt Bild 137. Das vollständige Interrupt-Unterprogramm INT75 - als eigener Programmmodul AINMOD geschrieben - enthält Beispiel 35.

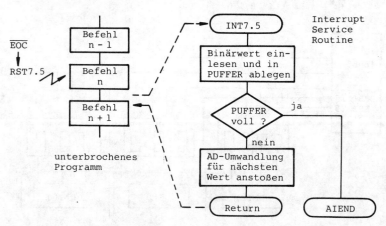

Bild 137 Ablauf bei interruptgesteuerter Analog-Eingabe

Der eingelesene 8-Bit-Wert wird in einen Pufferbereich PUFFER im Hauptspeicher des 8085 fortlaufend abgelegt. Der PUFFER ist im Modul AINMOD (Beispiel 35) am Programmanfang definiert; mit der Deklaration PUBLIC |7| wird erreicht, daß andere Programm-

Beispiel 35: Interrupt-Modul für Analog-Eingabe.

```
        NAME       AINMOD
;Interrupt Service Subroutine für RST7.5-Eingang des 8085
;
CTRLP   EQU        80H         ;Adreß-Zuweisungen gem. Bild 133
DATAP   EQU        40H
        EXTRN      DELAY,AIEND ;in anderem Modul definiert
        PUBLIC     PUFFER      ;PUFFER anderen Moduln zugänglich
        ORG        1000H

PUFFER  DS         256         ;256 Bytes ab 1000H reservieren
PADR    DW         PUFFER-1    ;Vorbelegung der aktuellen
                               ;Pufferadresse (PADR)

INT75:  PUSH       PSW         ;Registerinhalte für unterbro-
        PUSH       H           ;chenes Programm retten
        LHLD       PADR        ;Aktuelle Pufferadresse laden
        INX        H           ;Aktuelle Pufferadresse erhöhen
        SHLD       PADR        ;..in Speicher zurückschreiben
        IN         DATAP       ;Binärwert von AD-Wandler holen
        MOV        M,A         ;Binärwert an aktuelle Puffer-
                               ;stelle ablegen
        MOV        A,L         ;Low-Byte der aktuellen Puffer-
                               ;adresse nach Akkumulator
        CPI        FFH         ;(L) :: FFH, Puffer voll?
        JZ         AIEND       ;Sprung nach externer Marke AIEND,
                               ;wenn Puffer voll
;Nächste Analog-Digital-Wandlung veranlassen
        MOV        A,01
        OUT        CTRLP       ;Abtastimpuls (S&H-) = 1 ausgeben
        CALL       DELAY       ;Standzeit Abtastimpuls erzeugen
        MVI        A,02
        OUT        CTRLP       ;Steuerbits S&H- und STC verändern
                               ;Analogwert halten,
                               ;Konvertierung starten
        MVI        A,00
        OUT        CTRLP       ;STC-Impuls zurücksetzen
        POP        H           ;Registerinhalte für unterbro-
        POP        PSW         ;chenes Programm regenerieren
        EI                     ;Weitere Unterbrechungen zulassen
        RET                    ;Rückkehr ins unterbrochene
                               ;Programm
        END
```

moduln auf den PUFFER zugreifen können. Die Interrupt Subroutine INT75 läuft unter genereller Unterbrechungssperre ab. Die selektive Maske M7.5 (vgl. Abschn. 2.4.2) wird in einem übergeordneten Programmodul freigegeben. Ist der 256-Byte-lange Puffer mit Binärwerten gefüllt, so verzweigt das Interruptprogramm

zu einer Marke AIEND, die in einem externen Modul definiert
ist. Mit der EXTRN-Anweisung wird die Marke AIEND dem Binde-
programm (vgl. Abschn. 3.1) bekannt gemacht. Dasselbe gilt für
die modulexterne Verzögerungsroutine DELAY. Die einfache "PUF-
FER VOLL"-Abfrage in Beispiel 35 durch Vergleich des niederwertigen Adreßbytes mit FFH ist nur zulässig, wenn der 256-
Bytes-lange Pufferbereich auf eine Speicheradresse "modulo
256" beginnt.

5.2.3 Block-Ein-/Ausgabe im DMA-Betrieb

Bei Ein-/Ausgabevorgängen mit hoher Übertragungsrate, z.B. dem
Betrieb von Floppy Disc-Laufwerken, Winchester-Plattenlaufwer-
ken, Bildschirmen oder Mikrocomputer-Kopplungen ist der Mikrocomputer bei der programmierten Ein-/Ausgabe (Abschn. 5.2.1
und 5.2.2) entweder ausschließlich mit dem Datentransfer beschäftigt (was nicht immer erwünscht ist) oder er kann die ge-
forderte Datenrate nicht erbringen. Abhilfe schafft hier ein
spezialisierter Ein-/Ausgabebaustein, der DMA-Controller (direct memory access controller), in dem die bei der Übertragung
von Datenblöcken ständig wiederkehrenden Operationen hardwaremäßig, und dadurch mit deutlich höherer Geschwindigkeit abgewickelt werden. Fortgeschrittene DMA-Controller-Bausteine er-
möglichen Datenraten bis zu 8 MByte/s |53|.

Der DMA-Controller ist ein programmierbarer Ein-/Ausgabebau-
stein, der nach der Initialisierung durch den Mikroprozessor
(Übergabe von Steuerparametern) selbständig Blöcke von Daten
zwischen einem oder mehreren Peripheriegeräten und dem Hauptspeicher überträgt. Während der laufenden Ein-/Ausgabe zählt
der DMA-Controller die programmierbare Länge des Datenblocks
auf Null herunter (Blockende) und inkrementiert die Datenadresse des Puffers im Hauptspeicher. Blocklänge und Datenadresse
werden zu Beginn in den Baustein geladen. Da die Daten vom/zum
Speicher byteweise über den Systembus des Mikrocomputers übertragen werden, muß sich der DMA-Controller als aktiver Busteilnehmer um die Zuteilung der Systembus-Regie für die Dauer eines
Buszyklus (single byte mode) oder für die Übertragung eines

ganzen Blocks (block mode) bewerben. Für die Bus-Vergabe haben
Mikroprozessoren in der Regel zwei Anschlüsse, die beim 8085
mit HOLD und HLDA (vgl. Tafel 8) benannt sind. Die im Vergleich
zur programmierten Ein-/Ausgabe komplizierten Abläufe beim DMA-
Datenzyklus sollen an Hand des Blockschaltbildes (Bild 138) -
Anschluß des DMA-Controllers 8237 an den Standard-Systembus
des 8085 - und des zugehörigen prinzipiellen Signaldialogs
(Bild 139) erläutert werden. Aus Bild 138 ist zu ersehen, daß

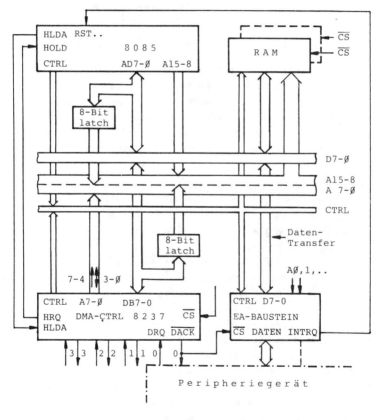

Bild 138   Geräteanschluß für DMA-Betrieb (Blockschaltbild)

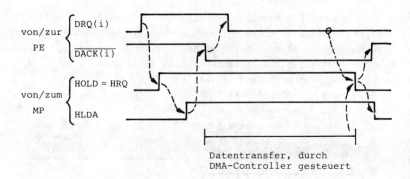

Bild 139 Prinzipieller Ablauf eines DMA-Zyklus (zu Bild 137)

der DMA-Controller die Abläufe nur steuert, während die eigentliche Ein-/Ausgabe auch hierbei ein Ein-/Ausgabebaustein (im einfachsten Fall ein Pufferbaustein) übernimmt. Der Baustein 8237 kann mit seinen vier DMA-Anforderungsleitungen DRQØ-3 und den entsprechenden Quittungsausgängen $\overline{DACKØ-3}$ (data acknowledge) bis zu vier DMA-Geräteanschlüsse (vier DMA-Kanäle) koordinieren.

Fordert ein Peripheriegerät nach Bild 139 mit DRQ = 1 einen Datentransfer beim DMA-Controller an, so bewirbt sich dieser mit HOLD = 1 beim Mikroprozessor um die Regie über den Systembus. Daraufhin schließt der Mikroprozessor den laufenden Buszyklus ab, schaltet seine Bus-Ausgänge hochohmig - gibt den Systembus frei - und meldet dies mit dem Signal HLDA = 1. Jetzt ist der DMA-Controller bus master, er gibt mit $\overline{DACK(i)}$ = 0 dem angeschlossenen Gerät die Übertragung frei und steuert den Speicherzyklus auf dem Systembus durch Aktivierung der Steuer- und Adreßleitungen. Nimmt das Gerät die Anforderung DRQ(i) sofort zurück, dann wird nur ein Byte übertragen (single byte mode); bleibt die Anforderung stehen, wird ein Datenblock im burst mode übertragen. Im ersten Fall wird der Systembus nur für einen Speicherzyklus benötigt; der DMA-Controller nimmt das HOLD-Signal zurück und sperrt den EA-Baustein mit $\overline{DACK(i)}$ = 1; der Prozessor beendet den DMA-Zyklus mit HLDA = 0 und setzt als bus master die Verarbeitung mit dem nächsten Maschinenzyklus fort. Findet die Übertragung im burst mode statt, wird der Mikroprozessor für die Dauer des Blocktransfers vom/ zum Hauptspeicher angehalten.

DMA-Steuerungen sind bevorzugt in größeren Mikrocomputersystemen zu finden, wozu z.B. auch Personal Computer mit Hintergrundspeichern zählen.

5.3 Parallel-Ein-/Ausgabebaustein 8255

Neben den Multifunktionsbausteinen (vgl. Bild 111) gibt es für die 80'er Mikrocomputerfamilie einen universellen, programmierbaren Baustein für die parallele Ein-/Ausgabe von 8-Bit Datenwörtern, den programmable peripheral interface-Baustein (PPI) bzw. parallel in-/out-Baustein (PIO) 8255. Der vielseitig einsetzbare Standard-EA-Baustein ermöglicht den direkten Anschluß von passiven Digital-Ein-/Ausgabe-Einrichtungen (vgl. Abschn. 5.1.1) und von Geräten mit Handshake-Schnittstellen (vgl. Abschn. 5.1.2) weitgehend ohne zusätzliche Anpaßschaltungen. Der Baustein wird in erster Linie für die programmierte Ein-/Ausgabe eingesetzt. Über einzelne EA-Leitungen (IO lines) des Bausteins läßt sich mit Ein-/Ausgabebefehlen auch eine bitserielle Schnittstelle programmieren.

5.3.1 Struktur des Bausteins 8255

Der 8255 ist ein 40poliger, hochintegrierter Baustein in NMOS-Technologie mit TTL-kompatiblen Anschlüssen und der Anschlußbelegung nach Bild 140. Den Aufbau des Ein-/Ausgabebausteins zeigt Bild 141. Periphere Einheiten können an die drei Kanäle (engl. ports) PA7-0, PB7-0 und PC7-0 zu je 8 Ein-/Ausgabeleitungen angeschlossen werden, über die der Mikroprozessor mit Ein-/

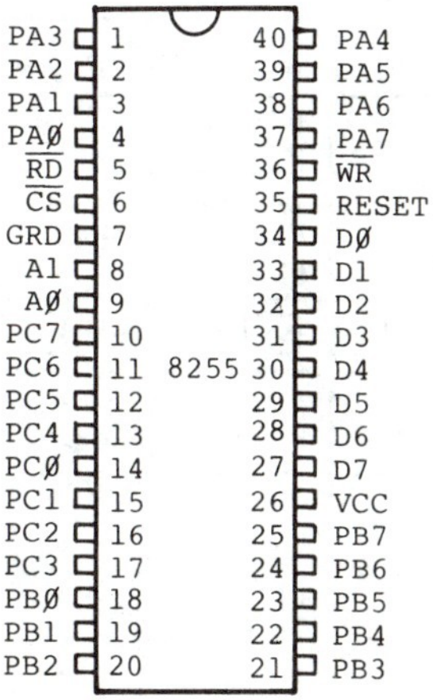

```
PA3  ⊏ 1        40 ⊐ PA4
PA2  ⊏ 2        39 ⊐ PA5
PA1  ⊏ 3        38 ⊐ PA6
PA0  ⊏ 4        37 ⊐ PA7
RD   ⊏ 5        36 ⊐ WR
CS   ⊏ 6        35 ⊐ RESET
GRD  ⊏ 7        34 ⊐ D0
A1   ⊏ 8        33 ⊐ D1
A0   ⊏ 9        32 ⊐ D2
PC7  ⊏ 10       31 ⊐ D3
PC6  ⊏ 11  8255 30 ⊐ D4
PC5  ⊏ 12       29 ⊐ D5
PC4  ⊏ 13       28 ⊐ D6
PC0  ⊏ 14       27 ⊐ D7
PC1  ⊏ 15       26 ⊐ VCC
PC2  ⊏ 16       25 ⊐ PB7
PC3  ⊏ 17       24 ⊐ PB6
PB0  ⊏ 18       23 ⊐ PB5
PB1  ⊏ 19       22 ⊐ PB4
PB2  ⊏ 20       21 ⊐ PB3
```

Bild 140 Anschlußbelegung des Bausteins 8255

Ausgabebefehlen Daten transferiert. Die ports PA und PB haben im Baustein Registerspeicher für Ein- und Ausgabe, der Kanal C hat nur einen Ausgabespeicher, die eingegebenen Zustände werden lediglich gepuffert an den Systembus weitergegeben. Der 8255 verfügt außerdem über ein 8-Bit Steuer(wort)register (engl. control register CR), in das der Mikroprozessor während der Initialisierungsphase ein Steuerwort einschreibt. Das Steuerwort legt die Bausteinfunktionen fest:
- Betriebsart (Modus 0, 1, 2) der Kanalgruppen A und B
- Ein- oder Ausgabe für die Kanäle A, B und C.

Das Steuer-Register ist nur beschreibbar, ein Steuerwort kann durch ein anderes überschrieben werden. Durch ein Rücksetzsignal vom Systembus her werden alle ports auf Eingabe und damit

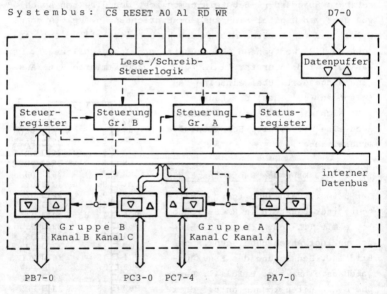

Erläuterung: Gr.   d.h. Gruppe
△   d.h. Pufferschaltung (8 bzw. 4 Bit)
△   d.h. Register (8 bzw. 4 Bit) mit Richtungsangabe

Bild 141   Struktur des Parallel-Ein-/Ausgabebausteins 8255

hochohmig gesetzt. Das <u>Statusregister</u> SR spiegelt die Phasen der Datenübertragung in den Handshake-Betriebsarten (Modus 1 und Modus 2) des Bausteins wider. Es ist mit einem Eingabebefehl vom Mikroprozessor lesbar.

Für den Anschluß des Bausteins 8255 an den Standard-Systembus des Mikroprozessors 8085 gilt das in Abschnitt 4.2.2 Gesagte. Die Adreßleitungen A1 und A0 dekodiert der Baustein intern zur Auswahl der bausteininternen Register nach Bild 142. Dabei überträgt der IN-Befehl mit (A1,0) = 1∅ das Statusbyte in den Akkumulator, der OUT-Befehl mit (A1,0) = 11 ein Steuerwort aus dem Akkumulator in das Steuerwort-Register CR des Bausteins.

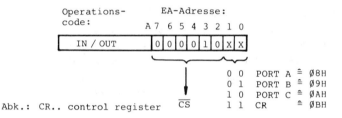

Bild 142 Adressierung der Register des Bausteins 8255

Die Betriebsart der Kanäle wird durch das übertragene Steuerwort festgelegt.

In der <u>Betriebsart 0</u> stellt der Baustein 8255 drei 8-Bit Kanäle (Bild 141) für die passive Digital-Ein-/Ausgabe zur Verfügung. Jeder Kanal kann als 8-Bit Eingang oder 8-Bit Ausgang definiert sein. Der Kanal PC7-0 ist in zwei 4-Bit-Kanäle zerlegbar, die voneinander unabhängig Daten ein- oder ausgeben können.

In <u>Betriebsart 1</u> (getastete Ein-/Ausgabe) unterscheidet man die Port-Gruppen A und B, die für den Anschluß von Geräten mit Handshake-Schnittstellen vorgesehen sind. Die <u>Port-Gruppe A</u> umfaßt den 8-Bit-Datenkanal PA und die Leitungen PC7-4 als Steuerleitungen für den Handshake-Betrieb, die <u>Port-Gruppe B</u> den 8-Bit-Datenkanal PB und die Leitungen PC3-0 als zugehörige Steuerleitungen (vgl. Bild 141). Gemäß Steuerwort kann über eine Port-Gruppe nur Eingabe <u>oder</u> Ausgabe erfolgen (unidirektionale Schnittstelle). Detaillierte Beschreibung erfolgt in Abschnitt 5.3.3.

Die Betriebsart 2 des Bausteins (getastete bidirektionale Ein-/Ausgabe) definiert eine Handshake-Schnittstelle (nur) für den Datenkanal A7-0, über die Daten ein- und ausgegeben werden können. Wenn die Port-Gruppe A im Mode 2 betrieben wird, kann die Port-Gruppe B im Mode 0 oder Mode 1 arbeiten. Verschiedene Kanäle können gleichzeitig in verschiedenen Betriebsarten arbeiten |16|. Beim Anschluß von peripheren Einheiten ist zu beachten, daß eine EA-Leitung als Ausgang höchstens eine TTL-Last $I_{OL} \leq 1,6$ mA treiben kann.

5.3.2 Programmierung des Bausteins 8255

Vor der eigentlichen Ein-/Ausgabe von Daten ist die Funktionsweise des Bausteins durch Übertragen eines Steuerworts CW (control word) in das Steuerregister des Bausteins festzulegen (Beispiel 36). Danach nehmen die Kanäle das gewünschte Eingangs- oder Ausgangsverhalten an. Nicht benutzte Kanäle eines Bausteins definiert man zweckmäßigerweise als Eingabekanal, um bei eventuellen Kurzschlüssen die Zerstörung des Bausteins zu vermeiden. Nach dem Übertragen des Initialisierungs-Steuerworts werden die Ausgabekanäle sämtlich auf 0 gesetzt, bevor sie durch das Beschreiben der Ausgabespeicher die gewünschten Zustände annehmen.

Der Aufbau des Initialisierungs-Steuerworts (CW8255 in Beispiel 36) ist in Bild 143 gegeben. Zur Kennzeichnung des Steuerworttyps ist das Kennzeichenbit D7 auf 1 zu setzen.

Beispiel 36: Initialisieren des Bausteins 8255.

```
CW8255   EQU    ...
         MVI    A,CW8255      ;Steuerwort für 8255 im Akkumulator
                              ;generieren
         OUT    ØBH           ;Steuerwort CW8255 in das Steuer-
                              ;register des 8255 übertragen,
                              ;EA-Adresse ØBH nach Bild 142
;Beginn der Daten-Ein-/Ausgabe
```

In der Betriebsart 0 verhalten sich die drei Ports des Bausteins wie einfache Pufferschaltungen mit/ohne Zwischenspei-

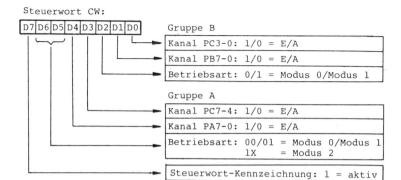

Anm.: X d.h. beliebig 0 oder 1; E/A d.h. Eingabe/Ausgabe

Bild 143 8255-Steuerwort-Format für Betriebsart-Wahl

cherung gemäß Bild 122 und Bild 123. Als Beispiel für eine einfache Digitalausgabe seien 8 Leuchtdioden so an den Kanal B des Bausteins 8255 angeschlossen, daß bei einer 1 auf der EA-Leitung PBi die entsprechende Leuchtdiode LEDi aufleuchtet (Bild 144). Den Durchlaßstrom I_F für die Leuchtdioden liefern

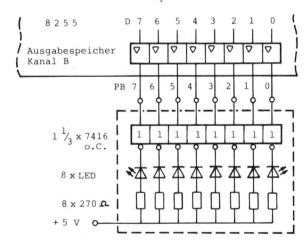

Bild 144 LED-Ausgabe am Baustein 8255 (Kanal B)

die Treiberbausteine 7416 mit open collector-Ausgang. Für diese Anordnung wird ein kleines Ausgabeprogramm im Beispiel 37 angegeben.

Beispiel 37: Lauflicht. Die 8stellige LED-Anzeige nach Bild 144 ist in einer Endlos-Schleife so zu programmieren, daß ein Leuchtpunkt in der Reihenfolge PB0, PB1, PB2, ... PB7, PB0, PB1... zyklisch umläuft. Die Standzeit jeder Leuchtdiode ist mit einer Verzögerungsschleife so zu bemessen, daß das Aufleuchten jeder LED gut sichtbar ist (Zehntelsekunden-Bereich). Die hierbei nicht genutzten Ports werden für Eingabe initialisiert.

```
;      L A U F L I C H T
;Betriebsart 0 des 8255 - LED-Anzeige an port B
;
CR8255  EQU   83H           ;control port-Adresse des 8255
PB8255  EQU   81H           ;port B-Adresse des 8255
ZAHL    EQU   2000H         ;Zaehlgroesse fuer Standzeit
        ORG   0EC00H
INIT:   MVI   A,99H         ;Steuerwort 8255, PA = IN, PB = OUT,
                            ;PC = IN, alle ports im MODE 0
        OUT   CR8255        ;Steuerwort an control port des 8255
        MVI   A,80H         ;Akku für Lauflicht-Ausgabe belegen
                            ;Lauflicht-Schleife
AUSGAB: RLC                 ;Leuchtpunkt zyklisch nach links
        OUT   PB8255        ;Akku auf port B ausgeben
                            ;Zaehlschleife fuer Standzeit
ZEIT:   LXI   D,ZAHL        ;Zaehlgroesse fuer Standzeit nach DE
        DCX   D             ;(DE) dekrementieren
        INR   D             ;zur Nullabfrage des D-Registers
        DCR   D             ;ohne Akku zu verändern
        JNZ   ZEIT + 3      ;Weiter dekrementieren, wenn (Z) ≠ 0
        JMP   AUSGAB        ;Endlos-Ausgabeschleife
        END
```

Zusätzlich zur byteweisen Ein-/Ausgabe sind die Binärstellen des C-Ports PC7-0 einzeln setz- bzw. rücksetzbar. Durch Übertragen eines Bit-Setz-/Rücksetz-Steuerworts (engl. bit set/reset control word) (Bild 145) an die control register-Adresse des Bausteins 8255 wird der Zustand 1 oder 0 an die PC-Leitung mit der angegebenen Bit-Nummer ausgegeben. Ein bit set/reset-

Steuerwort

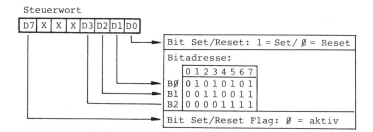

Bild 145   Bit-Setz-/Rücksetz-Steuerwort für 8255 (nur C-Port)

Steuerwort verändert nur das adressierte Bit des PC-Ports, die anderen Bitstellen bleiben unverändert. Die Bit-Setz-/Rücksetzfunktion kann während der Daten-Ein-/Ausgabe in jeder Betriebsart angewendet werden. Das Steuerwort unterscheidet sich in der Bitstelle D7 (bit set/reset flag (D7) = ∅) vom Initialisierungssteuerwort ((D7) = 1). Das zu Beginn ausgegebene Initialisierungssteuerwort bleibt während der Bit-Setz-/Rücksetzoperation unverändert funktionsbestimmend.

Ein Beispiel für die Anwendung des EA-Bausteins 8255 einschließlich der Bit-Setz-/Rücksetz-Eigenschaft ist der Multiplexbetrieb von Siebensegmentanzeigen. Jedes der Leuchtsegmente a, b, c, d, e, f, g einer Siebensegment-Ziffernanzeige (Bild 146.a) kann durch die Ansteuerung des zugeordneten Eingangs aktiviert, d.h. mit einem Durchlaßstrom I_F zum Leuchten gebracht werden. Die übliche Darstellung der Dezimalziffern und der sechs Pseudotetraden zeigt Bild 146.b. Zusätzlich zu den sieben Segmenten kann z.B. ein Dezimalpunkt (rechts) angezeigt werden (d.p.-Eingang). Zur Darstellung der Hexadezimalziffern nach Bild 146.b auf einer Siebensegment-Anzeige ist die im Mikrocomputer vorliegende Verschlüsselung der Ziffern in den Siebensegmentcode umzuwandeln, mit dem die Segmente der Anzeigeeinheit über Treiberbausteine angesteuert werden. Liegen die Ziffern zunächst im Hexadezimalcode vor (vgl. Tafel 2), dann ist eine Umschlüsselung in den Siebensegmentcode nach Tafel 26 erforderlich. Hierbei wird vorausgesetzt, daß eine lo-

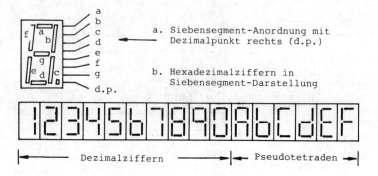

a. Siebensegment-Anordnung mit Dezimalpunkt rechts (d.p.)

b. Hexadezimalziffern in Siebensegment-Darstellung

|←—— Dezimalziffern ——→|←— Pseudotetraden —→|

Bild 146 Zifferndarstellung mit Siebensegment-Anzeigen

gische 1 ein Segment aufleuchten läßt (positive Logik). Dies ist bei Anzeigeeinheiten der Fall, bei denen sämtliche Kathoden der Leuchtdioden verbunden (common cathode) und auf low-Potential gelegt sind. Die Umschlüsselung des Hexadezimalcodes in den Siebensegmentcode kann im Programm oder in Hardware-Dekodierern (Bild 147) erfolgen.

Da der einfache (nicht gemultiplexte) Betrieb von Siebensegmentanzeigen (Bild 147.a) erheblichen Schaltungsaufwand mit

Tafel 26 Zuordnungstabelle Hexadezimal-Siebensegmentcode

Hex-Ziffern	Hexadezimal-code	Siebensegmentcode g f e d c b a	hex	
0	0 0 0 0	0 1 1 1 1 1 1	3FH	
1	0 0 0 1	0 0 0 0 1 1 0	06H	
2	0 0 1 0	1 0 1 1 0 1 1	5BH	
3	0 0 1 1	1 0 0 1 1 1 1	4FH	
4	0 1 0 0	1 1 0 0 1 1 0	66H	Dezimal-
5	0 1 0 1	1 1 0 1 1 0 1	6DH	ziffern
6	0 1 1 0	1 1 1 1 1 0 1	7DH	
7	0 1 1 1	0 0 0 0 1 1 1	07H	
8	1 0 0 0	1 1 1 1 1 1 1	7FH	
9	1 0 0 1	1 1 0 0 1 1 1	67H	
A	1 0 1 0	1 1 1 0 1 1 1	77H	
B	1 0 1 1	1 1 1 1 1 0 0	7CH	
C	1 1 0 0	0 1 1 1 0 0 1	39H	Pseudo-
D	1 1 0 1	1 0 1 1 1 1 0	5EH	tetraden
E	1 1 1 0	1 1 1 1 0 0 1	79H	
F	1 1 1 1	1 1 1 0 0 0 1	71H	

- 285 -

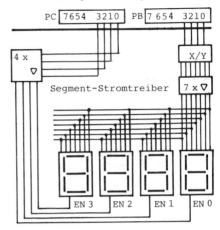

Bild 147 Anschluß von Siebensegmentanzeigen an den Ein-/
         Ausgabebaustein 8255

sich bringt, und am 8255 mindestens vier Port-Leitungen pro
Anzeigestelle belegt werden, betreibt man mehrere Siebensegmentanzeigen meist im Zeitmultiplex-Verfahren. Dabei sind die
vier Anzeigeeinheiten nach Bild 147.b an einen halben Kanal
(4 Bit) des Bausteins 8255 angeschlossen und werden reihum
während eines Viertels der Zeit eingeschaltet. Damit die Anzeige trotzdem hell genug leuchtet, muß jedes Segment mit entsprechend großen Spitzenströmen betrieben werden. Die Enable-Si-
gnale für die einzelnen Anzeigeeinheiten können mit Hilfe der
Einzelbit-Programmierung des C-Port gebildet werden. In Beispiel 38 ist ein Programm für die Multiplex-Ansteuerung mehrerer Siebensegmentanzeigen nach Bild 147.b auszugsweise wiedergegeben. (Die zyklische Ansteuerung könnte in diesem Beispiel
auch durch die normale Ausgabe von Bitmustern auf das C-Port
im Mode 0 programmiert werden.

Was hier über den Betrieb von Siebensegmentanzeigen im Mikroprozessor gesagt wurde, gilt sinngemäß auch für alphanumeri-
sche 16-Segmentanzeigen und Punktmatrixanzeigen (z.B. 5 x 7-

Punktmatrix pro Zeichen). Darüberhinaus sind zunehmend mehrstellige "intelligente" Anzeigeeinheiten (mit eingebauter Steuerung) verfügbar, die über eine Handshake-Schnittstelle (s. Abschn. 5.3.3) an den Mikroprozessor angeschlossen werden.

<u>Beispiel 38:</u> Multiplex-Ansteuerung von Siebensegmentanzeigen.

```
;Anschluß der Anzeigen an 8255 im Modus 0 gemäß Bild 147.b
;Ziffernanzeige an PB3-0, Ziffernauswahl über PC3-0
;
CR8255   EQU   83H          ;Steuer-Port des 8255
PB8255   EQU   81H          ;Port B des 8255
PC8255   EQU   82H          ;Port C des 8255
         ORG   0EC00H
;
ANZPUF   DB    00H,05H      ;Vorbelegung des Anzeigepuffers für
         DB    0AH,0FH      ;die Siebensegmentanzeigen 0,1,2,3
;
INIT:    MVI   A,98H        ;Initialisierungs-Steuerwort 8255
                            ;PA = IN, PB = OUT, PC7-4 = IN, PC3-0 = OUT
         OUT   CR8255       ;Steuerwort an Steuer-Port
         LXI   H,ANZPUF     ;Adresse des Anzeigepuffers laden
;Siebensegmentanzeige Nr. 0 ansteuern
ANZ:     MOV   A,M          ;Ziffer für Anzeige Nr. 0 in Akku
         OUT   PB8255       ;Ziffer über Port PB3-0 ausgeben
         MVI   A,01H        ;Bit-Steuerwort für 'PC0 setzen'
         OUT   CR8255       ;Bit-Steuerwort an Steuer-Port-
                            ;Adresse (PC0) = 1
         NOP
         MVI   A,00H        ;Bit-Steuerwort für 'PC0 löschen'
         OUT   CR8255       ;Bit-Steuerwort an Steuer-Port-
                            ;Adresse (PC0) = 0
;Siebensegmentanzeige Nr. 1 ansteuern
         INX   H            ;Pufferadresse auf Anzeige Nr. 1
;        u s w .
```

5.3.3 Handshake-Schnittstelle des Bausteins 8255

Der Baustein 8255 stellt - in der Betriebsart 1 initialisiert - mit den Kanalgruppen A und B zwei voneinander unabhängige Handshake-Schnittstellen (vgl. Abschn. 5.1.2) mit jeweils 8-Bit breitem Datenpfad zur Verfügung, an die zwei Geräte angeschlossen werden können. Auch im Mode 1 ist jede Portgruppe nach Bild 143 wahlweise auf Eingabe oder Ausgabe einstellbar. Vom Mikroprozessor aus kann der Baustein in der Betriebsart 1 im

Polling-Verfahren (Abschn. 5.2.1) oder interrupt-gesteuert (Abschn. 5.2.2) betrieben werden.

Für die Erklärung der Ein-/Ausgabeabläufe sei die Kanal-Konfiguration nach Bild 148 zugrundegelegt, wonach die Port-Gruppe A eine Eingabe-, und die Port-Gruppe B eine Ausgabe-Handshake-Schnittstelle darstellt. Die Funktionen der Port-Leitungen sind durch das angegebene Initialisierungs-Steuerwort festgelegt: PA und PB sind unidirektionale Datenkanäle, während die C-Port-Leitungen im Modus 1 hardwaremäßig festgelegte Steuer- und Meldefunktionen übernehmen. Lediglich die Übertragungsrichtung der (mit Bit-Set-/Reset-Steuerwörtern) frei programmierbaren Leitungen PC6, 7 wird im Steuerwort (Bit D3) gewählt. Alle weiteren Konfigurationsmöglichkeiten sind in |15| und |16| beschrieben.

Nach der Initialisierung des EA-Bausteins und der Aktivierung der peripheren Einheit PE wird ein Byte mit

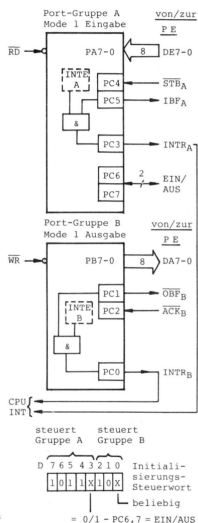

Bild 148 Kanal-Konfiguration des 8255

dem Signaldialog nach Bild 149 von der PE in den Akkumulator
eingegeben, bzw. mit dem Signaldialog nach Bild 151 aus dem
Akkumulator an die PE ausgegeben.

Eingabe im Handshake-Modus (Betriebsart 1 - strobed input).
Die Handshake-Signale sind das $\overline{STB}$- (strobe, low active) und
das IBF-Signal (input buffer full, high active) (Bild 148).

* Gemäß dem Signaldialog in Bild 149 zeigt die periphere Einheit (z.B. ein Lochstreifenleser) mit $\overline{STB}$ = low an, daß sie gültige Daten auf die Datenleitungen DE7-0 gelegt hat.
* Der 8255 übernimmt diese mit der fallenden Flanke des $\overline{STB}$-Signals in sein PA-Eingaberegister und setzt als Antwort IBF auf high.
* Die PE schaltet dann das $\overline{STB}$-Signal nach min. 500 ns inaktiv. Gibt die PE ein erneutes $\overline{STB}$-Signal solange IBF = high, so wird das Byte im 8255-Eingabepuffer überschrieben.

Jetzt ist eine programmierte Reaktion des Mikroprozessors (IN-Befehl) erforderlich, um das Byte aus dem PA-Register in den Akkumulator zu bringen. Den Zeitpunkt hierfür kann der Mikroprozessor erfahren durch
- eine Programmunterbrechung durch das INTR-Signal (interrupt request) oder
- beständiges Abfragen (polling) des 8255-Statusbytes.

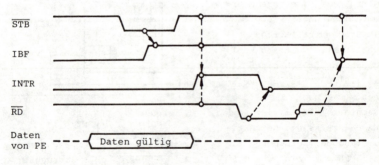

Anm.: ----▶ Wirkungspfeil
Zeitvermaßung siehe |15||16|

Bild 149 Signaldialog für Handshake-Eingabe (8255 im Modus 1)

* Für die interrupt-gesteuerte Eingabe des Bytes muß das Flipflop $INTE_A$ (interrupt enable port A) im 8255 gesetzt sein. Das aktivierte Interrupt-Programm lädt das zwischengespeicherte Byte mit dem IN-Befehl in den Akkumulator, wobei das Lese-Steuersignal $\overline{RD}$ am 8255 vorübergehend low-Zustand annimmt.
* Daraufhin nimmt der 8255 die Interrupt-Anforderung INTR und das Signal IBF nach Bild 149 zurück. Letzteres bedeutet "Pufferregister PA leer" und gestattet hiermit den nächsten Eingabezyklus.

Das Kippglied $INTE_A$ im 8255 ist ein Schatten-Flipflop zum Port-Eingang PC4 (Bild 148) und mit (PC4-) Bit Set-/Reset-Steuerwörtern lösch- bzw. setzbar.

Bevorzugt man statt der Interrupt-Steuerung das Polling-Verfahren, so muß der Mikroprozessor ständig den Status des 8255 einlesen, um zu erfahren, wann ein gültiges Byte im Eingaberegister PA bereitsteht. Im Modus 1 liegen am C-Port keine Daten; vielmehr liefert der Baustein 8255 beim normalen Einlesen des C-Ports das Statusbyte für Eingabe nach Bild 150. In der Polling-Schleife fragt das Programm den Zustand des Statusbits IBF_A ab.

D7	D6	D5	D4	D3	D2	D1	D0
E/A	E/A	IBF_A	$INTE_A$	$INTR_A$	$INTE_B$	IBF_B	$INTR_B$

Gruppe A   Gruppe B

```
; P o l l i n g - S c h l e i f e  für Portgruppe A
STATUS: IN   CPORT   ;Status im Mode 1 (Eingabe) einlesen
        ANI  20H     ;Ausblenden von IBF/A
        JZ   STATUS  ;Weiter abfragen, wenn IBF/A = 0
        IN   APORT   ;Byte einlesen, wenn IBF/A = 1
```

Bild 150 Statuswort im Mode 1/Eingabe mit Polling-Schleife

Ausgabe im Handshake-Modus (Betriebsart 1 - strobed output).
Die Handshake-Signale bei Ausgabe sind das $\overline{OBF}$- (output buffer full, low active) und das $\overline{ACK}$-Signal (acknowledge, low active)

(Bild 148). Am Beginn eines Daten-Ausgabezyklus (Bild 151)
gibt der Mikroprozessor mit einem OUT-Befehl ein Byte an den
EA-Baustein aus.

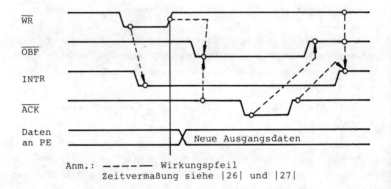

Anm.: ————— Wirkungspfeil
Zeitvermaßung siehe |26| und |27|

Bild 151 Signaldialog für Handshake-Ausgabe (8255 im Modus 1)

* Bei unterbrechungsgesteuerter Ausgabe nach Bild 151 unterbricht der 8255 bei geleertem Ausgaberegister PB ($\overline{OBF}_B$ = high) den Mikroprozessor mit dem INTR-Signal. Der OUT-Befehl des Mikroprozessors bewirkt einen Impuls am Schreib-Steuereingang $\overline{WR}$ des EA-Bausteins.
* Der 8255 nimmt darauf das INTR-Signal zurück und meldet mit $\overline{OBF}$ = low an die PE (z.B. einen Matrixdrucker), daß im Kanalregister ein Byte zur Ausgabe bereit steht.
* Die PE übernimmt das auf den Datenleitungen DA7-0 anstehende Byte, sobald sie dazu in der Lage ist und zeigt mit $\overline{ACK}$ = low die vollzogene Datenübernahme an. Der $\overline{ACK}$-Impuls muß mindestens 300 ns lang anstehen.
* Daraufhin meldet der 8255 mit $\overline{OBF}$ = high, daß sein Ausgaberegister PB leer ist und setzt sein Interruptsignal INTR aktiv, um den Mikroprozessor zu einer erneuten programmierten Ausgabe zu veranlassen.

Für die beschriebene interrupt-gesteuerte Ausgabe ist das
Schatten-Flipflop $INTE_B$ zur Port-Leitung PC2 (Bild 148) auf 1

zu setzen.

Soll statt der Synchronisation über Interrupts das Polling-Verfahren angewendet werden, so ist das Statusbyte von Port C des EA-Bausteins zyklisch abzufragen. Das <u>Statuswort für Ausgabe</u> im Modus 1 hat den Aufbau nach Bild 152. Die Polling-Schleife für die Kanalgruppe B fragt ab, wann - nach einer programmierten Ausgabe - der Meldeausgang $\overline{OBF}_B$ wieder High-Potential annimmt.

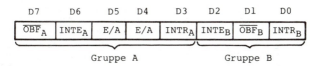

```
; P o l l i n g - S c h l e i f e   für Portgruppe B
STATUS: IN   CPORT   ;Status im Mode 1 (Ausgabe) einlesen
        ANI  02H     ;Ausblenden von OBF/B
        JZ   STATUS  ;Weiter abfragen, wenn OBF/B = 0
        MOV  A,M     ;Ausgabebyte in Akku, wenn OBF/B = 1
        OUT  BPORT   ;Byte an Port B
```

Bild 152 Statuswort im Mode 1/Ausgabe mit Polling-Schleife

Die <u>bidirektionale Handshake-Schnittstelle</u> des Bausteins 8255 in der Betriebsart 2 ist in ihren Einzelfunktionen aus der beschriebenen unidirektionalen Schnittstelle aufgebaut. Eine exakte Darstellung findet man in |15| und |16|.

5.3.4 Anschluß eines Druckers mit CENTRONICS-Schnittstelle

Als Beispiel soll der Anschluß eines <u>Matrixdruckers</u> mit CENTRONICS-Schnittstelle an den Baustein 8255 im Modus 1 erläutert werden. Die nicht genormte, bei Druckern jedoch - neben der seriellen V.24-Schnittstelle - fast ausschließlich angewendete <u>CENTRONICS-Schnittstelle |55| |56| ist eine parallele Handshake-Schnittstelle mit einigen zusätzlichen Steuer- und Meldeleitungen.</u> Bei den Signalnamen und im Zeitverhalten gibt es herstellerspezifische Varianten. Eine Erklärung der Signalfunktionen ist in Tafel 27 enthalten. Die elektrischen Pegel sind TTL-kompatibel. Die zwei Druckersignale $\overline{ACKNLG}$ und BUSY ergän-

Tafel 27 Signalleitungen der CENTRONICS-Druckerschnittstelle

Signalname	Anschluß-Nr.*)	Quelle	Funktion des Signals
DATA STROBE	1 (19) **)	8255	Handshake-Signal (low active) setzt Daten gültig (Pulsdauer min. 1 µs)
DATA 1 .. .. DATA 8	2(20),3(21) 4(22),5(23) 6(24),7(25) 8(26),9(27)	8255	Daten (high active) im ASCII-Code (abdruckbare Zeichen und Steuerzeichen z.B. LF, CR, FF)
ACKNLG	10 (28)	Drucker	Handshake-Signal (low active) bedeutet: Zeichen wurde in Druckerpuffer übernommen oder Druckeroperation ausgeführt.
BUSY	11 (29)	Drucker	zeigt an, daß der Drucker keine Daten annehmen kann (Druckeroperation,Fehler)
PE	12	Drucker	Papierende-Anzeige
SLCT	13	Drucker	zeigt an, daß der Drucker selektiert ist, d.h. auf die Schnittstelle geschaltet ist (bei SLCT = low ist BUSY = high).
GRD	14		Signal Ground
PRIME	31 (30)	8255	Drucker-Normierung (löscht Puffer und normiert Logik)
FAULT	32	Drucker	Fehleranzeige (auch aktiv bei PE = 0, SLCT = 0)

*) Anschluß-Nr. am 36poligen Amphenol-Stecker
**) Anschluß der Masse-Rückführung (twisted pair) in Klammern

zen sich funktionell: Während der ACKNLG-Impuls (Dauer ca. 4 µs) am Ende einer Zeichenübernahme in den Druckpuffer bzw. einer Druckeroperation (Zeile ausdrucken, CR, LF, FF) erscheint und damit den nächsten Zeichentransfer freigibt, ist das statische BUSY-Signal auf high gesetzt, solange der Drucker mit einer Zeichenübernahme oder einer Druckeroperation beschäftigt ist, der Drucker nicht selektiert ist, oder Papierende oder ein Fehler erkannt wurde. Als Handshake-Meldesignal wird meistens der ACKNLG-Impuls verwendet. Den Signalverlauf bei der Übertragung eines Zeichens ohne/mit anschließender Druckeroperation zeigt Bild 153. Hat der Drucker ein Pufferregister für

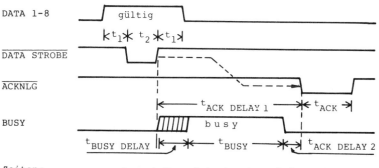

Zeiten:
(am Beispiel CENTRONICS 70X |55|)

$t_1 = 1.0$ µs (min.); $t_2 = 1.0 ... 500$ µs
$t_{ACK\ DELAY\ 1} = 2.5 .. 10$ µs (normales Datum)
$t_{ACK} = 3.5 .. 4.5$ µs
$t_{BUSY\ DELAY} = 0 .. 1.5$ µs
t_{BUSY} von Druckerfunktion abhängig
$t_{ACK\ DELAY\ 2} = 0 ... 10$ µs

Bild 153 Signaldiagramm der CENTRONICS-Druckerschnittstelle

eine Druckzeile, so wird der Abdruck durch die Steuerzeichen CR, LF, FF oder "Pufferregister voll" ausgelöst. In Bild 154 ist der (mögliche) Anschluß eines Druckers mit CENTRONICS-Schnittstelle an den 8255 dargestellt.

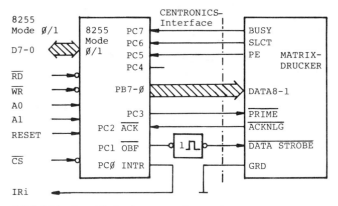

Bild 154 Anschluß eines Druckers an EA-Baustein 8255

Entsprechend Bild 143 ist das 8255-Steuerwort für den Anschluß des Druckers gemäß Bild 155 festzulegen. Das Bit PC3 ist mit Bit-Setz-/Rücksetz-Steuerwörtern zu programmieren.

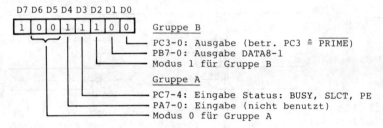

Bild 155   8255-Initialisierungs-Steuerwort für den Geräteanschluß nach Bild 154

Vergleicht man die Signaldiagramme der CENTRONICS-Schnittstelle (Bild 153) und der 8255-Handshake-Schnittstelle für Ausgabe (Bild 151), so stellt man fest, daß der Drucker erst dann mit einem $\overline{\text{ACKNLG}}$-Signal antwortet, wenn der $\overline{\text{DATA STROBE}}$-Impuls mit einer low to high-Flanke abgeschlossen ist. Der 8255 seinerseits beendet jedoch den $\overline{\text{OBF}}$-Impuls erst dann, wenn er $\overline{\text{ACK}}$ = low erkannt hat. Abhilfe schafft hier die Zwischenschaltung einer Monostabilen Kippstufe mit negiertem Ausgang nach Bild 154, die - von $\overline{\text{OBF}}$ (high to low-Flanke) getriggert - einen $\overline{\text{DATA STROBE}}$-Impuls der vorgeschriebenen Zeitdauer t_2 erzeugt.

Der Drucker kann bei dem gegebenen Anschluß (Bild 154) wahlweise im Pollingmode oder interrupt-gesteuert betrieben werden. Bei Druckern mit eingebautem Zeilen-Pufferregister empfiehlt es sich, die Übertragung einer Zeile in das Zeilenpufferregister im Pollingmode vorzunehmen und (länger dauernde) Druckeroperationen, z.B. den Abdruck einer Zeile, mit einem Interrupt abzuschließen. Damit gewinnt der Mikroprozessor währenddessen Zeit für die Bearbeitung anderer Probleme. Beispiel 39 zeigt die Interruptroutine für eine Zeilen-Ausgabe.

Beispiel 39: Drucker-Ausgaberoutine. Die Interruptroutine überträgt eine Datenzeile im Pollingmode in den Zeilenpuffer des

Druckers. Nach Ausgabe des Endekriteriums CR erfolgt Abdruck der Zeile. Vor der Rückkehr in das unterbrochene Programm wird der Interrupt-Eingang für den nächsten Interrupt vom Drucker freigegeben.

```
;Interruptprogramm für Ausgabe einer Datenzeile
;Interrupts gesperrt, Datenadresse im Speicher unter DATADR
PRINT:  PUSH    H           ;(HL) in Stack retten
        PUSH    PSW         ;(PSW) in Stack retten
        LHLD    DATADR      ;Datenadresse nach HL laden
POLL:   IN      CPORT       ;Status 8255/Mode 1 nach Akku holen
        ANI     Ø2H         ;Ausblenden von OBF/B
        JZ      POLL        ;Warten, da 8255/B-Puffer voll
        MOV     A,M         ;Zeichen aus Datenspeicher in Akku
        OUT     BPORT       ;Zeichen an 8255/Port B ausgeben
        INX     H           ;Datenadresse hochzählen
        CPI     ØDH         ;Zeichen mit Endekriterium vergl.
        JNZ     POLL        ;Weiter ausgeben, wenn ungleich
;
LINEND: SHLD    DATADR      ;Akt. Datenadresse rückschreiben
        POP     PSW         ;Register für das Hauptprogramm
        POP     H           ;regenerieren
        EI                  ;Nächste Unterbrechung zulassen
        RET                 ;Rückkehr ins unterbrochene Progr.
```

5.4 Serieller Schnittstellen-Baustein 8251A

Der 8 2 5 1 A ist der serielle Ein-/Ausgabebaustein der 80'er Mikrocomputerreihe, über den normalerweise periphere Einheiten mit V.24-Schnittstellen an die Mikroprozessoren angeschlossen werden (Bild 98) |15||16|. Entsprechend seiner Initialisierung mit Steuerwörtern (Moduswörter und Kommandowörter) kann der 40-polige Baustein für synchrone und asynchrone Datenübertragung im Vollduplexverfahren eingesetzt werden. Der Mikrocomputer transferiert die Informationsbytes mit IN-/OUT-Befehlen vom/zum E/A-Baustein, während dieser selbständig die Aufbereitung des Zeichenrahmens (Bild 130) einschließlich Parallel-Serienwandlung, Paritätserzeugung und -prüfung sowie die Datensynchronisation bei der Übertragung übernimmt. Die asynchrone, bitserielle Datenübertragung wurde im Abschnitt 5.1.3 allgemein beschrieben. Im folgenden soll der Einsatz des USART-Bausteins (Universal Synchronous Asynchronous Receiver Transmitter) für die asynchrone Übertragung erläutert werden.

Die TTL-Anschlüsse des MOS-Bausteins sind auf V.24-Spannungs-
pegel bzw. auf Linienstrom umzusetzen (Bild 129 und Bild 131).

Weite Verbreitung hat für die asynchrone Datenübertragung
auch der UART-Baustein 8250 gefunden, der u.a. einen programmierbaren Baudraten-Generator beinhaltet.

5.4.1 Struktur des seriellen Ein-/Ausgabebausteins 8251A

Wie in der Strukturdarstellung (Bild 156) ersichtlich, verfügt

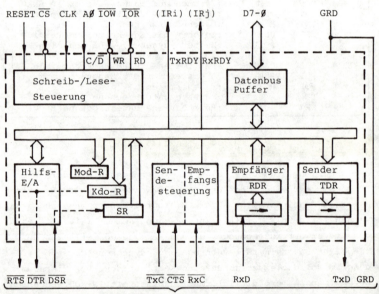

Signale der V.24-Schnittstelle (Abkürzungen s. Tafel 22)

Abk.: TxRDY...Sender bereit
     RxRDY...Empfänger bereit
     Mod-R...Modus-Register (nimmt Moduswort auf)
     Kdo-R...Kommando-Register (nimmt Kommando auf)
     SR......Status-Register
     RDR.....Empfangs-Datenregister
     TDR.....Sende-Datenregister

Bild 156 Aufbau des USART-Bausteins 8251A

der Baustein 8251A über zwei beschreibbare Steuerregister (Modus-Register Mod-R und Kommando-Register Kdo-R), über das lesbare Statusregister SR und über ein Empfangs-Datenregister RDR und ein Sende-Datenregister TDR, letztere mit angeschlossenem Schieberegister zur Serien-Parallelwandlung. Der Mikroprozessor wählt diese Register über den Systembus mit Hilfe der Lese-/Schreibleitungen $\overline{RD}/\overline{WR}$ und des $C/\overline{D}$-Eingangs (command/$\overline{data}$ = high/low) aus (Tafel 28). Der $C/\overline{D}$-Eingang wird meist mit der Adreßleitung A0 beschaltet. Die Unterscheidung der zwei Steuerwörter geschieht im 8251A durch die Reihenfolge der Steuerwortausgabe (s. Bild 158).

Tafel 28 Adressierung der Register im 8251A

$\overline{CS}$(8251A) = low

$C/\overline{D}$	$\overline{WR}$	$\overline{RD}$	Operation
low	high	low	Datenwort aus RDR lesen
low	low	high	Datenwort ins TDR schreiben
high	high	low	Statuswort aus SR lesen
high	low	high	Moduswort nach Mod-R schreiben oder Kommandowort nach Kdo-R schreiben

Abkürzungen siehe Bild 156

Der USART-Baustein kann im Pollingmode oder interrupt-gesteuert betrieben werden. Mit den zwei Signalen TxRDY (Sender bereit zur Aufnahme eines Zeichens vom MP) und RxRDY (Empfänger bereit zur Abgabe eines Zeichens an den MP) kann der Mikroprozessor unterbrochen und zur Ausgabe (TxRDY = high) oder Eingabe (RxRDY = high) veranlaßt werden. Für Polling-Betrieb stehen die beiden Meldebits mit (im Prinzip) gleicher Bedeutung im Statuswort des Bausteins (Bild 157) zur Verfügung.

Auf der V.24-Seite ist neben den Leitungen TxD, RxD und GRD das Meldesignal $\overline{CTS}$ angegeben, das eine Baustein-Funktion steuert (mit $\overline{CTS}$ = high wird der Datensender TxD gesperrt). Die drei Steuer- und Meldeleitungen $\overline{RTS}$, $\overline{DTR}$ und $\overline{DSR}$ entspr. Tafel 24 werden dagegen vom Mikroprozessor über das Statusbyte abgefragt ($\overline{DSR}$) (Bild 157) oder über das Kommandoregister des 8251A (Bild 159.b) gesteuert, ohne eine weitere Funktion im Baustein zu bewirken |15||16|.

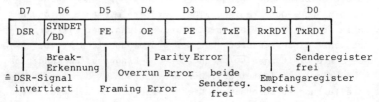

Bild 157 Statuswort des 8251A (Erklärungen siehe |15|, |16|)

An den Eingängen $\overline{TxC}$ und $\overline{RxC}$ werden Sende- und Empfangstakt von einem Frequenzgenerator zugeführt. Im Asynchronmodus ergeben die angelegten Frequenzen - nach der Division durch den im Moduswort festgelegten Teiler 1, 16 oder 64 - die Übertragungsrate auf der Sende- bzw. Empfangsdatenleitung in Baud.

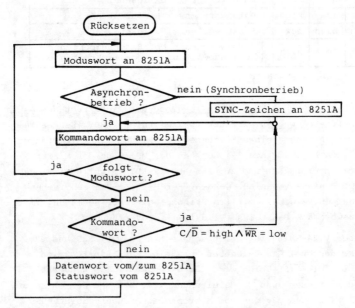

Bild 158 Programmierablauf beim USART-Baustein 8251A |16|

5.4.2 Programmierung des 8251A im Asynchronmodus

Nach dem Rücksetzvorgang ist die Funktionsweise des 8251A in
der Initialisierungsphase für den Asynchronmodus mit zwei Steuerwörtern (Moduswort und Kommandowort) nach dem Ablaufdiagramm
in Bild 158 festzulegen. Wenn während der nachfolgenden Datenübertragung ein Steuerwort (mit $C/\overline{D}$ = high, $\overline{WR}$ = low) an den
Baustein übergeben wird, interpretiert es dieser als Kommandowort, in dem lt. Diagramm vereinbart sein kann, daß ein Moduswort folgt (entspricht Software Reset). Bei synchronem Betrieb
werden zusätzlich Synchronisationszeichen (SYNC-Zeichen in den
Ablauf eingeschoben.

Der Aufbau der zwei Steuerwörter des 8251A ist in Bild 159 angegeben. Beispiel 40 zeigt die Initialisierung des 8251A für den
asynchronen Anschluß eines Bildschirm-Terminals mit V.24-Schnittstelle an einen Mikrocomputer (vgl. Bild 128). Dabei erzeugt
bzw. prüft der U(S)ART-Baustein beim Senden bzw. Empfangen das
Paritätsbit auf der Übertragungsleitung (vgl. Bild 130).

Das Unterprogramm CI in Beispiel 41 liest nach dem Polling-

a) Aufbau des 8251A-Musworts

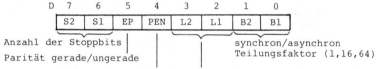

```
         D  7    6    5    4    3    2    1    0
           ┌────┬────┬────┬────┬────┬────┬────┬────┐
           │ S2 │ S1 │ EP │PEN │ L2 │ L1 │ B2 │ B1 │
           └────┴────┴────┴────┴────┴────┴────┴────┘
```

Anzahl der Stoppbits ──┘   │   synchron/asynchron
Parität gerade/ungerade   │   Teilungsfaktor (1,16,64)

    mit/ohne Paritätsbit   Bit pro Zeichen (5,6,7,8 ohne
                                             Paritätsbit)

b) Aufbau des 8251A-Kommandoworts

```
           ┌────┬────┬────┬────┬────┬─────┬────┬─────┐
           │ EH │ IR │RTS │ ER │SBRK│RxEN │DTR │TxEN │
           └────┴────┴────┴────┴────┴─────┴────┴─────┘
```

Suchmode ──┘   │   │
(Synchronbe-   │   Datensender frei-
 trieb)   │   geben/sperren
                     │
Moduswort folgt──┘   │   Ausgang $\overline{DTR}$ = 0/1
                     │   setzen
Ausgang $\overline{RTS}$ = 1/0 setzen   Empfänger freigeben/sperren
Fehlerbits (PE,OE,FE) im ──┘ BREAK-Zustand senden
Statuswort rücksetzen

Bild 159 Steuerwörter für den Baustein 8251A |16|

Beispiel 40: Initialisierung des 8251A für Datensichtgeräteanschluß. Im Moduswort sind folgende Einstellungen vorzunehmen: Asynchronübertragung mit Teilungsfaktor 64, 7 Bit pro Zeichen (ASCII-Zeichen), Paritätsbit, gerade Parität, ein Stoppbit (vgl. Bild 130). Mit dem Kommandowort sind folgende Einstellungen zu veranlassen: Sender TxD und Empfänger RxD freigeben, Ausgänge $\overline{DTR}$ und $\overline{RTS}$ auf low-Zustand setzen, keinen BREAK-Zustand aussenden, Fehlerbits nicht löschen, nächstes Steuerwort ist kein Moduswort. Datentransfer kann beginnen.

```
;Initialisierung des 8251A
;
USART   EQU     ..H             ;Daten-port-Adresse des 8251A
MODUS   EQU     01111011B       ;Moduswort 7BH
KDO     EQU     00100111B       ;Kommandowort 27H
;
        ORG     0
RESET:  MVI     A,MODUS         ;Moduswort in Akkumulator
        OUT     USART + 1       ;Moduswort an Steuerwortadresse
        MVI     A,KDO           ;Kommandowort in Akkumulator
        OUT     USART + 1       ;Kommandowort an Steuerwortadresse
        ...
```

Beispiel 41: Einlesen eines Zeichens von der Tastatur des Bedien-Sichtgeräts im Polling-Verfahren.

```
;   Unterprogramm CI (= consol input)
;
CI:     IN      USART + 1       ;Statuswort des 8251A einlesen
        ANI     Ø2H             ;Ausblenden des Bits RxRDY im Status
        JZ      CI              ;Springe, wenn Empfangsregister leer
        IN      USART           ;Datenzeichen von 8251A einlesen
        RET                     ;Rückkehr mit Zeichen im Akku
```

Verfahren ein 7-Bit-Zeichen von der Tastatur ein und übergibt es im Akkumulator an das aufrufende Programm. Beim Befehl "IN USART" liefert der 8251A die 7 Datenbits rechtsstehend und setzt statt des übertragenen Paritätsbits eine Null ein. Das Paritätsbit auf der Leitung ist dem Prozessor normalerweise nicht zugänglich. Zuvor muß das Bit RxRDY im Statuswort (vgl. Bild 157) solange abgefragt werden, bis es mit dem Zustand high

anzeigt, daß im Empfangsregister RDR ein Zeichen bereitsteht.
Ein entsprechendes Programm gibt es für die Zeichenausgabe auf
den Bildschirm. Hierbei wird das Statusbit TxRDY abgefragt.

5.5 Zeitgeber-Baustein 8253

Bei der Steuerung technischer Abläufe müssen Schaltvorgänge in
exakten Zeitabständen erfolgen, Impulse oder Impulsfolgen mit
definiertem Zeitverhalten erzeugt werden. Die Zeitvermassung
durch programmierte Zählschleifen belegt den Mikroprozessor
vollständig, so daß er währenddessen z.B. nicht auf Unterbrechungen reagieren kann. Sehr unübersichtlich wird das Programm,
wenn mehrere zeitliche Abläufe ineinandergreifen. Programmierbare Zeitgeber wie der Baustein 8253 |15||16| nehmen dem Mikroprozessor diese Aufgaben ab und verbessern damit die Realzeit-
Eigenschaften und den Befehlsdurchsatz der Systeme.

5.5.1 Struktur und Programmierung des 8253

Der programmierbare Zeitgeber (engl. interval timer) 8253 enthält drei voneinander unabhängige 16-Bit-Zähler (0, 1 und 2),
die mit verschiedenen Zählfrequenzen von jeweils 2 MHz höchstens betreibbar sind. Es sind Abwärtszähler, die wahlweise
dual (16 Dualstellen) oder dezimal (4 Dezimalstellen) zählen.
Jeder Zähler verfügt über drei Anschlüsse: einen Takteingang
CLK(i), einen Sperreingang GATE(i) und einen Meldeausgang
OUT(i) (Bild 160), deren Funktion im einzelnen die Betriebsart
eines Zählers bestimmt. Der Anwender kann bei der Initialisierung eines Zählers unter 6 Betriebsarten (mode 0 bis 5) wählen.
Im allgemeinen müssen am Takteingang CLK(i) der Zähltakt bzw.
zu zählende externe Ereignis-Impulse anliegen; über den GATE-
Eingang kann der Takteingang zeitweise gesperrt (GATE = low)
werden; der Ausgang OUT(i) meldet den Nulldurchgang des Zählers i durch einen Flankenwechsel oder einen Impuls, bzw. liefert einen Impuls definierter Zeitdauer (monostabile Kippstufe)
oder eine Impulsfolge vorgegebener Frequenz (Taktgenerator).
Wenn der 8253 ein Zeitintervall auszählt, nach dessen Ablauf
der Mikroprozessor aktiv werden muß, so legt man das OUT-Signal

zur Unterbrechung des laufenden Programms auf einen Unterbrechungs-Eingang des Mikroprozessors.

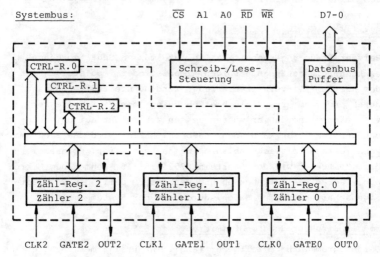

Bild 160 Struktur des Zeitgeber-Bausteins 8253

Die Systembus-Schnittstelle des "Ein-/Ausgabe-Bausteins" 8253 ist sehr einfach. Die Lese-/Schreibsteuerung (Bild 160) spricht an, wenn der Freigabeeingang $\overline{CS}$ auf low-Potential liegt und das

Tafel 29 Adressierung der 8253-Register (wenn $\overline{CS}$(8253) = $\emptyset$)

$\overline{RD}$	$\overline{WR}$	A1	A0	Funktion
1	0	0	0	Zählregister Nr. 0 laden
1	0	0	1	Zählregister Nr. 1 laden
1	0	1	0	Zählregister Nr. 2 laden
1	0	1	1	Steuerregister (CTRL-R.) laden *)
0	1	0	0	Zählerstand von Zähler Nr. 0 lesen
0	1	0	1	Zählerstand von Zähler Nr. 1 lesen
0	1	1	0	Zählerstand von Zähler Nr. 2 lesen
0	1	1	1	keine Funktion, Datenbus hochohmig

*) die Nummer des Steuerregisters steht im Feld SC1,0 des Steuerworts.

Lese- oder Schreibsignal ($\overline{RD}$ oder $\overline{WR}$) aktiv ist. Die Adreßbits
A1 und A0 des Adressenbus unterscheiden nach Tafel 29 die drei
16-Bit-Zählerregister 0,1 und 2, die ladbar und lesbar sind,
und die Steuerregister (CTRL-R.), die nur mit Steuerwörtern
ladbar, jedoch nicht lesbar sind.

Zähler-Initialisierung. Für jeden Zähler, der eine bestimmte
Funktion ausführen soll, ist in der Initialisierungsphase mit

Ausgabe eines Steuerworts pro Zähler mit Befehl:

EA-Adresse: 7FH z.B.

$\overline{CS}$(8253) CTRL-R. (vgl. Tafel 29)

Steuerwort (im Akkumulator bereitzustellen):

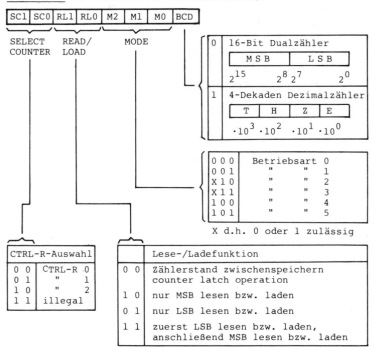

Bild 161 Ausgabe-Befehl und Aufbau des 8253-Steuerworts

einem eigenen Ausgabebefehl ein Steuerwort (Bild 161) an
den Baustein zu übertragen. Das Steuerwort gibt in seinem SE-
LECT COUNTER-Feld selbst an, für welchen Zähler es bestimmt
ist und in welches der drei Steuerregister CTRL-R. 0, 1 oder 2
es zu laden ist. Es legt für diesen Zähler im BCD-Bit die Zählweise und damit die Interpretation des 16-Bit-langen Zählregi-
sterinhalts fest. Neben der Betriebsart (s. Abschn. 5.5.2) enthält das Steuerwort im RL-Feld Angaben über das nachfolgende
Laden und Lesen der Zählgröße.

Nach der Übertragung des Steuerworts verharrt der ausgewählte
Zähler zunächst in einem normierten Zustand und startet erst,
wenn ihm die Zählgröße <u>in der im READ/LOAD-Feld angekündigten
Weise</u> übergeben worden ist. Mit Ausgabebefehlen können die
Zählgrößen nur byteweise an den normierten Zähler übergeben
werden, wobei nach Bild 161 die Zähleradressen 7CH (Zähler 0),
7DH (Zähler 1) 7EH (Zähler 2) sind. Gemäß dem RL-Feld können
nur das höherwertige Byte MSB mit (RL) = 01, oder nur das niederwertige Byte LSB mit (RL) = 10, oder beide Bytes LSB und
MSB mit (RL) = 11 in die Zählerregister geladen werden.

<u>Beispiel 42:</u> Initialisierung des 8253/Zähler 0 mit LSB und MSB.

```
STW      EQU      00110001B    ;Zähler 0, LSB und MSB,
                               ;Betriebsart 0, dezimal
INIT0:   MVI      A,STW        ;Steuerwort in Akku laden
         OUT      7FH          ;Steuerregister-Adresse gem.
                               ;Bild 161
         MVI      A,18H        ;LSB der Zählgröße generieren
         OUT      7CH          ;LSB nach Zählregister 0 (Bild 161)
         MVI      A,04H        ;MSB der Zählgröße generieren
         OUT      7CH          ;MSB nach Zählregister 0 (Bild 161)
; Start des Zählers 0
```

<u>Lesen des Zählerstands.</u> Der Baustein 8253 gestattet das Ausle-
sen der Zählerstände durch den Mikroprozessor, was in manchen
Anwendungen, insbesondere beim Zählen von externen Ereignissen,
wünschenswert ist.
Die einfache Methode besteht darin, entsprechend der RL-Vorschrift im Initialisierungs-Steuerwort den Inhalt eines Zählers
mit ein oder zwei IN-Befehlen ("IN CTRADR") nacheinander auszu-

lesen. Hierbei können allerdings während eines IN-Befehls bzw.
zwischen zwei IN-Befehlen Zählvorgänge stattfinden, die u.U.
erhebliche Lesefehler verursachen. Man müßte das Zählen während des Lesevorgangs unterbinden und damit in den Zählvorgang
eingreifen.
Ein einwandfreies Verfahren zum exakten Auslesen eines Zählerstands, ohne den Zählvorgang zu beeinflussen, stellt die "read
on the fly"-Eigenschaft des Bausteins dar. Dabei wird ein
counter latch-Steuerwort mit (RL) = ØØ (vgl. Bild 161) an die
Steuerregister-Adresse übertragen, das die definierte Übernahme des 16-Bit-Zählerstandes in ein Zwischenregister bewirkt
(in Bild 160 nicht dargestellt). Anschließend muß gemäß der
RL-Vorschrift im Initialisierungs-Steuerwort der Zählerstand
aus dem Zwischenregister ausgelesen werden (Beispiel 43). Wichtig ist, daß durch die Übertragung und kurzfristige Speicherung
des counter latch-Steuerworts das Initialisierungs-Steuerwort
für den Zähler nicht zerstört wird und funktionsbestimmend
bleibt.

Beispiel 43: Lesen des Zählerstands: "read on the fly".

```
;Zähler 1 sei initialisiert mit (RL) = 1 1
;Steuerregister- und Zähleradresse gem. Bild 161
;
COUNT:  DS   2           ;2 Bytes für Zählerstand reservieren
;
RDCTRØ: MVI  A,4ØH       ;counter latch-Steuerwort für Zähler 1
                         ;Ø 1 Ø Ø X X X X = 4ØH (mit X = Ø/1)
        OUT  7FH         ;Ausgabe an Steuerregister-Adresse
        IN   7DH         ;LSB aus Zwischenregister auslesen
        STA  COUNT       ;Zählerstand LSB abspeichern
        IN   7DH         ;MSB aus Zwischenregister auslesen
        STA  COUNT+1     ;Zählerstand MSB abspeichern
```

5.5.2 Betriebsarten des Zeitgebers 8253

Für einen bestimmten Anwendungsfall wird die gewünschte Betriebsart eines Zählers im 8253 durch das Initialisierungs-Steuerwort (Feld M2-Ø, vgl. Bild 161) eingestellt. Die Funktionen der Zähler und der Ein-/Ausgänge in den 6 Betriebsarten
MODE Ø bis MODE 5 seien im folgenden kurz erläutert.

Zur Präzisierung sind für die drei Betriebsarten Ø, 1 und 3 Zeitdiagramme (Bild 162) angegeben. Die Zeitbasis hierfür ist der Zähltakt CLK mit der Periodendauer T. Das Schreibsignal

MODE 0: Signal (zur Unterbrechung) bei Zähler-Nulldurchgang

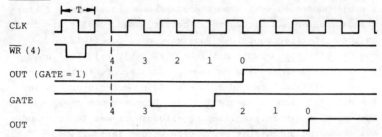

MODE 1: Programmierbare monostabile Kippstufe (retriggerbar)

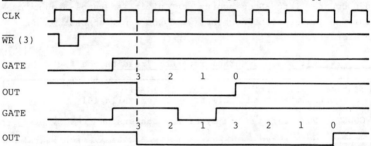

MODE 3: Programmierbarer Taktgenerator

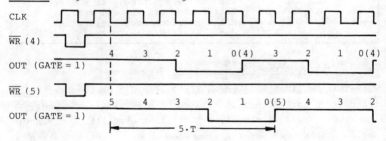

Bild 162   Zeitdiagramme für die Betriebsarten Ø, 1, 3 des 8253

$\overline{WR}$ (n) rührt vom letzten Zähler-Ladebefehl her, der das Zählerregister mit der Zählgröße n, bzw. mit deren MSB oder LSB lädt. Nach dem $\overline{WR}$-Impuls und nach der Freigabe des CLK-Eingangs durch den GATE-Eingang (GATE = 1) wird die übertragene Zählgröße nach einer ansteigenden und einer fallenden Taktflanke in das Zählregister übernommen und der Zählablauf gestartet (Bild 162). - Die vollständige Beschreibung findet man in |15| |16|.

Betriebsart 0: Signal bei Zähler-Nulldurchgang. Nach dem Laden der Zählgröße wird diese nach Bild 162 heruntergezählt, sofern am GATE-Eingang high-Potential anliegt. Beim Nulldurchgang liefert der OUT-Ausgang eine ansteigende Flanke, die in der Regel zur Unterbrechung des Mikroprozessors über einen Unterbrechungseingang verwendet wird. Nach dem Nulldurchgang dekrementiert der Zähler weiter. Das Laden einer neuen Zählgröße stoppt den Zählvorgang und startet mit der neuen Zählgröße. Ein Sperren des Zähltaktes verzögert den Nulldurchgang der Zählgröße (Bild 162).

Betriebsart 1: Programmierbare monostabile Kippstufe. Die geladene Zählgröße bestimmt die Impulsdauer (low-Zustand) am OUT-Ausgang des Zählers. Der Impuls wird nach dem Laden der Zählgröße durch die steigende Flanke des GATE-Signals gestartet (Bild 162). Das Monoflop ist retriggerbar, d.h. jede ansteigende GATE-Flanke während des Impulses lädt die Zählgröße neu und verlängert die Impulsdauer entsprechend.

Betriebsart 2: Programmierbarer Frequenzteiler. Wird die Zählgröße n geladen, dann liegt am Ausgang OUT der durch n geteilte CLK-Takt an, wobei das Signal während n-1 Perioden high-Pegel und während der n-ten Periode low-Pegel annimmt.

Betriebsart 3: Programmierbarer Taktgenerator. Der Zähler teilt den anliegenden Takt durch die eingegebene Zählgröße n in der Weise, daß am Ausgang OUT ein Rechtecktakt mit dem ungefähren Tastverhältnis 1:1 zur Verfügung steht (Bild 162). Bei geradzahligem Teiler n hat der gelieferte Takt während n/2 Taktperioden high-Pegel und während n/2 Taktperioden low-Pegel.

Bei ungeradzahligem Teiler m nimmt der Ausgang OUT während (m+1)/2 Takten high-Pegel und während (m-1)/2 Takten low-Pegel an. Die Zählgröße kann während des Ablaufs neu geladen werden.

Betriebsart 4: Software-gesteuerter Tastimpuls. Nach dem Ausgeben einer Zählgröße n im Modus 4 behält das OUT-Signal den high-Pegel während n Takten bei und nimmt dann für eine Taktperiode einmalig low-Pegel an, GATE = high vorausgesetzt. Mit einem low-Pegel am GATE-Eingang wird das Zählen unterbrochen und mit der ansteigenden GATE-Flanke erneut mit der Zählgröße n gestartet (Retriggerung). Bei erneutem Laden einer Zählgröße wird der laufende Vorgang beendet und mit der neuen Zählgröße ein neuer Ablauf gestartet.

Betriebsart 5: Hardware-gesteuerter Tastimpuls. Bei geladener Zählgröße beginnt ein Zähler mit der ansteigenden Flanke an seinem GATE-Eingang herabzuzählen. Nach dem Nulldurchgang liefert er einen einmaligen Tastimpuls von der Länge einer Taktperiode an seinem OUT-Ausgang. Der Modus ist retriggerbar.

Der schnellere Zeitgeber-Baustein 8254 |61| zählt Eingangsfrequenzen von bis zu 10 MHz und bietet im Vergleich zum 8253 einige Verbesserungen.

5.5.3 Einsatz des Zeitgeber-Bausteins 8253 als programmierbarer Taktgenerator

Für ein Mikrocomputersystem (vgl.Abschn.4.1.2) soll mit dem Baustein 8253 ein programmierbarer Taktgenerator realisiert werden. Hierzu ist eine einfache Leiterplatine (im Europa-Format) mit einem 8253 (Bild 163) zum Anschluß an den Bus des SMP-Mikrocomputersystems |44| aufzubauen. Die Baugruppe, die nur mit EA-Befehlen angesprochen wird (isolierte Ein-/Ausgabe),

Beispiel 44: Programmierbarer Taktgenerator mit 8253 (S.309).

```
                ;   P C L O C K
                ; PROGRAMMIERBARER TAKTGENERATOR MIT 8253/CTR Ø
                ;
Ø411      1  AUS    EQU    Ø411H
Ø56E      2  HOLAD  EQU    Ø56EH
ECØØ      3         ORG    ØECØØH
ECØØ 312FEF   4  PCLOCK: LXI   SP,ØEF2FH
ECØ3 3E3F     5         MVI   A,3FH         ;8253-Steuerwort,CTR Ø, Mode 3, BCD
ECØ5 D37F     6         OUT   7FH           ;Steuerwort an 8253-Steuerregister
ECØ7 21ØØØØ   7         LXI   H,ØØØØH       ;Vorbelegung des Zählregisters
ECØA 7D       8         MOV   A,L           ;LSB der Zählgröße in Akku
ECØB D37C     9         OUT   7CH           ;LSB nach 8253/CTR Ø laden
ECØD 7C      1Ø  ZAUS:  MOV   A,H           ;MSB der Zählgröße in Akku
ECØE D37C    11         OUT   7CH           ;MSB nach 8253/CTR Ø laden
EC1Ø ØEØD    12         MVI   C,ØDH         ;ASCII-Code für Wagenrücklauf (CR)
EC12 CD1Ø4   13         CALL  AUS           ;an Bildschirm ausgeben
EC15 ØEØA    14         MVI   C,ØAH         ;ASCII-Code für Zeilenvorschub (LF)
EC17 CD1Ø4   15         CALL  AUS           ;an Bildschirm ausgeben
                16                           ;Textausgabe auf Bildschirm
EC1A 212EEC  17  TXTAUS: LXI  H,TEXT        ;Textadresse laden
EC1D 1614    18         MVI   D,2ØD         ;Zeichenanzahl laden
EC1F 4E      19         MOV   C,M           ;ein Zeichen ins C-Register
EC2Ø CD1Ø4   2Ø         CALL  AUS           ;auf Bildschirm ausgeben
EC23 15      21         DCR   D             ;Zeichenanzahl dekrementieren
EC24 23      22         INX   H             ;Textadresse erhöhen
EC25 C21FEC  23         JNZ   TXTAUS        ;Sprung, wenn (D) ungleich Ø
EC28 CD6EØ5  24         CALL  HOLAD         ;Einholen der Periodendauer dezimal
                25                           ;von Tastatur nach Reg-Paar HL
EC2B C3ØAEC  26         JMP   ZAUS          ;Sprung: Zähler neu laden
EC2E 54285553 27 TEXT:  DB    'T(US) DEZ'   ;Definition der auszugebenden
EC32 292Ø4445
EC36 5A2Ø
EC38 45494E47 28        DB    'EINGEBEN:'   ;Aufforderung
EC3C 4542454E
EC4Ø 3A2Ø
                29       END
```

reagiert während des Buszyklus mit Lesen oder Schreiben, wenn die vom Prozessor angelegte E/A-Adresse A7-2 mit der auf den Wahlschaltern S7-2 eingestellten Baugruppenadresse identisch, und ein Lese- oder Schreibsignal ($\overline{\text{IOR}}$ oder $\overline{\text{IOW}}$) aktiv ist. Während eines Speicherzyklus, bei dem zufällig die "richtigen" Adressen anstehen (Signal BGSEL = high), darf weder der bidirektionale Datenpuffer noch der 8253 freigegeben werden. Der Pegel des $\overline{\text{IOR}}$-Signals schaltet die Transferrichtung des Datenpuffers um (DIR-Eingang).

Für die Erzeugung des Taktes mit programmierbarer Periodendauer ist der Zähler Nr. 0 des 8253 mit der Betriebsart 3 (vgl. Abschnitt 5.5.2) als Dezimalzähler zu initialisieren. Das Pro-

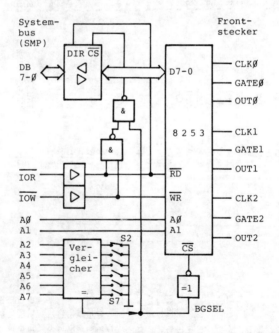

Bild 163   Einfache Zeitgeber-Baugruppe für (SMP-) Bussystem (Blockschaltbild)

gramm PCLOCK (programmable clock, Beispiel 44) erwartet daraufhin die Eingabe der Zählgröße max. 4stellig dezimal von der Konsol-Tastatur und liefert am Ausgang OUT∅ die Rechteckfrequenz mit der gewünschten Periodendauer. Voraussetzung ist, daß von außen ein Zähltakt an CLK∅ anliegt und GATE∅ auf high-Potential liegt. Der Zähltakt (CLK∅) und der erzeugte Takt (OUT∅) können auf einem Oszilloskop sichtbar gemacht werden. PCLOCK erlaubt die fortlaufende Wiederholung des Experiments mit unterschiedlichen Zählgrößen.

Zur Ausgabe eines ASCII-Zeichens auf den Konsol-Bildschirm und zur Eingabe von max. 4 Hexadezimalziffern von der Konsol-Tastatur ruft das Programm PCLOCK die Unterprogramme AUS und HOLAD des Monitorprogramms (vgl. Tafel 19) auf.

Das gesamte Spektrum der peripheren Bausteine des 8085 ist in den Daten- und Handbüchern der Herstellfirmen beschrieben, von denen in diesem Skriptum |12| |13| |15| |16| |18| |19| |26| |42| |54| |61| und |63| genannt sind.

6 Die Mikroprozessoren 8086 und 8088

Die Mikroprozessoren 8086 und 8088 sind die Nachfolger des in Abschnitt 2 beschriebenen 8085. Sie wurden 1978/1979 von der Firma INTEL als erste Vertreter der heutigen 16-Bit-Mikroprozessorklasse herausgebracht.

Obwohl einerseits beim Befehlssatz, bei der Registerstruktur und bei der Anschaltung von Speicher- und Ein-/Ausgabebausteinen auf eine gewisse Kompatibilität zum Vorgänger 8085 geachtet wurde - so sind z.b. die in Abschnitt 5 beschriebenen Ein-/Ausgabe- und Ergänzungsbausteine auch in den 16-Bit-Mikrocomputersystemen wieder zu finden - hat andererseits mit dem Übergang zur 16-Bit-Technologie ein q u a l i t a t i v e r S p r u n g stattgefunden:
Zusätzlich zur schnellen 16-Bit-Verarbeitungs- und Verkehrsstruktur hat man erstmals fortgeschrittene Strukturelemente von den etablierten Computern übernommen (Bild 164). Dadurch wurden anspruchsvolle Anwendungen aus den Bereichen Messen-Steuern-Regeln und Echtzeitverarbeitung mit Mikroprozessoren realisierbar, die Ablösung der klassischen Minicomputer und Prozessrechner durch die Mikrocomputer begann.

Der leistungsfähige Befehlssatz, der physikalische Hauptspeicher von max. 1 MByte und das integrierte Vektor-Interruptsystem unterstützen den zunehmenden Einsatz von Betriebssystemen, z.B. DOS |67| auf den Personal Computern und RMX86 |70| auf 8086-Baugruppensystemen. Zur Programmierung kommen neben der komfortablen Assemblersprache zunehmend die höheren Programmiersprachen zum Einsatz (vgl. Kap.1.4.4).

Die in Bild 164 hervorgehobenen Mikroprozessoren 8088 und 8086 sind der Grundstein der CISC-Rechnerfamilie 80x86, die über den 80286 bis zu den 32-Bit-Mikroprozessoren 80386 und 80486 |61| reicht. Die Abkürzung CISC (complex instruction set computer) kennzeichnet Rechnerfamilien mit umfangreichen

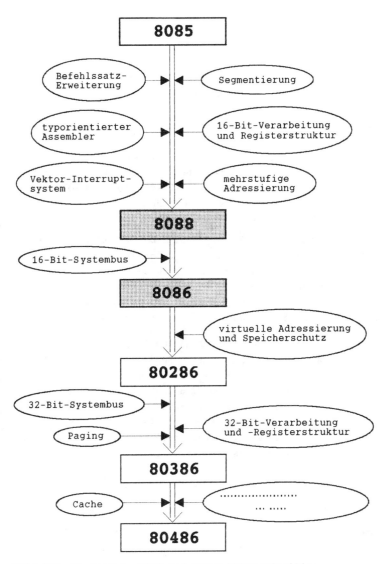

Bild 164 Übersicht: 8085 und 80x86-Rechnerfamilie

Befehlssätzen und mehrstufigen Adressierungsarten, deren interne Abläufe durch gespeicherte Mikroprogramme |10||11| gesteuert werden.

Die Entstehung der 80x86-Familie bis zum 80486 ist nach Bild 164 im wesentlichen durch die schrittweise Hinzunahme weiterer Systemeigenschaften unter Beibehaltung der bisherigen Strukturen zu charakterisieren. Die so entstandene Aufwärtskompatibilität gewährleistet, daß einmal erstellte Programme auf allen nachfolgenden größeren Mikroprozessoren der Familie ablauffähig sind. - Für den Lernenden ergibt sich daraus der Schluß, daß die Erarbeitung der 8086/8088-Technologie eine n o t w e n d i g e V o r a u s s e t z u n g für das Verständnis der gesamten 80x86-Familie ist.

Die Mikroprozessoren 8086 und 8088 haben dieselbe interne 16-Bit-Struktur, denselben Befehlssatz und dieselbe Assemblersprache. Sie unterscheiden sich im wesentlichen dadurch, daß der 8086 nach außen über einen 16-Bit-breiten und der 8088 über einen 8-Bit-breiten Datenbus verfügt. Letzterer ist somit als direkter leistungsfähiger Ersatz des 8085 geeignet.

Die 16-Bit-Mikrocomputer 80186 und 80188 |64| haben dieselbe Struktur wie die Mikroprozessoren 8086 und 8088, sie enthalten jedoch auf einem Chip zusätzlich die wichtigsten Peripheriebausteine. Die 16-Bit Embedded Controller der MCS-96-Familie |71| enthalten spezielle Prozessperipherie auf dem Baustein, was sie für Single-Chip-Lösungen in der Automatisierungstechnik besonders interessant macht; sie haben eine andere Architektur als die 80x86-Familie.

6.1 Struktur der Mikroprozessoren 8086 und 8088

6.1.1 Funktionseinheiten der Mikroprozessoren 8086 und 8088

Die nahezu identischen Mikroprozessoren 8086 und 8088 enthalten zwei voneinander unabhängige Funktionseinheiten, die Ausführungseinheit (engl. execution unit EU) und die Bus-Interface-Einheit (engl. bus interface unit BIU), die von einem

zentralen Leitwerk (engl. control and timing) so gesteuert
werden, daß sie weitgehend simultan arbeiten (Bild 165).

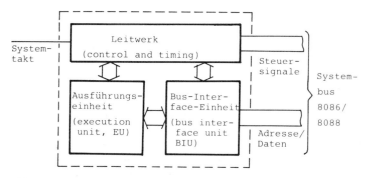

Bild 165 Funktionseinheiten im Mikroprozessor 8088

Die Bus-Interface-Einheit mit dem zugehörigen Leitwerksteil
wickelt sämtliche Abläufe auf dem Systembus ab; sie holt die
Befehle aus dem Speicher und überträgt Daten von den peripheren Bausteinen am Systembus zur Ausführungseinheit und umgekehrt. G l e i c h z e i t i g verarbeitet die Ausführungseinheit
selbständig die angelieferten Operanden und gibt die Ergebnisse zum Abspeichern an die BIU zurück.

Diese Form der prozessorinternen Parallelarbeit ist eine einfache Form des Pipelining (asynchrone Instruktions-Pipeline)
¦65¦, das im wesentlichen dazu dient, Wartezeiten auf dem Systembus zu vermeiden. Während langer Befehlsausführungen holt
die BIU die nächsten auszuführenden Befehle auf Vorrat aus
dem Hauptspeicher und legt sie in einem schnellen Befehlspuffer (engl. instruction queue) ab, bis dieser gefüllt ist.
Die EU holt die auszuführenden Befehle aus dem Befehlspuffer
und führt sie aus (Bild 166).

In den Mikroprozessoren 8086 und 8088 umfaßt der Befehlspuffer 6 bzw. 4 Bytes. Er bewirkt, daß - nach Angaben des Herstellers - 90 bis 95 % der Befehle eines Programms bei ihrer
Ausführung schon im Befehlspuffer bereit stehen, die Befehlholzeiten im Mittel also nur zu einem geringen Teil in die

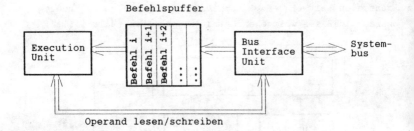

Bild 166 Zum Prinzip des Instruktions-Pipelining

Laufzeit der Befehle eingehen. Die Zeitangaben in den Befehlslisten ¦61¦¦64¦¦65¦ enthalten deshalb n i c h t die Buszyklen für das Befehlholen. Entsprechend der externen Datenbusbreite holt der 8086 die Befehle in Einheiten von 16-Bit-Worten, der 8088 in Einheiten von Bytes.

Zusätzlich steuert die BIU zeitlich überlappend zur Befehlsausführung die notwendigen Operanden-Lese- und Schreibzyklen, soweit dies vom Ablauf her möglich ist. Auch hier überträgt der 8086 einen Wortoperanden in e i n e m Buszyklus, der 8088 zerlegt intern einen Wortoperanden in zwei Bytes, die er in aufeinanderfolgenden Buszyklen in den Speicher schreibt. Beim Lesen eines 16-Bit-Worts holt der 8088 zwei aufeinanderfolgende Bytes über den Systembus und setzt sie vor der Verarbeitung zu einem Wort zusammen. Die Geschwindigkeitsunterschiede zwischen 8086 und 8088 rühren allein von der unterschiedlichen Datenbusbreite her.

Daß beim Instruktions-Pipelining Probleme beim Verlassen der Befehlsfolge durch Sprünge oder durch externe Unterbrechungen auftreten, ist zu erwarten. Umfassende Erörterungen zum Thema Pipelining findet man u.a. in ¦66¦ und ¦72¦.

6.1.2 Blockschaltbild und Programmiermodell

Das <u>Blockschaltbild</u> der Mikroprozessoren 8086 und 8088 (Bild 167) zeigt die Register, die 16-Bit-breite ALU- und Verkehrs-

struktur sowie ihre Zuordnung zu den zwei Funktionseinheiten
Bus Interface Unit und Execution Unit.

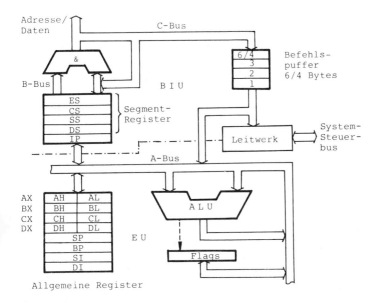

Bild 167 Blockschaltbild der Mikroprozessoren 8086/8088

Das Programmiermodell (Bild 168) umfaßt die programmierbaren
Register, also Universalregister, Zeiger- und Indexregister,
Segmentregister, Instruktionszeiger und Flags.

Die ALU (Bild 167) führt alle einschrittigen arithmetischen
und logischen Operationen wahlweise in 8-Bit- und 16-Bit-
Breite aus. Die universellen Register (Bild 168 und Bild 167)
sind in den Befehlen wahlweise ansprechbar als
- 16-Bit-Register AX, BX, CX, DX und
- 8-Bit-Register AH, AL, BH, BL, CH, CL, DH, DL.
(mit z.B. AH d.h. Akku High Byte und AL d.h. Akku Low Byte)

Die in Bild 167 schematisch dargestellte Prozessorstruktur
soll an Hand eines B e f e h l s a b l a u f s erläutert werden.

Der Befehl   "ADD   AX, ANTON"
addiert den 16-Bit Speicheroperanden mit der symbolischen
Speicheradresse ANTON zum Inhalt des 16-Bit-Registers AX :

$$AX \longleftarrow AX + ANTON$$

Zuerst holt das Leitwerk den Befehl aus dem Befehlspuffer und
dekodiert ihn. Dann schaltet es den Operanden aus AX über den
internen A-Bus auf einen Eingang der ALU und speichert ihn

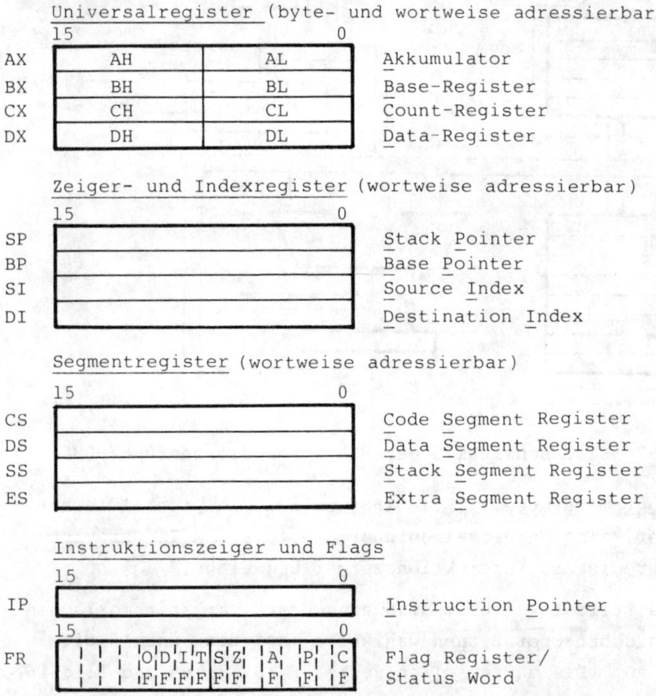

Universalregister (byte- und wortweise adressierbar)

	15		0	
AX	AH	AL		Akkumulator
BX	BH	BL		Base-Register
CX	CH	CL		Count-Register
DX	DH	DL		Data-Register

Zeiger- und Indexregister (wortweise adressierbar)

	15	0	
SP			Stack Pointer
BP			Base Pointer
SI			Source Index
DI			Destination Index

Segmentregister (wortweise adressierbar)

	15	0	
CS			Code Segment Register
DS			Data Segment Register
SS			Stack Segment Register
ES			Extra Segment Register

Instruktionszeiger und Flags

	15	0	
IP			Instruction Pointer

| FR | \|\|\|OF\|DF\|IF\|TF\|SF\|ZF\|\|AF\|\|PF\|\|CF\| | Flag Register/Status Word |

Abk.: OF   d.h.   Overflow Flag   SF ⎫
      DF   Direction Flag   ZF ⎬ identisch mit
      IF   Interrupt Flag   AF ⎬ 8085-Flags
      TF   Trap Flag   PF ⎬ (vgl. Bild 46)
                                      CF ⎭

Bild 168 Programmiermodell der Mikroprozessoren 8086/8088

in einem nicht dargestellten Pufferregister. Gleichzeitig
wird die physikalische Speicheradresse des Speicheroperanden
(ANTON) gebildet und auf den externen Adressenbus geschaltet.
Die BIU stößt einen Speicherzyklus an und liest den 16-Bit-
Operanden (ANTON) von den Datenleitungen ein. Die Adressen-
und Datenleitungen des Systembus sind identisch, da es sich -
wie beim 8085 - um einen Multiplexbus handelt. Der Speicheroperand wird vom C-Bus (vgl. Bild 167) über eine nicht dargestellte Kommunikationsschaltung im Segmentregisterblock auf
den A-Bus geschaltet und in das Zwischenregister vor dem
zweiten ALU-Eingang geladen.
Wenn die zwei Operanden an den ALU-Eingängen anliegen, erscheint nach der Durchlaufzeit das Ergebnis am ALU-Ausgang
und wird über den A-Bus in das allgemeine Register AX geladen. Parallel dazu wertet das Leitwerk das Ergebnis aus und
hält dessen Eigenschaften im 16-Bit-Flag-Register FR fest.

Die Rolle der 4 Segmentregister, der 4 Zeiger- und Indexregister bei der Bildung der physikalischen Speicheradresse
wird in den folgenden Abschnitten 6.2 und 6.3 beschrieben.
Der Instruction Pointer IP entspricht dem Befehlszähler des
8085; er wird von der BIU verwaltet.

Kleine Codierbeispiele (Beispiel 45) zeigen die Verwendung
der Universalregister und gleichzeitig die Befehlsnotation in
den 80x86-Assemblern. Wie bei Hochsprachen bestimmt hier den
Typ des zu verarbeitenden Operanden - BYTE oder WORT - nicht
der symbolische Mnemocode, sondern die Operandendefinition,
u.a. der Registername im Befehl:
- ein adressiertes Byte-Register bewirkt eine Byte-Operation,
- ein adressiertes Wort-Register bewirkt eine Wort-Operation.
Die Assembler ASM86, MASM, TASM werden deshalb als typorientierte Assembler bezeichnet.

Die Flags des 8086/8088 sind in einem 16-Bit Flag-Register
zusammengefaßt (Bild 168). Ihre Bedeutung und Handhabung ist
im Prinzip dieselbe wie beim 8085 (vgl. Abschn. 2.1.1), zu
den 5 Flags des 8085 sind jedoch 4 weitere hinzugekommen:

TF: Setzt man im Programm das <u>Trap Flag TF</u> auf 1, wird der 8086/8088 in den <u>Einzelbefehlsmodus</u> (engl. single step mode) geschaltet; er unterbricht dann selbständig nach jedem ausgeführten Befehl das Programm und verzweigt z.B. in eine Debug-Routine, die die Untersuchung des zu testenden Programms erlaubt.

IF: Ist das <u>Interrupt Flag IF</u> auf 1 gesetzt, dann wird das laufende Programm durch externe Interrupt-Signale unterbrochen. IF = 0 sperrt den Prozessor gegen externe Unterbrechungsanforderungen (siehe Abschn. 6.5.4).

DF: Das <u>Direction Flag DF</u> bestimmt bei den String-Befehlen die Zählweise der String-Adressen. Bei DF = 0 werden die String-Adressen in den Indexregisetern SI und DI automatisch inkrementiert, bei DF = 1 dekrementiert.

OF: Das <u>Überlauf-Flag OF</u> (engl. <u>O</u>verflow <u>F</u>lag) dient zur Anzeige von Zahlenbereichs-Überläufen bei der Verarbeitung von 8-Bit- und 16-Bit-langen <u>vorzeichenbehafteten Festpunktzahlen</u> (<u>Integer Zahlen</u>). Es liegt die Zweierkomplement-Darstellung nach Abschn. 1.1.2.2 zugrunde.
Zur Abfrage eines Arithmetik-Überlaufs dient z.B. der bedingte Sprungbefehl "JO ziel".

<u>Beispiel 45: Verwendung der 8086/8088-Universalregister
           Assemblernotation</u>

reg&bsp:	mov	al,bh	; Register-Register-Bytetransfer ; AL <--- BH
	mov	bx,ax	; Register-Register-Worttransfer ; BX <--- AX
	add	ah,al	; Register-Register-Byteaddition ; AH <--- AH + AL, AL unverändert
	inc	al	; Registerbyte inkrementieren ; AL <--- AL + 1 , AH unverändert
	add	dx,30	; Register-Immediate-Wortaddition ; DX <--- DX + 30 (dezimal)
	mov	cl,41H	; Register-Immediate-Bytetransfer ; CL <--- 41 (hex.),CH unverändert
	mov	ax,bl	; FEHLER-Meldung: TYP-KOLLISION ; 8086/8088-Maschinenbefehle kön- ; nen Operanden verschiedenen Typs ; nicht verarbeiten !

Eine Bemerkung zum Unterschied zwischen Übertrags-Flag CF und Überlauf-Flag OF (vgl. Abschn. 1.3.1): 8085, 8088 und 8086 zeigen in CF den Überlauf von vorzeichenlosen Festpunktzahlen an, 8088 und 8086 zeigen in OF nach jeder Arithmetik-Opera-

tion z u s ä t z l i c h den Überlauf von vorzeichenbehafteten
Zahlen an. Der Programmierer selbst muß entscheiden, welche
Zahlendarstellung er verwendet und mit dem geeigneten bedingten Sprungbefehl den Überlauf des jeweiligen Zahlenbereichs
abfragen (Beispiel 46).

Beispiel 46: Verwendung des CF und OF

```
ohne_vz:   add   al,dl      ;AL <--- AL + DL, setzt CF,OF,ZF u.a.
           jc    carry      ;..springt, wenn CF=1, d.h. Überlauf
                            ;bei vorzeichenlosen 8-Bit-Zahlen.
mit_vz:    add   ax,bx      ;AX <--- AX + BX, setzt CF,OF,ZF u.a.
           jo    overflow;..springt, wenn OF=1, d.h. Überlauf
                            ;bei 16-Bit-Integerzahlen.
                            ;Multiplikation o h n e  Vorzeichen
mul8_ovz:  mul   bl         ;AX <--- AL * BL, setzt CF und OF
           jc    ahnot0     ;... springt, wenn CF=1, d.h. AH ent-
                            ;hält signifikante Ergebnisstellen.
                            ;..springt nicht wenn CF=0,d.h. AH=0

                            ;Multiplikation m i t  Vorzeichen
mul16_mvz:imul  cx          ;DX_AX <--- AX * CX, setzt CF und OF
           jo    dxnots     ;..springt, wenn OF=1, d.h. DX ent
                            ;hält signifikante Ergebnisstellen.
                            ;..springt nicht, wenn OF=0, d.h. DX
                            ;enthält nur Vorzeichenergänzung.
```

Die besondere Bedeutung des OF und des CF bei der Multiplikation von 8-Bit- und 16-Bit-Dualzahlen geht aus Beispiel 46
hervor. Beim MUL- und IMUL-Befehl sind wahlweise CF und OF
abfragbar. Die Befehle sind gleichzeitig ein Beispiel für die
befehlsabhängige implizite Nutzung der Universalregister AL,
AX und DX. Mehrere Befehle verwenden bei ihrer Ausführung bestimmte Universal-, Zeiger- und Indexregister ohne explizite
Angabe des Registernamens im Befehl. Die Register CX bzw. CL
werden z.B. oft als Zählregister genutzt.

6.2 Segmentierung des Hauptspeichers

Die Mikroprozessoren 8086/8088 verfügen über einen physikalischen Speicherraum von max. 1 MByte. Da in den 16-Bit-Prozes-
soren nur 16-Bit-Adressenregister vorhanden sind, kann man

nur 64 KByte zusammenhängend adressieren. Mit Hilfe der Segmentierung des Hauptspeichers wird die erforderliche 20-Bit-lange Speicheradresse A19-0 gebildet. Dieses allen Rechnern der 80x86-Familie gemeinsame Segmentierungsverfahren wird als real address mode (auch: real mode) bezeichnet und im folgenden beschrieben.

Die logische Erweiterung der Segmentierung zur virtuellen Adressierung, verbunden mit ausgeklügelten Speicherschutzmechanismen findet man erst ab dem Prozessor 80286. Sie wird als protected virtual address mode (PVAM) oder protected mode (PM) bezeichnet.

6.2.1 Segmente und Segmentregister

Die logische Aufteilung eines Programms in Abschnitte für Code (Befehle und Konstanten), variable Daten und Stackdaten ist in der Software selbstverständlich. Beim 8086-Segmentierungsverfahren werden diese Programmabschnitte im Hauptspeicher in Segmenten verwaltet, der Prozessor unterstützt den Zugriff auf die Segmente hardwaremäßig.

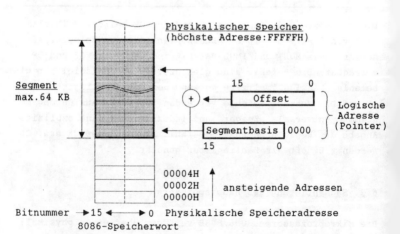

Bild 169 Zum Segmentbegriff beim 8086/8088

Ein Segment ist eine logische Einheit von Speicherplätzen.
Eine 16-Bit-lange Segmentadresse, die Segmentbasis, zeigt auf
den Anfang eines Segments im 1-MByte Adressenraum (Bild 169).
Da man hierfür eine 20-Bit-lange absolute Adresse benötigt,
hängt die CPU intern an jede Segmentbasis 4 binäre Nullen an.
Segmente können deshalb nur auf Adressen modulo 16 - Paragraphgrenzen 0, 16, 32, 48 usw. - anfangen.
Zur Auswahl eines Worts oder Bytes im Segment dient eine 16-Bit-lange segmentrelative Adresse, der Offset; die max. Segmentlänge ist deshalb 64 KByte. Auf Programmebene wird ein
Speicherplatz durch eine Logische Adresse Segmentbasis:Offset
(Pointer) bestimmt.

Die Mikroprozessoren 8086/8088 enthalten 4 Segmentregister
CS, DS, SS, ES, die gleichzeitig 4 Segmentbasen für den Zugriff auf 4 aktuelle Segmente im Speicher aufnehmen können (vgl. Bild 167 und Bild 168). Der Zugriff auf den Hauptspeicher erfolgt im real mode ausschließlich über die Segmentregister.
Vor jedem Zugriff auf den Hauptspeicher bildet die Bus Interface Unit in einer speziellen Addiereinheit die 20-Bit-Speicheradresse gemäß Bild 170.

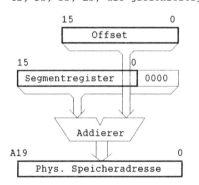

Bild 170 Bildung der physikalischen Speicheradresse in der Bus Interface Unit |65|

Die 4 Segmentregister sind wie folgt auf den Zugriff zu bestimmten Programmteilen spezialisiert (Bild 171):

- Befehle liegen in Codesegmenten, die a u s s c h l i e ß l i c h
  über eine Segmentbasis im CS-Register adressierbar sind.
- Variable Daten liegen meist in Datensegmenten, die über
  eine Segmentbasis im DS-Register adressiert werden bzw.
- können wahlweise auch in Extrasegmenten stehen; das sind
  weitere Datensegmente, die über das ES-Register

angesprochen werden (Näheres in Abschn. 6.2.2).
- <u>Stackdaten</u> werden a u s s c h l i e ß l i c h im <u>Stacksegment</u> abgelegt und über die Segmentbasis in <u>SS</u> adressiert.

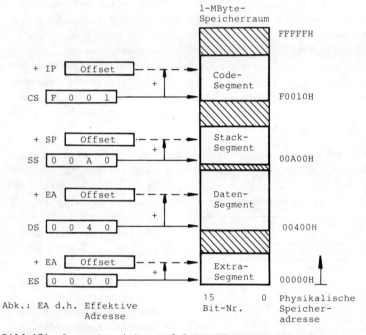

Bild 171 Segmentregister und Segmenttypen

Nach Bild 171 ist zu einer Zeit e i n aktuelles Segment jedes Typs adressierbar, insgesamt also <u>4 aktuelle Segmente</u>.
Die Segmentregister müssen vor der Ausführung eines Programms per Software geladen werden (Beispiel 47). Durch Umladen der Segmentregister während des Programmlaufs kann ein Programm auf beliebig viele Segmente zugreifen, in der Regel wird man jedoch nur mit einem Stacksegment arbeiten.

In den MOV-Befehlen (Beispiel 47) werden die Segmentnamen (z.B. dataseg1) angegeben, die im Programm definiert sein müssen (siehe Abschn. 6.4). Der Assembler bereitet das

Absetzen der Segmentbasis im Befehl als 16-Bit-Immediate-Größe vor. - Das Codesegmentregister CS wird zusammen mit IP durch den Programmaufruf mit einem CALL-Befehl geladen. Betriebssysteme (z.B. DOS) belegen die Segmentregister vor dem Aufruf des Anwenderprogramms in bestimmter Weise vor.

Beispiel 47: Laden der Segmentregister am Programmanfang

```
;Segmentregister sind beim 8086/8088 auf dem Umweg über
;ein allgemeines Register (oder über den Stack) zu laden !
start:  mov  ax,dataseg1   ; lädt die Segmentbasis des Seg-
        mov  ds,ax         ; ments dataseg1 über AX nach DS
        mov  ax,stackseg   ; entspr.: Segmentbasis stackseg
        mov  ss,ax         ; über AX nach SS
        mov  ax,dataseg2   ; entspr.: Segmentbasis dataseg2
        mov  es,ax         ; über AX nach ES
        ...
```

Nach dem <u>Einschalten eines Systems</u> (RESET-Ablauf) setzt die 8086/8088-Hardware den Instruktionspointer IP und das CS-Register auf Standardwerte (Bild 172), um den ersten Befehl an definierter Stelle FFFF0H im Speicher zu finden. Im Personal Computer liegt deshalb der BIOS-ROM (engl. <u>b</u>asic <u>i</u>nput/<u>o</u>utput <u>s</u>ystem) in den obersten 64 KB des 1MB-Adressenraums.

```
CS = FFFF H
IP = 0000H
DS = 0000 H
SS = 0000 H
ES = 0000 H
FR = 0000 H
```

Bildung der Kaltstartadresse:

```
CS    =     FFFF H
+IP   =   + 0000H
A19-0 =     FFFF0H
```

Bild 172 Initialisierung der 8086/8088-Register beim Kaltstart

6.2.2 Speicherzugriff und Segmentregisterauswahl

Zur Bildung einer physikalischen Speicheradresse nach Bild 170 muß der Prozessor abhängig von der <u>Art des Speicherzugriffes zur Laufzeit</u>
* eines der 4 Segmentregister auswählen, das die S e g m e n t b a s i s liefert und
* eine segmentrelative Adresse als O f f s e t errechnen bzw. bereitstellen.

Nach Bild 171 ist im Prinzip einer bestimmten Zugriffsart ein
bestimmter Offset und ein bestimmtes Segmentregister zugeordnet, das auf einen zugehörigen Segmenttyp zeigt. Diese Standardzuordnung muß erweitert werden, um insbesondere Variable
flexibler adressieren zu können. Variable sollen außer in
"DS-Segmenten" und "ES-Segmenten" auch in Code- und Stacksegmenten erreichbar sein. Tafel 30 zeigt **exakt das hardwaremäßige Verhalten** der Prozessoren bei der Auswahl der Segmentregister zur Laufzeit ¦65¦.

Tafel 30   Auswahl von Segmentbasis und Offset zur Laufzeit

Speicher-Zugriffsart	Standard-Segmentbasis	alternative *) Segmentbasis	Offset
Befehlholen	CS	keine	IP
Stackoperation	SS	keine	SP
Variable Daten	DS	ES,CS,SS	EA
Variable, über BP adressiert	SS	ES,CS,DS	EA

Anm.: *) durch Segment Override Prefix-Code ausgewählt.
Abk.: EA d.h. Effektive Adresse

Zum <u>Holen des nächsten Befehls</u> benutzt der Prozessor nach Tafel 30 ausschließlich die Segmentbasis aus CS und den Inhalt
von IP als Offset. IP wird nach dem Holen eines Befehlsbytes
bzw. Befehlsworts um 1 (CPU 8088) bzw. um 2 (CPU 8086) erhöht, sodaß die Logische Adresse CS:IP stets auf den nächsten
zu holenden Befehlsteil zeigt.

Bei den <u>Stackoperationen</u> nimmt die CPU ausschließlich die
Segmentbasis SS und den **Stack Pointer** SP als Offset-Register
(vgl. Bild 168); SS:SP zeigt stets auf den top of stack. SP
wird vor dem Ablegen eines Worts (PUSH) im Stack um 2 dekrementiert und nach dem Abheben (POP) um 2 erhöht (siehe Bild
180). Zusätzlich bietet das 80x86-Konzept die geschickte Möglichkeit, über den **Base Pointer** BP (Tafel 30) mit "normalen"
Befehlen (z.B. "MOV AX,[BP]" zur Parameterübergabe in Proze-

duren) auf das Stacksegment zuzugreifen ohne SP zu verändern.
Der Base Pointer BP wird deshalb auch stackmarker genannt.

Beim Zugriff auf Operanden (variable Daten) wählt die CPU zur
Laufzeit standardmäßig die Segmentbasis im DS-Register aus.
Nach Tafel 30 kann der Prozessor beim Operandenzugriff jedoch
z u s ä t z l i c h durch einen Segment Override Prefix-Code zur
Auswahl einer alternativen Segmentbasis ES, CS oder SS veranlaßt werden, sodaß Variable bei Bedarf in allen vier Segmenttypen gespeichert werden können.

Segment- Override Prefixe	Hexa- dezimal- Code
CS-Prefix	2E
DS-Prefix	3E
ES-Prefix	26
SS-Prefix	36

Befehl n+1 verwendet ES
als Segmentbasis für den
Operandenzugriff.
Befehl n und n+2 verwen-
den die Standard-Segment-
basis nach Tafel 30.

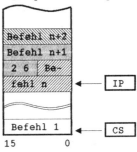

Bild 173 Segment-Override-Prefix-Codes im Objektprogramm

Die Segment-Override-Prefix-Codes gemäß Bild 173 müssen im
ausführbaren Maschinenprogramm unmittelbar vor dem Befehl
stehen, dessen Standard-Segmentregisterwahl sie "überspielen"
sollen. Zur Frage, wie im symbolischen Assemblerprogramm dafür gesorgt wird, daß zur Übersetzungszeit der richtige Segment Override Prefix-Code abgesetzt wird, siehe Abschn. 6.4.

Der segmentrelative Offset beim Operandenzugriff ist eine
Effektive Adresse EA, die der Prozessor entsprechend dem
Adressierungsmodus im Befehl ermittelt (siehe Abschn. 6.3.1).

Beispiel 48 zeigt einige Maschinenbefehle (symbolisch hinge-
schrieben) und deren Wirkung, sowie das zur Laufzeit für den
Operandenzugriff ausgewählte Segmentregister.

Beispiel 48: Auswahl der Segmentbasen zur Laufzeit (Hardware)

Maschinenbefehle in fiktiver Schreibweise	Wirkung
mov adr,al	(DS:EA) <-- AL
mov al,[bp]	AL <-- (SS:EA)
26H add al,adr	AL <-- AL + (ES:EA)
2EH sub ax,adr	AX <-- AX - (CS:EA)
push cx	(SS:SP) <-- CX

Anm.: adr....Bezeichnung für die Adresskomponenten
         im Maschinenbefehl
   [reg]..reg beinhaltet eine Adresskomponente
         (8086-Assembler-Schreibweise)
   __.....Markierung des ausgewählten Segmentregisters

Bei den Stringbefehlen wird der Ziel-String ausschließlich über ES, der Quell-String über DS und alternativ über CS, ES, SS adressiert.

6.3 Befehle, Adressierung und Operanden im 8086/8088

Mit 91 Befehlsmnemonics verfügen die 8086/8088-Prozessoren über einen übersichtlichen und gleichzeitig vielseitigen Befehlssatz, da sich hinter vielen Mnemonics jeweils mehrere Operationscodes verbergen und die Befehle unterschiedliche Kombinationen von Operanden verarbeiten |61||64|65|. -
So geht z.B. der Mnemonic "MOV byte/word" mit 7 zugehörigen Operationscodes und 22 unterschiedlichen Operandenkombinationen als e i n Befehl in diese Zählung ein.

Die Befehle verarbeiten Register-, Immediate- und Speicheroperanden, die bei den meisten Befehlen ein 8-Bit- und 16-Bit-Format haben können. Die 80x86-Familie hat Einadreßbefehle, d.h. ein Befehl kann nur eine Speicheradresse enthalten (Ausnahme: Stringbefehle |76|). Eine Übersicht über den

Ablauf eines Befehls mit Speicherreferenz gibt Bild 174. Zu unterscheiden sind hierbei die S e g m e n t i e r u n g (Auswahl der Segmentbasis und Bildung der physikalischen Speicheradresse nach Abschn. 6.2) und die A d r e s s i e r u n g , d.h. die Bildung der segmentrelativen Effektiven Adresse EA gemäß dem Adressierungsmodus im Befehl und die Festlegung des Operandentyps (in Bild 174 schraffiert), die in diesem Abschnitt besprochen werden.

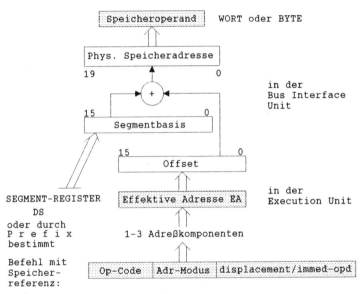

Bild 174 Segmentierung und Adressierung bei einem Befehl mit Speicherreferenz (Übersicht)

6.3.1 8086/8088-Befehlsformat

Der "reine" Mikroprozessor-Anwender mag die Kenntnis des Maschinenbefehlsformats vielleicht für überflüssig erachten, zumal in der 80x86-Rechnerfamilie durchwegs mit automatischen Übersetzern gearbeitet wird. Das Befehlsformat bietet jedoch einen so umfassenden und unmittelbaren Einblick in die hardwareseitigen Fähigkeiten eines Prozessors, daß es hier kurz diskutiert werden soll (Bild 175).

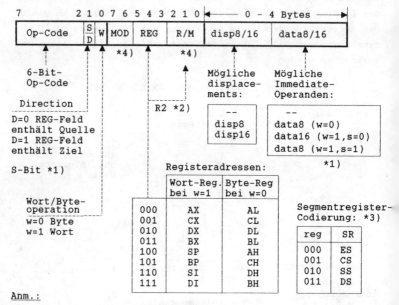

Anm.:

*1) S-Bit ersetzt D-Bit bei Arithmetikbefehlen mit Immediate-Operanden:
   S=1 W=1 : der 8-Bit-Immediate-Wert im Befehl ist
             mit Vorzeichen auf 16 Bit aufzuweiten.
   S=0 W=1 : im Befehl ist ein 16-Bit-Immediate-Operand
             vorhanden.

*2) Bei Register-Register-Befehlen enthält das R/M-Feld nicht die Adreßbildungsvorschrift, sondern die zweite Registeradresse (R2) gemäß Tabelle.

*3) Codierung der Segmentregister (SR) bei 4 Operationscodes:
   MOV   SR,AX   ; SR <-- AX
   MOV   BX,SR   ; BX <-- SR
   PUSH SR   ; Top Of Stack <-- SR
   POP   SR   ; SR <-- Top Of Stack

*4) MOD- und R/M-Feld enthalten Adressierungsmodus (s.Tafel 31)

Bild 175   8086/8088-Grundbefehlsformat

Ein Befehl der 8086/8088-Mikroprozessoren ist - abhängig von
den benötigten Operanden - 1 bis 6 Bytes lang. Das Grund-
format umfaßt immer 2 Bytes, ein Operationsbyte und ein Modifikationsbyte bestehend aus den Feldern MOD, REG und R/M.
Daran werden je nach Vorgabe im Modifikationsbyte eine 8-Bit
oder 16-Bit relative Adreßverschiebung (engl. displacement,
disp8/16) und/oder ein Immediate-Operand von 8-Bit oder 16-
Bit Länge (data8/16) angehängt. Neben dem Grundbefehlsformat
gibt es einige spezialisierte, u.a. auch 1-Byte-lange Befehlsformate ¦61¦¦64¦.

Das W-Bit im Operationsbyte entscheidet, ob der Befehl Bytes
oder 16-Bit-Worte verarbeitet. Davon abhängig wählt die Registeradresse REG gemäß Bild 175 ein Byte- oder Wortregister
aus. Derselbe Operationscode bewirkt mit unterschiedlichem
Direction-Flag D bei den Register-Speicherbefehlen z.B.

- ADD AX,memword ;AX <-- AX + (memword), akkumuliert in AX,
  im Maschinenbefehl ist codiert: REG=000 und D=1.
- ADD memword,AX ;(memword) <-- (memword) + AX, akkumuliert
  im Speicher, im Befehl ist codiert: REG=000 und D=0.

Abhängig davon, ob der Assembler für den Namen "memword" ein
8-Bit- oder 16-Bit-langes displacement absetzen muß, benötigt
der Befehl im Maschinencode 3 oder 4 Bytes.

Für den Register-Registerbefehl
- ADD AH,CL ; AH <-- AH + CL
wird ein Maschinenbefehl mit den Codierungen REG=100, R2=001
und D=1 abgesetzt; er ist 2 Bytes lang. - Zu den Immediate-
Befehlen sei auf die Anmerkungen in Bild 175 verwiesen.

6.3.2 Bildung der Effektiven Adresse, Adressierungsarten

Die zwei Felder MOD (2 Bit) und R/M (3 Bit) im Grundbefehlsformat (Bild 175) enthalten alle hardwaremäßig möglichen Kombinationen von Adreßkomponenten zur Bildung der Effektiven
Adresse. In Tafel 31 sind die Kombinationen matrixförmig zusammengestellt, einschließlich der Registeradressierung über
das R2-Feld. Die segmentrelative Effektive Adresse kann sich

danach aus 1 bis 3 Adreßkomponenten zusammensetzen; sie zählen grundsätzlich in B y t e s .

Tafel 31 8086/8088-Adressierungsmodi im Grundbefehlsformat

	MOD				
	S p e i c h e r - Z u g r i f f			Reg-Adr. R2	
R/M	00 ohne displacement	01 mit disp8	10 mit disp16	11	
				w=0	w=1
000	[BX+SI]	[BX+SI+disp8]	[BX+SI+disp16]	AL	AX
001	[BX+DI]	[BX+DI+disp8]	[BX+DI+disp16]	CL	CX
010	[BP+SI]	[BP+SI+disp8]	[BP+SI+disp16]	DL	DX
011	[BP+DI]	[BP+DI+disp8]	[BP+DI+disp16]	BL	BX
100	[SI]	[SI+disp8]	[SI+disp16]	AH	SP
101	[DI]	[DI+disp8]	[DI+disp16]	CH	BP
110	disp16*)	[BP+disp8]	[BP+disp16]	DH	SI
111	[BX]	[BX+disp8]	[BX+disp16]	BH	DI

Anm: *) <u>Sonderfall MOD=00 und R/M=110: direkte Adressierung</u>

In Tafel 31 ist als Sonderfall die für die namentliche Adressierung von Variablen notwendige <u>direkte Speicheradressierung</u> eingebaut. Mit der Kombination MOD = 00 und R/M = 110 nimmt der Prozessor als EA nicht den Inhalt des Base Pointers BP, sondern eine <u>16-Bit lange Verschiebung disp16</u> aus dem Befehl, die der Assembler für den Namen einer Variablen im Maschinenbefehl absetzt, z.B. mov ax,w_var ; AX <-- (SR:disp16). Siehe hierzu auch Beispiel 49.c !

$$EA = \begin{bmatrix} BX \\ oder \\ BP \end{bmatrix} + \begin{bmatrix} SI \\ oder \\ DI \end{bmatrix} + \begin{bmatrix} DISP8 \\ oder \\ DISP16 \end{bmatrix}$$

Effektive Adresse = (Basisregister) + (Indexregister) + Displacement

gem. R/M-Feld   gem. MOD-Feld

Anm: [..] d.h. Adreßkomponente kann entfallen.

Bild 176 Vorschrift zur Bildung der Effektiven Adresse

Beipiel 49: Adressierungsmodi, Notation im 8086/8088-Assembler

---

a) Registeradressierung mit R2-Feld (MOD = 11)

   mov   sp,ax   ; SP <-- AX (Laden des Stack Pointers)

b) direkte Speicheradressierung (MOD = 00 und R/M = 110)
   zur "namentlichen" Adressierung von Variablen.

   mov   dl,bytevar ; DL <-- (SR:EA);
                         ; EA = disp16 = Offset(bytevar);

   sub   dx,wordvar+5; DX <-- DX - (SR : EA);
                         ; EA = disp16 = Offset(wordvar) + 5;

c) register-indirekte Adressierung
   (MOD = 00 und R/M = 100, 101, 111)

   mov   ax,[si]   ; AX <-- (SR:EA);
                     ; EA = [SI];

   or   [bp],ax   ; (SS:EA) <-- (SS:EA) v AX
                     ; EA = [BP]
   ; BP wählt SS als Segmentregister aus !
   ; den hier geforderten Adressierungsmodus gibt es in
   ; Tafel 31 nicht, der Assembler setzt stattdessen
   ; [BP+disp8] mit disp8 = 0 ab.

d) indizierte bzw. basisbezogene Adressierung
   (MOD = 01,10 und R/M = 100..111)
   zur Adressierung von Feldern (Tabellen).

   mov   dl,bvar[si] ; DL <-- (SR:EA);
                     ; EA = disp8/16 + [SI]
                     ; mit disp8/16 = Offset(bvar)

   cmp [bx]+6,ax   ; (SR:EA) :: AX --> OF,SF,ZF,AF,PF,CF
                     ; EA = [BX] + disp8
                     ; mit disp8 = 6
   ; Vergleich der 2 Operanden verändert die Flags.

e) basisbezogene und indizierte Adressierung
   (MOD = 00,01,10 und R/M = 000..011)
   zum Zugriff auf zweidimensionale Felder, auf Felder
   innerhalb von Strukturen, auf Felder im Stack.

   mov   bx,[bp+si]   ; BX <-- (SS:EA)
                             ; EA = [BP+SI]

   mov   al,matrix[bx][si] ; AL <-- (SR:EA)
                             ; EA = disp8/16 + [BX] + [SI]
                             ; mit disp8/16 = Offset(matrix)
   ; matrix zeigt auf den Anfang der abgelegten Bytematrix,
   ; BX zeigt auf den Anfang einer Zeile, SI zeigt auf ein
   ; Element in der Zeile.

Schreibweise: (..) d.h. Inhalt von ..

In Bild 176 ist die zunächst verwirrende Vielfalt von Adressierungsmöglichkeiten auf eine kurze Formel gebracht. Zu den prinzipiellen Adressierungsmöglichkeiten sei auf Abschnitt 1.2.5.3 verwiesen.
Einige Adressierungsmodi des 8086/8088 und ihre Schreibweise im Assembler sind in Beispiel 49 an einzelnen Befehlen erläutert. Die eckige Klammerung von Index- und Basisregistern in der Assemblernotation bedeutet, daß sie eine veränderbare Adreßkomponente zur Bildung der Effektiven Adresse enthalten. Die 8086/8088-Assembler lassen unterschiedliche Schreibweisen für die Adreßangaben zu, so sind z.B. gleichbedeutend:
var[bx][di]+1 = var[bx+di]+1 = var[bx+di+1] = var+[bx+di+1].
Abzulehnen ist m.E. die bei MICROSOFT und BORLAND zulässige Schreibweise [var+bx+di+1], da sie der Anlehnung an die Hochsprachen widerspricht. Details findet man in den Handbüchern der Software-Hersteller. Auch nach der "trial and error"-Methode kann man mit Hilfe der <u>Fehlermeldungen</u> die zulässigen Schreibweisen des verwendeten Übersetzers kennenlernen.

6.3.3 Operanden im 8086/8088-System

In den 16-Bit-Prozessoren der 80x86-Familie werden von vielen Befehlen 8-Bit- und 16-Bit-lange logische und arithmetische Operanden verarbeitet. Die Festpunktzahlen können natürliche Zahlen (ohne Vorzeichen) oder Integerzahlen, d.h. vorzeichenbehaftete Zahlen in Zweierkomplementdarstellung sein. In Bild 177 wird die Assembler-Schreibweise für die Register-, Speicher- und Immediate-Operanden an Beispielen gezeigt. Die angegebenen MOV-Befehle veranschaulichen den Transfer zwischen Registern und Speicherplätzen. - In den Universalregistern steht das high byte des Wortes stets im High-Teil (z.B. AH), das low byte des Wortes im Low-Teil des Wortregisters (z.B. AL).

Bytes können im low byte oder im high byte des Speicherworts abgelegt sein. Wortoperanden werden im Hauptspeicher der 80x86-Systeme nach der <u>"little-endian"-Methode</u> gespeichert, d.h. das high byte eines Wortes liegt auf der höheren Byteadresse, das low byte auf der niederen Adresse. Die logische Adresse zeigt immer auf das low byte des Wortes (Bild 177.b).

a) <u>Immediate-Operanden und Registeroperanden (ohne/mit VZ)</u>

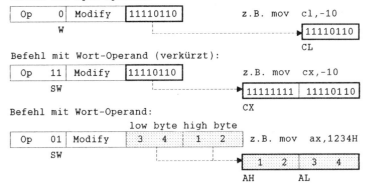

b) <u>Operanden im 16-Bit-Speicher und in Registern</u>

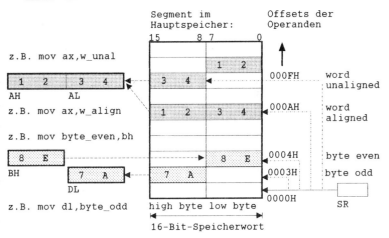

Bild 177 Operanden im 16-Bit-Speicher, in Registern und Befehlen (8086)

Ein Wortoperand kann in einem Wort des 8086-Speichers liegen
(word aligned in Bild 177.b), der Zugriff erfolgt dann in
einem Speicherzyklus. Beginnt ein Wort auf einer ungeraden
Byteadresse, dann belegt es zwei Bytes in aufeinanderfolgenden Speicherworten (word unaligned). Die nicht betroffenen
Worthälften können mit anderen Informationseinheiten belegt
werden. Der Zugriff auf ein unaligned word "kostet" zwei
Speicherzyklen. - Auch in den Befehlen sind Immediate-Wort-
operanden nach dem little-endian-Prinzip abgelegt. Bild 177.a
zeigt außerdem die Aufweitung eines Immediate-Bytes zu einem
Wort, wenn der feste Operand im Bereich -128...+127 liegt und
der Befehl Worte verarbeitet.

Die Datendarstellung im byteorientierten Speicher des 8088
entspricht weitgehend derjenigen des 8085; 16-Bit-Worte werden ebenfalls nach der little-endian-Methode in aufeinanderfolgenden Bytes abgelegt.
Neben den Standard-Datenformaten gibt es String-Formate und
BCD-Zahlen, die mit speziellen Befehlen verarbeitet werden.

Beispiel 50: Befehlsfolge zur indirekten Feldindizierung

Ein Feld von Bytes wird nach einem $-Zeichen durchsucht.

```
          ;Datensegment
          ...
array     DB     100 DUP(?)    ;reserviert Feld von 100 Bytes
key       DB     '$'           ;Definition einer Variablen
          ;Codesegment
;das Feld array sei von einem anderen Programm mit ASCII-
;Zeichen beschrieben worden.
such$:    mov    si,0          ;Indexregister initialisieren
          mov    al,key        ;Lesen der Variablen key
schleife: cmp    al,array[si]  ;Vergleich AL :: Feldelement
                               ;beeinflußt u.a. das ZF
          jz     gefunden      ;springt bei Gleichheit
          inc    si            ;Indexwert erhöhen
          jmp    schleife      ;absoluter Sprung
          ...
          ...
gefunden: ...
```

Gleitpunktzahlen einfacher und doppelter Genauigkeit und zusätzliche Festpunktformate (32- und 64-Bit) werden nur im Arithmetik-Coprozessor 8087 verarbeitet ¦65¦.

Beispiel 50 enthält eine Befehlsschleife zur indizierten Adressierung eines Byte-Feldes. Es wird die Definition einer Bytevariablen und eines Bytefeldes im Speicher mit der DB-Anweisung (define byte) der 8086/8088-Assemblersprache gezeigt. Die DW-Anweisung (define word) definiert zwei aufeinanderfolgende Bytes als ein logisches Wort. Bild 178 zeigt die Lage des Feldes array und der anschließenden Byte-Variablen key (='$') im Speicher und deren Adressierung.

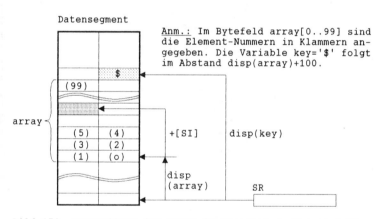

Bild 178 Darstellung der Daten im Speicher zu Beispiel 50

6.3.4 8086/8088-Befehlsliste

Tafel 32 gibt eine, nach Befehlsgruppen geordnete Ü b e r -
s i c h t über die symbolischen 8086/8088-Assemblerbefehle.
Die 8086/8088-Maschinensprache umfaßt - wie schon angemerkt -
deutlich mehr Operationscodes.
Wichtige Randbedingungen für das Verständnis der Befehlsabläufe wie Programmiermodell, Flags, Operandentypen, Befehls-

Tafel 32   8086/8088-Befehlssatz - Übersicht

Transfer	
MOV	Übertragen von W/B
PUSH/POP	Wörter auf Stack legen/vom Stack abheben
XCHG	Register/Speicher-W/B austauschen
IN/OUT	Eingeben von EA-Kanälen, Ausgeben auf EA-Kanäle
XLAT/XLATB	Übersetze mittels Codetabelle
LEA	Lade Effektive Adresse in Zielregister
LDS	Lade Pointer nach DS und Zielregister
LES	Lade Pointer nach ES und Zielregister
LAHF	Lade das low byte des Flag-Registers nach AH
SAHF	Speichere AH in das low byte des Flag-Registers
PUSHF/POPF	Flag-Register auf Stack legen/vom Stack abheben

Arithmetik	
ADD	Addiere W/B o./m. VZ
ADC	Addiere W/B mit CF
INC	Inkrementiere W/B
AAA	ASCII-Korrektur nach Addition (BCD)
DAA	Dezimal-Korrektur nach Addition (BCD)
SUB	Subtrahiere W/B o./m. VZ.
SBB	Subtrahiere W/B mit Borger
DEC	Dekrementiere W/B
NEG	Bilde das Zweierkomplement von W/B
CMP	Vergleiche 2 Operanden und verändere Flags
AAS	ASCII-Korrektur nach Subtraktion (BCD)
DAS	Dezimal-Korrektur nach Subtraktion (BCD)
MUL/IMUL	Multipliziere o./m. VZ., Byte bzw. Wort
AAM	ASCII-Korrektur nach Multiplikation (BCD)
DIV/IDIV	Dividiere o./m. VZ. durch Byte bzw. Wort
AAD	ASCII-Korrektur vor Division (BCD)
CBW	Konvertiere Byte nach Wort (VZ-Ergänzung)
CWD	Konvertiere Wort nach Doppelwort (VZ-Ergänzung)

Logik	
NOT	Invertiere bitweise (Einerkomplementbildung)
SHL/SAL	Verschiebe W/B logisch/arithmetisch nach links
SHR/SAR	Verschiebe W/B logisch/arithmetisch nach rechts
ROL/RCL	Verschiebe W/B zyklisch nach links o/durch CF
ROR/RCR	Verschiebe W/B zyklisch nach rechts o/durch CF
AND	Logisches UND W/B
TEST	Vergleiche logisch W/B und verändere Flags
OR	Logisches ODER W/B
XOR	Logisches Exklusiv-ODER W/B

Stringverarbeitung	
REP	REP-Prefix: Wiederhole, solange CX ungleich 0
REPE/REPZ	" " mit Zusatzbedingung ..solange ZF=1
REPNE/REPNZ	" " mit Zusatzbedingung ..solange ZF=0
MOVS	Übertrage String-Elemente, (MOVSB/MOVSW)

Tafel 32 8086/8088-Befehlssatz - Übersicht (Forts. von S.338)

CMPS	Vergleiche Elemente zweier Strings (CMPSB/CMPSW)
SCAS	Frage String nach Suchwert ab (SCASB/SCASW)
LODS	Lade String-Element nach (AL/AX) (LODSB/LODSW)
STOS	Speichere (AL/AX) nach String (STOSB/STOSW)

Sprünge und Unterprogrammaufrufe

CALL	Rufe Unterprogramm auf (NEAR / FAR)
JMP	Springe unbedingt (SHORT / NEAR / FAR)
RET	Rückkehr von Unterprogramm (NEAR / FAR)
Jcondition	Springe bedingt (SHORT), wenn Bedingung erfüllt
JZ/JE	Springe, wenn (2 Vergleichsoperanden) gleich
JL/JNGE	Springe, wenn kleiner/nicht größer oder gleich
JLE/JNG	Springe, wenn kleiner oder gleich/nicht größer
JB/JNAE	Springe, wenn kleiner/nicht größer oder gleich
JBE/JNA	Springe, wenn kleiner oder gleich/nicht größer
JP/JPE	Springe, wenn Parität/Parität gerade (PF=1)
JO	Springe, wenn Überlauf (OF=1)
JS	Springe, wenn Vorzeichen negativ (SF=1)
JNE/JNZ	Springe, wenn nicht gleich (ZF=0)
JNL/JGE	Springe, wenn nicht kleiner/größer oder gleich
JNLE/JG	Springe, wenn nicht kleiner oder gleich/größer
JNB/JAE	Springe, wenn nicht kleiner/größer oder gleich
JNBE/JA	Springe, wenn nicht kleiner oder gleich/größer
JNP/JPO	Springe, wenn keine Parität/Parität unger.(PF=0)
JNO	Springe, wenn kein Überlauf (OF=0)
JNS	Springe, wenn Vorzeichen positiv (SF=0)
LOOP	Dekrement.CX und springe (SHORT), solange CX/=0
LOOPZ/LOOPE	" " springe, solange CX/=0 UND ZF=1
LOOPNZ/ LOOPNE	Dekrement.CX und springe, solange CX/=0 UND ZF=0
JCXZ	Springe (SHORT), wenn CX=0
INT	Aufruf eines Interrupt-Programms
INTO	Interrupt-Programm-Aufruf (Ebene 4), wenn OF=1
IRET	Rückkehr aus Interrupt-Programm

Prozessor-Steuerung

CLC	Lösche das Carry Flag CF
CMC	Komplementiere das Carry Flag CF
STC	Setze das Carry Flag CF
CLD	Lösche das Direction Flag DF
STD	Setze direction Flag DF
CLI/(DI)	Lösche das Interrupt Flag IF
STI/(EI)	Setze das Interrupt Flag IF
HLT	Prozessor geht in Halt-Zustand (weiter nur durch RESET oder Interrupt)
WAIT	Warte, bis der TEST\-Eingang low wird (zur Synchronisation mit Koprozessoren (8087))
ESC	Prefix, dem ein Koprozessorbefehl folgt (8087)
LOCK	Prefix erzeugt LOCK\-Signal, das den Bus während des Folgebefehls sperrt (Multiprozessorsysteme)
NOP	No Operation, erhöht IP und dauert 3 Takte

Abkürzungen zu Tafel 32 (Seiten 338 und 339):
```
B/W               d.h.  Byte/Wort
o./m.                   ohne/mit
VZ                      Vorzeichen
\                       Negation eines Signals
SHORT, NEAR, FAR        siehe Abschn. 6.4.
```
---

format und Adressierungsarten sind bekannt. An Hand von Beispielen wurde versucht, dem Lernenden die Schreibweise und Wirkung wichtiger Grundbefehle nahezubringen. Sprungbefehle, Ein-/Ausgabe- und Interruptbefehle werden in den Abschnitten 6.4 und 6.5 behandelt. - Auf eine detaillierte Beschreibung aller Befehle muß im Rahmen dieser Abhandlung verzichtet werden. Hierzu sei auf ¦64¦¦65¦¦68¦¦74¦ verwiesen. Insbesondere sei die "Macro Assembler Reference"- Broschüre von MICROSOFT ¦76¦ erwähnt, die eine kompakte und vollständige Beschreibung aller Befehle der 80x86-Familie enthält.

Der Arithmetik-Koprozessor 8087 hat eigene Befehle, die als Erweiterung des 8086/8088-Befehlssatzes zu betrachten sind, und von den 8086/8088-Assemblern abgesetzt werden. 8087-Befehle sind durch Voranstellen eines F zu kennzeichnen, z.B. FADD, FMUL.

6.4 8086-Assemblersprache

Die Assemblersprache für die Prozessoren 8086 und 8088 wurde von INTEL als ASM86-Sprache definiert und für die Prozessoren 80286 und 80386/486 zur ASM286- und ASM386-Sprache erweitert. Im Vergleich zum 8085-Assembler ist der typorientierte ASM86 sehr umfangreich und komfortabel ¦68¦¦74¦¦75¦.
Neben den symbolischen Assemblerbefehlen fallen vor allem die zahlreichen Assembleranweisungen ins Auge, die hier als Direktiven und Operatoren bezeichnet werden. Sie werden vom Assembler zur Übersetzungszeit ausgeführt. Es gibt Direktiven für

- die Definition von Konstanten, Variablen und Marken
- die Definition der Segmente
- die Definition von Prozeduren und Strukturen
- das Linken und Lokatieren von Programmen
- die Definition von Makros
- die Steuerung der Listings und die bedingte Assemblierung.

Operatoren sind Anweisungen zur Definition von Adreßteilen und Operanden, z.B. OFFSET- und PTR-Operatoren (Beispiel 51). Bei der Programm-Niederschrift sind Groß- und Kleinschreibung beliebig wählbar, zur besseren Unterscheidung sind auf den folgenden Seiten Befehls-Mnemonics und frei wählbare Namen k l e i n , Direktiven und Operatoren dagegen g r o ß geschrieben. Die Befehlszeilen können formatfrei eingegeben werden, zur besseren Übersicht empfiehlt sich jedoch die übliche Formattierung.

6.4.1 Segmentierung im Assembler

Auf der Assemblerebene muß der Programmierer die Segmente eines Programms explizit definieren und verwalten, bei den Hochsprachen übernimmt dies der Compiler. Im folgenden wird die Steuerung der hardwareseitigen Segmentierung nach Abschn. 6.2 durch A s s e m b l e r - S p r a c h e l e m e n t e beschrieben, und zwar für die Standardsegmentierung (Industriestandard).

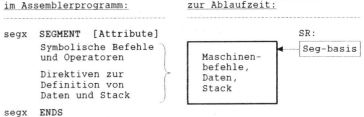

Bild 179 Segmentdefinition im Assembler

Ein S e g m e n t wird im Assemblerprogramm durch einen - im Rahmen der Namensvereinbarung - beliebig wählbaren Segmentnamen identifiziert und durch die Segmentdirektiven SEGMENT und

ENDS begrenzt (Bild 179). Auf die wahlweise anfügbaren Segmentattribute sei hier nur verwiesen ¦74¦. Der Assembler - einschließlich Linker und Locater (s. Abschn. 6.4.2) - erzeugt aus dem logischen Segment das physikalische Segment mit binärem, ablauffähigem Code.

Für die weitere Erläuterung sei ein synthetisches Programmbeispiel mit 3 Segmenten zugrundegelegt (Beispiel 51). Der als eine Einheit übersetzbare Programm-Modul beginnt mit der NAME-Direktive und endet mit der END-Anweisung (statisches Programmende). Der angefügte Start-Label (anfang) kennzeichnet die Einsprungstelle im Codesegment seg_c. Die Reihenfolge der Segmente im symbolischen Programm ist beliebig, die Reihenfolge im ablauffähigen Code ist wahlweise durch Direktiven und Segmentattribute beeinflußbar. Enthält ein Programm ausführbaren Code, dann m u ß dieser zur Laufzeit über CS adressierbar sein.

Variable sind im D a t e n s e g m e n t seg_d definiert, können aber auch in anderen Segmenten, z.B. im Codesegment stehen (Variable text in Beisp. 51). Soll das Codesegment im EPROM eines Zielsystems liegen, dann dürfen neben den Befehlen nur Konstante darin enthalten sein.

Für den Stackbereich sind mit Hilfe des DUP-Operators 20 Wörter im Stacksegment seg_s ohne Vorbelegung reserviert. Das Attribut STACK markiert das Segment für den Assembler eindeutig als S t a c k s e g m e n t . Die LABEL-Direktive ordnet dem Adreßpegel nach dem Stackbereich (40 Bytes) den Namen st_top zu, der zum Laden des Stack Pointers in dem Befehl "mov sp, OFFSET st_top" benötigt wird. Der OFFSET-Operator bewirkt, daß der O f f s e t der Marke (und nicht deren Inhalt) geladen wird. Zum Stacksegment siehe Bild 180.

Für die A u s w a h l des Segmentregisters bei der Adressierung der Speicheroperanden ist die Unterscheidung von anonymer Adressierung über Basis- und Indexregister und namentlicher Adressierung über Symbolnamen erforderlich. Bei a n o n y m e m Zugriff ist dem Assembler nicht explizit bekannt, in welchem Segment der Operand liegt (Beispiel. 51, ab Marke "anonym").

Beispiel 51: Segmentierung auf Assemblerebene

```
            NAME    segmentbeispiel
```

```
seg_d       SEGMENT                 ; D a t e n s e g m e n t
                                    ; Datendefinitionen:
by_var      DB      0A5H,6BH        ; zwei Byte-Variable
by_array    DB      100 DUP(?)      ; reserviert 100 Bytes
wo_var      DW      1234H           ; ein 16-Bit-Wort
seg_d       ENDS
```

```
seg_c       SEGMENT                 ; C o d e s e g m e n t
text        DB      "Beispiel"      ; Daten im Codesegment
            ASSUME  CS:seg_c        ; Zuordnung seg_c => CS-Reg.

anfang:                             ; Start-Label ->END-Direktive
            mov     ax,seg_d        ; Seg-basis von seg_d nach AX
            mov     ds,ax           ; ..und nach DS laden
            mov     ax,seg_s        ; Seg-basis von seg_s nach AX
            mov     ss,ax           ; ..und nach SS laden
            ASSUME  DS:seg_d,SS:seg_s ; Zuordnung:
                                    ; seg_d => DS und seg_s => SS
            mov     sp,OFFSET st_top ; Offset von st_top
                                    ; nach SP mit OFFSET-Operator

                                    ; A n o n y m e Adressierung:
anonym:     add     ax,[bx]         ; Default-Datenregister.DS
            mov     al,CS:[bx]      ; Symbol. Seg-Override-Prefix
                                    ; ASM86 setzt Prefix 2EH ab !
            inc     BYTE PTR [si]   ; Pointer-Operator zur
                                    ; Typ-Definition BYTE
            mov     [bp][si],ax     ; AX in den Stack (SS) legen

named:                              ; Adressierung mit N a m e n
            inc     wo_var          ; Variable wo_var ist als
                                    ; Wort in seg_d vereinbart
            mov     cl,text[si]     ; String text ist im Segment
                                    ; seg_c als BYTE vereinbart.
                                    ; ASM86 setzt CS-Prefix ab !
            jmp     anonym          ; Intra-Segment-Sprung
seg_c       ENDS
```

```
seg_s       SEGMENT STACK           ; S t a c k s e g m e n t
                                    ; mit Combine Type STACK
            DW      20 DUP(?)       ; 20 Wörter für Stack
st_top      LABEL   WORD            ; LABEL-Direktive, setzt
                                    ; st_top auf Top of Stack
seg_s       ENDS
```

```
            END     anfang
```

Der ASM86 geht dann von den hardwareseitig festgelegten
S t a n d a r d - S e g m e n t r e g i s t e r n   für den Operandenzugriff
(Tafel 30) aus. Will der Programmierer für einen Operandenzugriff davon abweichen, so muß er einen symbolischen Segment
Override Prefix-Operator in der Form CS:, ES:, SS: oder DS:
vor der anonymen Adresse angeben (Beisp. 51). - Der Befehl
"inc [si]" inkrementiert einen anonym adressierten Speicherinhalt, dessen Typ jedoch undefiniert ist. Der Pointer Operator PTR in Beispiel 51 definiert den Speicherplatz als Byte.

Bei der n a m e n t l i c h e n Adressierung müssen die im Adressenteil der Befehle verwendeten Namen "normalerweise" im Marken-/Namenteil definiert sein. Bei Rückwärtsreferenzen ist
der symbolische Name dem Assembler beim Übersetzen eines Befehls bereits bekannt, wie im Falle der Variablen wo_var im
Beispiel 51 ab der Marke "named". Der Assembler setzt nach
Bedarf einen 8-Bit- oder 16-Bit-langen Offset ab. Beim Zugriff auf den String text setzt der Assembler s e l b s t ä n -
d i g den Prefix 2EH (CS-Prefix nach Bild 173) vor den Befehlscode, da der Zugriff auf die Daten in diesem Fall über
die Segmentbasis CS erfolgen muß. - Woher weiß nun der Assembler, daß zur Laufzeit das Segment seg_c über CS und das Segment seg_d über DS adressiert werden? Er erkennt es n i c h t
aus den Segmentnamen und auch n i c h t aus den MOV-Befehlen
am Codeanfang, da er die Befehle nicht interpretiert. -
Dieses Problem löst die ASSUME-Direktive (in Beisp. 51 kursiv
geschrieben), die dem Assembler zur Übersetzungszeit mitteilt, welche S e g m e n t b a s e n in welchen S e g m e n t r e -
g i s t e r n ab der ASSUME-Zuweisung zur Verfügung stehen. Die
Direktive "ASSUME CS:seg_c" bewirkt somit, daß der ASM86 für
den Befehl "mov cl,text[si]" zur Adressierung der String-Variablen text einen CS-Prefix absetzt. Eine ASSUME-Direktive
gilt, bis sie durch eine andere Zuweisung ersetzt oder mit
der Anweisung ASSUME SR:NOTHING aufgehoben wird.

Bei der namentlichen Vorwärtsreferenz auf Daten muß der
Assembler (im 1. Durchlauf) den Befehl einschließlich Adreß-

komponenten übersetzen, ohne daß er den Ort der im folgenden angelegten Variablen kennt. Er sieht daher standardmäßig ein 16-Bit-Displacement und k e i n e n Segment-Override-Prefix vor. Ein Zugriff auf das ES-Segment oder CS-Segment muß durch die Angabe eines symbolischen Prefix vor dem Namen erzwungen werden, z.B. "mov al,ES:voraus" oder "mov al,CS:voraus". Bei der anonymen Operandenadressierung werden Rückwärts- und Vorwärtsreferenzen gleich gehandhabt.

Beispiel 52 zeigt ein lauffähiges Quellprogramm "hello3.a86" mit 3 Segmenten, das nach dem Übersetzen auf einem 8086-Zielsystem unter dem konfigurierten System Debug Monitor iSDM86 ¦90¦ ablauffähig ist. Als Laufzeitunterstützung für Anwenderprogramme stellt der iSDM86 die drei Konsol-Ein-/Ausgabeprozeduren zur Verfügung, die mit "CALL .." aufgerufen werden:

CO   Consol Out   gibt ein ASCII-Zeichen aus dem Stack auf die aktuelle Bildschirm-Cursor-Position aus; der Stack wird geleert.

CI   Consol In   liest ein Zeichen von der Tastatur ohne Echo nach AL ein; wartet, bis ein Zeichen eingegeben wird.

CSTS Consol Status liest ein Zeichen von der Tastatur ohne Echo nach AL, falls ein Zeichen im UART-Puffer vorhanden ist; andernfalls sofortige Rückkehr mit AL = 0.

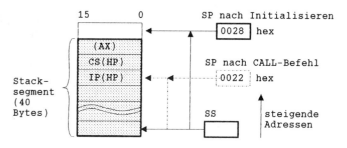

Bild 180   Zur Stack-Verwaltung der Beispiele 52 und 53

Die Rückkehr in den Monitor erfolgt mit dem Software-Interrupt-Befehl "int 3" (s. Abschn. 6.5.4). Das Beipiel gibt die

Meldung aus dem Datensegment auf den Bildschirm aus und ist
an Hand der Kommentare leicht nachvollziehbar. Das Stacksegment zur Laufzeit mit SS:SP zeigt Bild 180. Nach dem PUSH-
Befehl und dem CALL FAR-Befehl (siehe Abschn. 6.4.3) sind der
Parameter AX und eine Rückkehradresse CS:IP in den Stack ein-
gelagert, der SP enthält vorübergehend den Wert 22H.
Zur EXTRN-Direktive siehe Abschn. 6.4.3.

Beispiel 52: Multi-Segment-Programm hello3.a86 (Quelle)

```
                NAME    hello3
; Multi-Segment-Programm hello3.asm mit 3 Segmenten in Stan-
; dard-Segmentierung, benutzt die externe Library CICO.LIB.
                EXTRN   co:FAR              ;Prozedur co EXTeRNal
```
```
; - - - - D a t e n s e g m e n t - - - -
dataseg    SEGMENT
message    DB      0DH,0AH,' * * * H E L L O , 1 6 - B i t '
           DB      '- W O R L D ! * * * ',0DH,0AH,'$'
dataseg    ENDS
```
```
; - - - - S t a c k s e g m e n t - - - - -
stackseg   SEGMENT STACK
stapel     DW      20 DUP(?)            ;20 Worte Stack
st_top     LABEL   WORD                 ;label st_top creieren
stackseg   ENDS
```
```
; - - - - C o d e s e g m e n t - - - - -
codeseg    SEGMENT
           ASSUME  cs:codeseg           ;ASSUME-Direktive
start:     mov     ax,dataseg           ;Segmentbasis dataseg
           mov     ds,ax                ;.. nach DS laden
           mov     ax,stackseg          ;Segmentbasis stackseg
           mov     ss,ax                ;.. nach SS laden
           ASSUME  ds:dataseg, ss:stackseg
           mov     sp,OFFSET st_top     ;Offset von st_top
                                        ;nach Register SP laden
           ;Ausgabe der message auf den Bildschirm
           mov     bx,OFFSET message    ;Offset des Symbols
                                        ;message nach BX laden
schleife:  mov     al,[bx]              ;ein Zeichen laden
           cmp     al,'$'               ;AL=Endekriterium '$' ?
           jz      ende                 ;wenn ja,beenden, sonst
           push    ax                   ;ah_al in den Stack
           call    co                   ;gibt ein Zeichen aus
                                        ;Stack auf Bildschirm
           inc     bx                   ;Zeichenindex erhoehen
           jmp     schleife             ;Sprung nach schleife
ende:      int     3                    ;Rueckkehr in Monitor
codeseg    ENDS
           END     start                ;Ende mit Start-Label
```

Das Programm hello1.a86 in Beispiel 53 ist ein Ein-Segment-Programm, d.h. Code-, Daten- und Stackbereich sind in einem Segment abgelegt und die Segmentregister CS, DS und SS zeigen auf den Anfang des Segments, sodaß die Befehle nach Bedarf jede der drei Segmentbasen wählen können. Diese einfache Segmentstruktur findet man häufig in kleineren Programmen. Die Programmschleife ist mit Hilfe des bedingten Schleifenbefehls loop realisiert, der nach jedem Durchlauf zum Anfang _loop verzweigt, solange CX ungleich Null ist. Die Anzahl der Zeichen im String message ermittelt der Assembler durch Ausführung des LENGTH-Operators und legt sie als Immediate-Wert in den Befehl ab.

Beispiel 53: Ein-Segment-Programm hello1.a86 (Quelle)

```
            NAME    hello1
;hello1.asm in Standard-Segmentierung mit Code, Daten und
;Stack in einem Segment, benutzt externe Library CICO.LIB.
            EXTRN   co:FAR              ;Prozedur CO EXTeRN

oneseg      SEGMENT                     ;S e g m e n t - Anfang
; - - -  D a t e n b e r e i c h - - - - - - - - - - - -
message     DB      0DH,0AH,' * * * H E L L O , 1 6 - B i t '
            DB      '- W O R L D ! * * * ',0DH,0AH
; - - -  S t a c k b e r e i c h - - - - - - - - - - -
stapel      DW      20 DUP(?)           ;20 Worte Stack
st_top      LABEL   WORD
; - - -  C o d e b e r e i c h - - - - - - - - - - - - -
            ASSUME  cs:oneseg
start:      mov     ax,oneseg           ;Segmentbasis oneseg
            mov     ds,ax               ;.. nach DS laden
            mov     ss,ax               ;.. und nach SS laden
            ASSUME  ds:oneseg, ss:oneseg ;danach ASSUME
            mov     sp,OFFSET st_top    ;Offset von st_top laden
            ;Ausgabe der message auf den Bildschirm
            mov     bx, OFFSET message  ;Offset des Symbols
                                        ;message nach BX
            mov     cx,LENGTH message   ;Zeichenanzahl nach CX
                                        ;mittels LENGTH-Operator
_loop:      mov     al,[bx]             ;ein Zeichen laden
            push    ax                  ;AH_AL in den Stack
            call    co                  ;gibt ein Zeichen aus
            inc     bx                  ;Zeichenindex erhoehen
            loop    _loop               ;Nach _loop, wenn CX\=0
            int     3                   ;Rueckkehr in Monitor
oneseg      ENDS                        ;S e g m e n t - Ende

            END     start               ;Ende mit Start-Label
```

6.4.2 8086/8088-Assembler-Programmentwicklung

Generell sind bei der Programm-Entwicklung für die 80x86-Systeme zwei Fälle zu unterscheiden (vgl. Abschn. 3.1):
1.) Entwicklungssystem und Zielsystem sind identisch, Beispiel: Personal Computer. Hierfür sind die Entwicklungswerkzeuge von MICROSOFT (MASM, LINK, CODEVIEW) ¦74¦ und BORLAND (TASM, TLINK, TDEBUG) ¦78¦¦79¦ bestimmt.

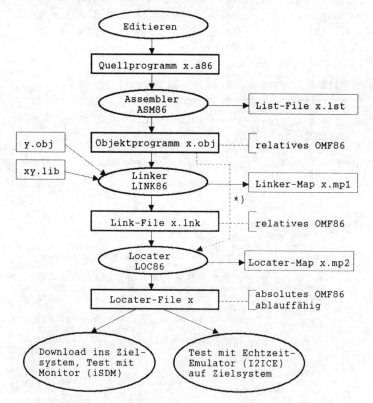

Abk.: OMF86 d.h. Object Module Format 8086 (INTEL)
Erkl.:*) ────▶ wenn Linken nicht erforderlich ist.

Bild 181   Programmentwicklung für Zielsysteme mit INTEL-Entwicklungs-Software

2.) Entwicklungssytem und Zielsystem sind getrennte Systeme. Die Entwicklungs-Software läuft meist auf einem Personal Computer, das Zielsystem ist z.b. ein Single Board Computer. Hierfür sind die INTEL-Entwicklungswerkzeuge ¦81¦ primär vorgesehen.

Bild 181 gibt eine Übersicht über den Entwicklungsablauf mit den INTEL-Tools **Assembler ASM86**, **Linker LINK86** und **Locater LOC86**. Der L i n k e r fügt mehrere getrennt übersetzte Objekt-Moduln zu e i n e r relativ adressierenden LINK-File zusammen (Multimodulare Programmierung). Häufig stammen externe Objekt-Moduln aus einer library (z.B. xy.lib, Bild 181). Mit dem L o c a t e r legt der Bediener explizit die Segmentbasen im physikalischen Speicher des Zielsystems fest. Weitere Einzelheiten sind den Hersteller-Manuals zu entnehmen ¦81¦.

6.4.3 Zu Sprüngen und Prozedurorganisation

a) **Intrasegment**-Sprünge NEAR/SHORT

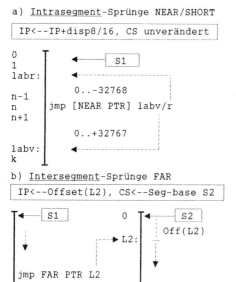

b) **Intersegment**-Sprünge FAR

Wegen der Segmentierung unterscheidet man beim 8086/8088 **Intrasegment-Sprünge vom Typ SHORT und NEAR** und **Intersegment-Sprünge vom Typ FAR**. I n t r a s e g m e n t - Sprünge (Bild 182.a) verzweigen relativ zum aktuellen Stand des Instruction Pointers IP innerhalb des laufenden Codesegments. Der SHORT-Typ, z.B. "jmp SHORT PTR lab" hat ein 8-Bit-Displacement (disp8), das

Bild 182
8086/8088-Sprungtypen

Distanzen von -128 bis +127 Bytes erlaubt. Der NEAR -Typ "jmp NEAR PTR lab" erreicht mit seinem 16-Bit-Displacement Distanzen von -32768 bis +32767 Bytes und somit jeden Platz innerhalb des a k t u e l l e n Codesegments; das Attribut NEAR PTR kann auch weggelassen werden (Standardfall).

Beispiel 54: Programmfragment mit Near- und Far-Prozedur.

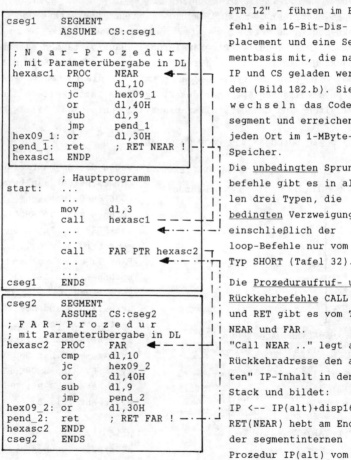

Intersegment-Sprünge - z.B. "jmp FAR PTR L2" - führen im Befehl ein 16-Bit-Displacement und eine Segmentbasis mit, die nach IP und CS geladen werden (Bild 182.b). Sie w e c h s e l n das Codesegment und erreichen jeden Ort im 1-MByte-Speicher.

Die unbedingten Sprungbefehle gibt es in allen drei Typen, die bedingten Verzweigungen einschließlich der loop-Befehle nur vom Typ SHORT (Tafel 32).

Die Prozeduraufruf- und Rückkehrbefehle CALL und RET gibt es vom Typ NEAR und FAR.

"Call NEAR .." legt als Rückkehradresse den alten" IP-Inhalt in den Stack und bildet:

IP <-- IP(alt)+disp16.

RET(NEAR) hebt am Ende der segmentinternen Prozedur IP(alt) vom

Stack ab. "Call FAR .." legt die aktuellen IP/CS-Inhalte im
Stack ab und lädt IP/CS gemäß Bild 182.b. Beim Prozedurrücksprung RET(FAR) werden die IP/CS-Inhalte aus dem Stack wieder
in die Register geladen. Bild 180 zeigt den Stackinhalt
(Übergabeparameter und Rückkehradresse) für die Beispiele 52
und 53, während die FAR-Procedure "co" abläuft.

Die 8086-Assemblersprache beinhaltet eine formale Prozedur-Deklaration mit den Direktiven PROC und ENDP, die es ermöglicht, Prozeduren mit den Attributen NEAR oder FAR zu versehen. Im Beisp. 54 ist eine einfache Routine als NEAR- und als
FAR-Prozedur mit den zugehörigen Aufrufen angegeben, die Parameterübergabe erfolgt im Register DL. Der Assembler erzeugt
selbständig den RET FAR- oder RET NEAR-Code am Prozedurende.

Durch die EXTRN-Direktive in den Beispielen 52/53 wird dem
Assembler bekanntgemacht, daß die Prozedur "co" in einem getrennt übersetzten Modul liegt. Das Attribut FAR sagt, daß
die externe Prozedur "co" in einem eigenen Codesegment liegt.
Auch in diesem Fall erzeugt der Assembler selbständig einen
"call FAR"-Operationscode. - Auf die wirkungsvolle Unterstützung der Parameterübergabe in Prozeduren durch den Base Pointer BP kann hier nur verwiesen werden ¦73¦¦74¦.

6.5 Aufbau von 16-Bit-Mikrocomputersystemen

Ausgehend von der Schaltungs- und Interfacetechnik bei den
8-Bit-Mikrocomputersystemen und den dort verwendeten Peripherie- und Speicherbausteinen (vgl. Abschn. 4 und 5) sollen
hier die Besonderheiten der 16-Bit-Systeme erläutert werden.

6.5.1 Systembus und Systemmodi

Die Mikroprozessorbausteine 8086 und 8088 sind in 40-poligen
dual-in-line-Gehäusen in HMOS- und CMOS-Technologie mit Taktfrequenzen von 5, 8 und 10 MHz verfügbar ¦64¦. Bild 183 zeigt
die Anschlußbelegung des 8086-Bausteins mit dem 16-Bit-Adres-

sen/Daten-Multiplexbus AD15-AD0 (vgl. Abschn. 2.1.2/ 2.1.3). Der 8088 hat einen 8-Bit-Multiplexbus AD7-0. Um mit einem 40-poligen Gehäuse auszukommen, werden mit Hilfe des Pins 33 zwei Systemmodi mit unterschiedlicher Pin-Belegung (Bild 183) eingeschaltet, nämlich Minimum-Modus (MN/MX-=1) und Maximum-Modus (MN/MX-=0).

Der MIN-Mode ist für Single-Prozessor-Systeme ohne Arithmetik-Koprozessor geeignet, der MAX-Mode für Multiprozessorsysteme (MULTIBUS ¦82¦) und den Anschluß von Koprozessoren (z.B. 8087 ¦64¦¦83¦). In Bild 184 ist der 8086 im MIN-Modus durch Hilfsbausteine zu

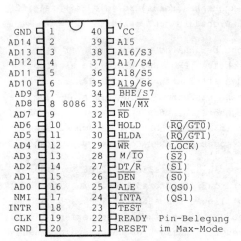

Bild 183 Anschlußbelegung des Mikroprozessors 8086 ¦61¦¦84¦

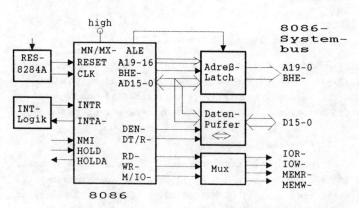

Bild 184 8086-Systemkern im MIN-Mode (Blockschaltbild)

einem Systemkern erweitert, an den Speicher und Ein-/Ausgabeeinheiten anzuschalten sind. Die Adressen A19-0 werden während eines Buszyklus in latches gespeichert, die Datenleitungen bidirektional gepuffert und die Signale RD-, WR- und M/IO- in einem **Mu**ltiple**x**er (MUX) zu den Lese-/Schreib-Steuersignalen für die isolierte Ein-/Ausgabe umgesetzt (vgl. Bild 116/ 117). Der Taktgenerator 8284A erzeugt u.a. den Prozessortakt CLK. - Im MAX-Modus des 8086/8088 generiert der <u>Bus Controller 8288</u> aus den Statussignalen S2-,S1- und S0- die Bussteuersignale gem. Bild 185. - Beschreibungen der Bausteine und Bussignale findet man in den Datenbüchern ¦61¦¦64¦.

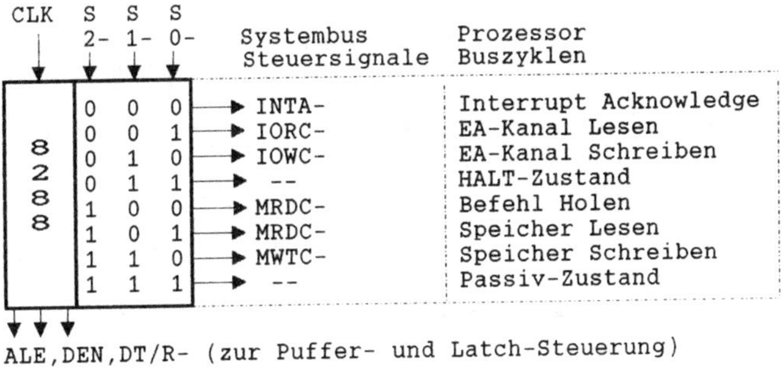

```
CLK   S  S  S
      2- 1- 0-   Systembus      Prozessor
                 Steuersignale  Buszyklen

      0  0  0 → INTA-           Interrupt Acknowledge
      0  0  1 → IORC-           EA-Kanal Lesen
  8   0  1  0 → IOWC-           EA-Kanal Schreiben
  2   0  1  1 →  --             HALT-Zustand
  8   1  0  0 → MRDC-           Befehl Holen
  8   1  0  1 → MRDC-           Speicher Lesen
      1  1  0 → MWTC-           Speicher Schreiben
      1  1  1 →  --             Passiv-Zustand
```

▼▼▼
ALE,DEN,DT/R- (zur Puffer- und Latch-Steuerung)

Bild 185 System Controller 8288 ¦61¦¦64¦ im MAX-Modus

Die im MAX-Modus freiwerdenden Prozessor-Pins (Bild 183) liefern spezielle Steuer- und Statussignale für den Koprozessorbetrieb (RQ-/GT0/1- und QS0/1) und für Multiprozessorsysteme (LOCK-). Das prinzipielle Zeit-Diagramm für Lese- und Schreibzyklen auf dem lokalen Prozessorbus zeigt Bild 186. Ein Zyklus dauert 4 Takte, er ist durch Wartetakte Tw verlängerbar.

6.5.2 Hauptspeicher am 16-Bit-Bus

Die maximale Größe des Hauptspeichers ist 1 MByte bzw. 512 K 16-Bit-Worte. Der <u>wortorganisierte</u> 16-Bit-Speicher ist aus je zwei 8-Bit-breiten Speicherbausteinen zusammengesetzt, dem

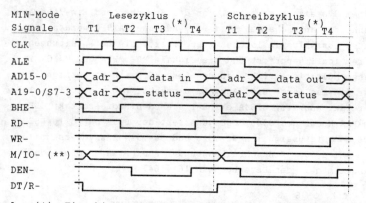

Anm: (*) Einschieben von Wartetakten Tw nach Bedarf
(**) M/IO-=high Speicherzyklus, =low Ein-/Ausgabezyklus

Bild 186 8086-Lese- und -Schreibzyklus im Minimum-Modus |61|

Low-Byte und High-Byte. Das L o w - Byte des Speichers ist mit
der niederen Bushälfte D7-0, das H i g h - Byte mit der höheren
Bushälfte D15-8 fest verbunden (Bild 187). Nach Bild 177.b
können als logische Speicheroperanden Bytes und Worte mit
* gerader Adresse (A0=0): byte even und word aligned oder
* ungerader Adresse (A0=1): byte odd und word unaligned
adressiert werden.

Abhängig von der Zugriffsbreite (Wort/Byte) und dem Adreßbit
A0 erzeugt der 8 0 8 6 zusätzlich das BHE--Signal (Byte High
Enable) nach Bild 187. Damit können im physikalischen Speicher
bei der gegebenen Schaltung Low-Byte bzw. High-Byte e i n z e l n
mit A0=low bzw. BHE-=low oder wahlweise z u s a m m e n als
Speicherwort mit A0=low und BHE-=low selektiert werden. Ein
"aligned word" (A0=0) wird in einem Speicherzyklus über beide
Datenbushälften übertragen, ein "unaligned word" (A0=1) überträgt der 8086 in zwei Zyklen: zuerst das LSB des logischen
Worts über die Bushälfte D15-8, anschließend das MSB über die
Bushälfte D7-0 (Bild 187). - Der Anschluß von Speichern an den
8088 erfolgt wie beim 8085 (vgl. Abschn. 4.2.3).

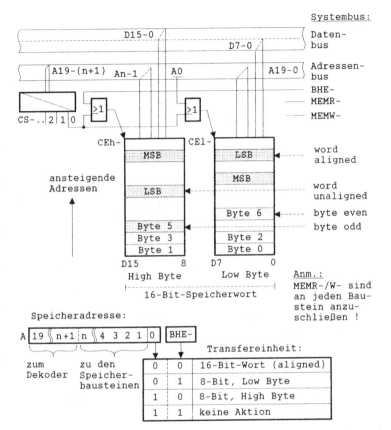

Bild 187 Schematischer Speicheranschluß am 8086-Systembus

6.5.3 Ein-/Ausgabe am 16-Bit-Bus

Bei der isolierten Ein-/Ausgabe (vgl. Abschn. 4.2.1) werden Speicherzyklen und Ein-/Ausgabezyklen durch das Signal M/IO- (beim 8086) bzw. IO/M- (beim 8088) unterschieden.
Nach Bild 188 gibt es beim 8086/8088 <u>IN-/OUT-Befehle</u> für Byte- und Wortoperanden wahlweise mit einer <u>direkten</u> 8-Bit-Ein-/Ausgabeadresse (E/A-Adresse, Port-Adresse) im Befehl oder mit

einer <u>indirekten</u> 16-Bit-E/A-Adresse im Register DX. Letztere ist während des Programmablaufs v e r ä n d e r b a r . Die Ein-/Ausgabe ist akkumulatororientiert, d.h. die B y t e - Ein-/Ausgabe geht ausschließlich über das A L - , die W o r t - Ein-/Ausgabe ausschließlich über das A X - Register.

E/A	direkt	indirekt	E/A-Raum <-> AL/AX
Byte	IN AL,port OUT port,AL	IN AL,(DX) OUT (DX),AX	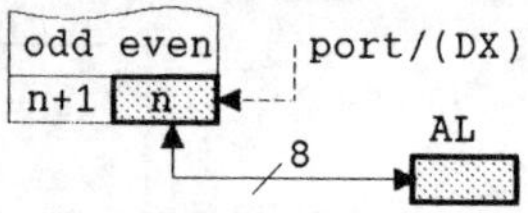 odd even port/(DX) n+1 n 8 AL

Wort	IN AX,port
	OUT port,AX
		IN AX,(DX)
		OUT (DX),AX
			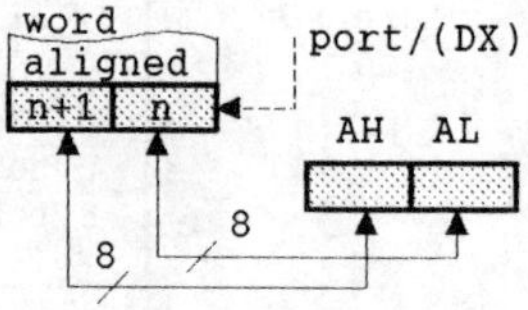 word
			aligned port/(DX)
			n+1 n
			                   AH AL
			         8 8

Bild 188   Ein-/Ausgabebefehle des 8086/8088

Der E/A-Adressenraum ist also bei direkter Adressierung <u>256 Bytes</u>, bei indirekter Adressierung <u>64 KByte</u> groß. Für 8086/-8088-Systeme, die nur die unteren Adressenleitungen A7-0 dekodieren, sind direkte u n d indirekte EA-Adressen, bei Dekodierung von A15-0 sind n u r indirekte E/A-Adressen zulässig.

In der 80x86-Familie werden die bekannten 8-Bit-Peripheriebausteine (vgl. Abschn. 5) nach Bedarf an die Low- und/oder High-Datenbushälfte angeschlossen. Ein Wortkanal wird - ähnlich wie ein Speicherwort - durch je ein Byte-Port am Low-Bus (D7-0) und am High-Bus (D15-8) mit aufeinanderfolgenden Adressen gebildet. Das "word aligned" nach Bild 188 hat eine gerade Byteadresse (A0 = 0).

Die allgemeinste Form der Peripherieanschaltung zeigt Bild 189 mit je einem 8255-Baustein am Low- und am High-Bus, wobei die Byte-Selectsignale A0 und BHE- entscheiden, ob nur e i n Baustein (Byte-E/A) oder b e i d e Bausteine Bytes übertragen (Wort-E/A). Zur Port-Auswahl innerhalb der 8255-Bausteine

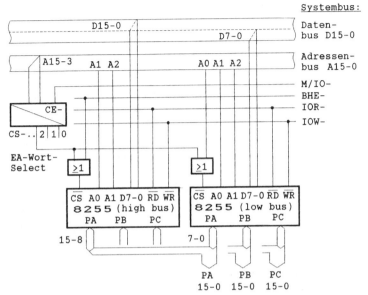

Bild 189 Gemischte Byte- und Wort-Ein-/Ausgabe am 8086-Bus

Beispiel 55: Indirekte Wort- und Byte-Ein-/Ausgabe für die E/A-Anschaltung nach Bild 189 (E/A-Adresse 200H)

```
;Initialisieren der 2*8255-Bausteine mit Wort-Ausgabe
cw8255h_l EQU  9999H         ;Steuerbytes 8255-high&low
init:     mov  ax,cw8255h_l  ;..nach AH und AL laden
          mov  dx,206H       ;Steuer-Port-Adr 8255-low
          out  (dx),ax       ;Steuer-Bytes an 8255-lo&hi

;Byte-Eingabe über A-Ports
bytein:   mov  dx,200H       ;EA-Adresse 8255-PA-low
          in   al,(dx)       ;AL <-- 8255-PA-low
          mov  dx,201H       ;EA-Adresse 8255-PA-high
          in   al,(dx)       ;AL <-- 8255-PA-high

;Wort-Ausgabe über B-Ports
wortaus:  mov  dx,202H       ;EA-Adrese 8255-PB-low
          out  (dx),ax       ;8255-PB-low (202H) <-- AL
                             ;8255-PB-high (203H) <-- AH
```

werden die Leitungen A1 und A2 verwendet. - Im Beispiel 55
wird die E/A-Konfiguration von Bild 189 mit Wort- und Byte-IN-
/OUT-Befehlen programmiert. Nimmt man die Basis-E/A-Adresse
0200H an, dann hat der

* 8255 am Low-Bus die geraden Adressen 200-202-204-206 hex.,
* 8255 am High-Bus die ungeraden Adressen 201-203-205-207 hex.

Ein Wort-Kanal PA15-0 besteht aus dem Port PA des High-Bau-
steins (E/A-Adr.: 201H) und dem Port PA des Low-Bausteins
(E/A-Adr.: 200H).

Beim 8088 findet die Wort-Ein-/Ausgabe immer in zwei Buszyklen
mit aufeinanderfolgenden E/A-Adressen statt.

6.5.4 8086/8088-Interrupt-Organisation

Die Prozessoren 8086/8088 haben zwei Interrupt-Eingänge NMI
und INTR (vgl. Bild 183). Der NMI (non maskable interrupt) ist
ein nicht sperrbarer Alarm-Eingang, INTR ist ein sperrbarer
Sammel-Interrupt-Request-Eingang, nach dessen Aktivierung (Pegeltriggerung, high active) der Prozessor eine 8-Bit-lange
Interrupt-Nr. (type) über die Datenbushälfte D7-0 von einem
externen Interrupt Controller einliest. Der Baustein 8259A
(vgl. Abschn. 2.4.4) muß im 8086-Modus initialisiert sein. Die
CPU holt mit dieser Nummer als Index aus der zentralen Interrupt-Vektor-Tabelle (IVT, Bild 190) einen Pointer (Interrupt
Vektor IV) zur Verzweigung in das zugehörige Interruptpro-
gramm. Der INTR-Eingang wird durch das Interrupt-Flag IF (vgl.
Abschn. 6.1.2) generell gesperrt bzw. freigegeben. Der Befehl
CLI löscht IF (INTR sperrt), der Befehl STI setzt IF auf "1"
(INTR freigegeben).

Nach dem Annehmen einer Interrupt-Anforderung rettet die CPU
die Register FR, CS und IP (in dieser Reihenfolge) in den
Stack und löscht IF im Flag-Register, d.h. im Interruptprogramm sind zunächst keine weiteren Unterbrechungen zugelassen.
- Am Ende des Interruptprogramms holt der Befehl IRET (interrupt return) die 3 Registerinhalte aus dem Stack in die CPU-
Register; damit springt er an die Unterbrechungsstelle zurück
und bringt IF im Flagregister wieder auf den alten Stand IF=1.

Ein Interrupt-Vektor benötigt 4 Bytes für Segmentbasis und Offset. Wegen der Höchstzahl von 256 Interrupt-Ebenen ist die Interrupt-Vektor-Tabelle (Bild 190) max. 1 KByte lang.

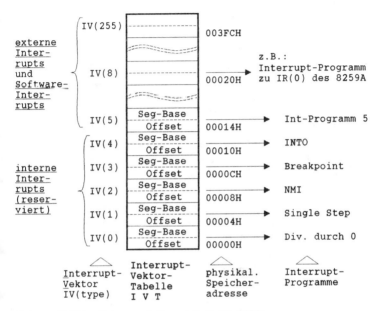

Abk.: IR(0)..Interrupt Request 0 am 8259A

Bild 190 Interrupt-Vektor-Tabelle der 8086/8088-Systeme

Die unteren 5 Interrupt-Vektoren sind für interne Interrupts belegt, die übrigen Ebenen können für externe Unterbrechungen oder für Software-Interrupts benutzt werden. Der Befehl "INT n" ruft ein Programm über den Interrupt-Vektor n auf.

Eine Interrupt-Service-Prozedur ist ähnlich wie eine FAR-Prozedur aufgebaut, sie ist jedoch stets mit dem Befehl IRET zu beenden. Zuvor ist der Interrupt-Service-Merker im Baustein 8259A mit einem End-Of-Interrupt-Steuerwort ¦61¦ zu löschen. In der IVT kann ein Pointer auf die Interrupt-Service-Prozedur mit einer DD-Direktive - "DD ispx" angelegt werden.

Literaturverzeichnis

|1| Osborne A.: An Introduction to Microcomputers.
       Berkeley 1975/1976
|2| Kobitzsch W.: Mikroprozessoren Teil 1: Grundlagen.
       München Wien 1977
|3| Blieberger u.a.: Informatik. Wien New York 1990
|4| DIN 44300: Informationsverarbeitung.
|5| Haack O.: Einführung in die Digitaltechnik.
       Stuttgart 1984
|6| DIN 66003: Informationsverarbeitung 7-Bit-Code
|7| Makroassembler Programmiersprache 8080/8085.SIEMENS 1981
|8| Wilkes M.V.: The best way to design an automatic
       calculating machine. Manchester University
       Computer Conference 1951
|9| Wendt S.: Zur Systematik von Mikroprogrammwerksstrukturen. Elektronische Rechenanlagen, Nr.1 (1971)
|10| Schmidt V.: Digitalschaltungen mit Mikroprozessoren.
       Stuttgart 1981
|11| Hoffmann R.: Rechenwerke und Mikroprogrammierung.
       München Wien 1977
|12| MCS-80/85 Family User's Manual. INTEL Corporation.
       Santa Clara 1977
|13| Mikrocomputer-Bausteine Mikroprozessor-System 8085.
       SIEMENS Datenbuch 1980/81
|14| Kästner H.: Architektur und Organisation digitaler
       Rechenanlagen. Stuttgart 1978
|15| Peripheral Design Handbook. INTEL Corporation 1979
|16| Mikrocomputer-Bausteine Peripherie.
       SIEMENS Datenbuch 1979/80
|17| Haas D.: Universeller Peripherie-Controller (UPI) ersetzt spezielle Peripherie-Bausteine in Mikrocomputersystemen. German Chapter of the ACM 1977
|18| Floppy Disk Controller 279X. WESTERN DIGITAL

|19| Parker R.O./Kroeger J.H.: Algorithm Details for the Am 9511 Arithmetic Processing Unit. ADVANCED MICRO DEVICES 1978
|20| Bundschuh, Sokolowsky: Rechnerstrukturen und Rechnerarchitekturen. Braunschweig Wiesbaden 1988
|21| DIN 66000: Mathematische Zeichen der Schaltalgebra.
|22| DIN 66001: Informationsverarbeitung. Sinnbilder für Datenfluß- und Programmablaufpläne.
|23| Singer F.: Programmieren in der Praxis. Stuttgart 1980
|24| WORD-Handbuch. MICROSOFT 1989, 1991
|25| Birck H./Swik R.: Mikroprozessoren und Mikrorechner. München Wien 1980
|26| MCS-86 User's Manual. INTEL Corporation 1979
|27| PL/M-Programmiersprache. SIEMENS Datenbuch 1980/1981
|28| Gößler R.: Entwicklungshilfsmittel für die Mikrocomputer Programmierung. ELEKTRONIK, Heft 5 (1977)
|29| Ebersmann H.: Neue Wege in der Mikrocomputer-Entwicklung. ELEKTRONIK, Heft 7 (1981)
|30| Lichte/Harbers: UNIX unterstützt Mikrocomputer-Entwicklungssystem. ELEKTRONIK, Heft 26 (1982)
|31| An Introduction to CP/M Features and Facilities. und CP/M 2 User's Guide. DIGITAL RESEARCH, 1978/79
|32| Einführung Siemens Mikrocomputer Entwicklungssystem. SIEMENS, München
|33| SME ISIS II 8080/8085 Makroassembler Bedienungsanleitung. SIEMENS, München
|34| SMP-MON2, Technische Beschreibung des Monitorprogramms für die Zentraleinheit SMP-E2/E3. SIEMENS, 1980
|35| Kreidl J.: Arbeitsweise von Debug-Programmen. ELEKTRONIK, Heft 6 (1977)
|36| SDK-85 System Design Kit, User's Manual. INTEL 1978
|37| ISIS II 8080/8085 Tabellenheft (SME). SIEMENS 1980
|38| INTELLEC Serie II, MDS Hardware Reference Manual. INTEL 1979/80
|39| ISIS II Betriebssystem, Bedienungsanleitung. SIEMENS 1981
|40| AEDIT-86 TEXT EDITOR User's Guide. INTEL 1983/1984

|41| ICE-85 In Circuit Emulator, Operating Instructions for ISIS II Users. INTEL 1981
|42| MCS-8051 User's Manual. INTEL
|43| iSBC 80/24 Single Board Computer Hardware Reference Manual. INTEL Corporation 1980
|44| Mikrocomputer-Baugruppensystem SMP, Systemübersicht. SIEMENS 1983
|45| Application Note AP 28A: MULTIBUS Interfacing. INTEL Corporation 1980
|46| Maurer G.: Entwicklung und Test eines 8085 Single Board Computers. Diplomarbeit an der FH Ulm, 1983
|47| Lesea A./Zaks R.: Mikroprozessor Interface Techniken. Sybex 1979
|48| DIN 66202: Schnittstelle für periphere Einheiten in digitalen Rechnersystemen.
|49| Kafka G.: Einführung in die Datenfernverarbeitung. ELEKTRONIK-Sonderheft 1982
|50| V.24/V.28-Schnittstellennorm. CCITT 1964/68/72
|51| RS-232 C-Standard. EIA 1969
|52| DIN 66020: Anforderungen an die Schnittstelle bei Übergabe bipolarer Datensignale. 1974
|53| Böning W.: ADMA, ein fortschrittlicher DMA-Controller für 16-Bit-Mikrocomputersysteme. SIEMENS Components Heft 2 (1983)
|54| Component Data Catalog. INTEL Corporation 1983
|55| Technical Manual Printer Model 702. CENTRONICS 1978
|56| Matrixdrucker MT 110/MT 120, Bedienungsanleitung. MANNESMANN TALLY 1982
|57| Tholl H.: Mikroprozessortechnik. Stuttgart 1982
|58| Fortschritte bei Halbleiterspeichern: ..64K, 128K, 256K.. Elektronik Entwicklung, Heft 12 (1983)
|59| Programmierbarer Multifunktionsbaustein SAB 8256A MUART. SIEMENS 1982
|60| Siemens-Mikrocomputer-Entwicklungssystem Serie-IV. SIEMENS 1983
|61| Microprocessors Datenbuch. INTEL 1987, 1990

|62| MSM80C85 Datenblatt. OKI Semiconductor 1987
|63| Memory Components Handbook. INTEL 1986
|64| iAPX 86/88, 186/188 User's Manual Hardware Reference.
   INTEL 1985
|65| iAPX86,88,186 and 188 User's Manual. INTEL 1983
|66| Giloi W.K.: Rechnerarchitektur.
   Berlin Heidelberg New York 1981
|67| Disk Operating System V3.1. MICROSOFT 1985
|68| ASM86 Language Reference Manual. INTEL 1981/1982/1983
|69| I²ICE Integrated Instrumentation and In-Circuit Emulation
   System Reference Manual. INTEL 1983/1984
|70| iRMX86 Programmers Reference Manual. INTEL 1984
|71| 16-Bit Embedded Controllers. INTEL 1991
|72| Langholz u.a.: Elements of Computer Organisation.
   Prentice Hall 1989
|73| Thies K.-D.: Die ASM86/286 Makroassembler. München 1986
|74| MICROSOFT Programmer's Guide: Macro Assembler 5.1. 1987
|75| Dieterich E.-W.: Turbo Assembler. München Wien 1991
|76| MICROSOFT Macro Assembler 5.1 Reference. 1987
|77| Scanlon: Die Assemblersprache des IBM PC&XT.
   Markt und Technik, Haar/München 1986
|78| Turbo Assembler 2.0 Reference. BORLAND 1991
|79| Turbo Assembler 2.0 Benutzerhandbuch. BORLAND 1991
|80| iSDM System Debug Monitor User's Guide. INTEL 1987
|81| iAPX 86,88 Family Utilities User's Guide. INTEL 1981
|82| Multibus Specification. INTEL 1983
|83| 8086-Family User's Manual, Numeric Supplement. INTEL 1980
|84| 8086 System Design Application Note AP67. INTEL 1979

IEC : International Electrotechnical Comission
IEEE: Institute of Electronic and Electrical Engineers
ACII : American Standard Code for Information Interchange
ISO : International Standardization Organisation
CTTT : Comité Consultatif International Télégraphique et
   Téléphonique

Sachverzeichnis

ALE 103
Ablaufdiagramm 76 ff.
Ablaufsteuerung 49
Addition 66, 129
-, mehrfachlang 71
Adreßbus 35
Adreßraum 38, 226
Adreßpegel 86
Adreß-/Datenbus 102
Adreßregister 47, 49
Adresse 27, 30
-, effektive 331 ff.
-, logische 323
-, physikalische 323, 329
-, symbolische 83, 84
Adressierung 328 ff.
-, anonyme 342 f.
-, namentliche 342 f.
Adressierungsarten 331 ff.
Adressierungsverfahren 54 ff.
AEDIT 208
Akkumulator 48, 318
ALU 46, 47, 92, 317
Analog-Digitalwandler 267 ff.
Analog-Eingabe 266 ff.
Anschlußbelegung 91, 352
Arithmetikprozessor 64, 352
Arithmetikbefehle 124 ff.
ASCII-Code 23, 25
Assembler
-, befehle 82 ff., 340 ff.
-, sprache 80 ff., 348 ff.
-, anweisung 84 ff.
-, notation 29, 82
Assemblierung 29, 81, 87
Assume-Direktive 343 f.
Asynchronübertragung 299 ff.
Attribute 349 f.
Aufwärtskompatibilität 314
Ausführungszeit 97, 148 f.
Ausführungseinheit 315
Auswahlsignal 43, 62, 227 ff.

Base Pointer 326 f.
Baudrate 261
Baugruppe 224
Bausteinauswahl 230 ff.

BCD-Zahl 21, 23
BCD-Zahlen-Addition 152 ff.
Befehle 29, 328, 338
Befehlsablauf 53
Befehlsfamilien 28
Befehlsformat 30, 329 f.
Befehlsliste 115 ff., 338 ff.
Befehlspuffer 315
Befehlsregister 48, 49, 95
Befehlszähler 48, 49, 94
Befehlszyklus 51 ff., 107 ff.
Betriebssystem 202 ff.
BHE\-Signal 354 f.
Bibliothek 203
Binärwort 12
Binärzeichen 11 f.
Binärziffern 13
Bit 11
Bit-Set/Reset 282 ff.
Blockschaltbild 92, 316
Block-Ein-/Ausgabe 274 ff.
Borger 67
Bus 34, 35, 100 ff.
-, synchron 105
-, asynchron 106
bus interface unit 315
Buszyklus 35, 100 ff., 354
Bus-Zuteilung 36
Byte 12

carriage return 27
carry (CY) 66, 69
carry flag 94, 318
CCITT-Nr.5 24
CENTRONICS 91 ff.
chip enable 43, 62, 227 ff.
CMOS 39 ff.
control bus 36, 100 ff.
CISC 312
controller
-, embedded 314
-, interrupt 358
-, system 353
control register 62 f.
control word 63, 281
CPU 34

-, 8085 90 ff.
-, 8086, 8088 352 ff.
cross assembler 180
cursor 24, 209

Daten 32 f.
Datenbus 35, 100, 352, 355
Datenendeinrichtung (DEE) 258
Datensegment 324
Datensichtgerät 27
Datenübertragung 257
-, asynchron 261 ff.
-, synchron 261 ff.
Datei 178, 182
Dateinamen 205 ff.
Dekodierung 227 ff.
Dezimalkorrektur 23
Dezimal-Dual-Umwandlung 14
Dezimaltastatur 31
Digital-Ein-/Ausgabe 250 ff.
directory 207
Direktive 340 ff.
Disassembler 195
Diskette 206 f.
displacement 330 ff.
Division 72 ff.
Divisionsmethode 14
DMA 33, 274 ff.
DOS 200 ff.
DTE-Modus 259
Dual-Dezimal-Umwandlung 13
Dualzahl 13, 16

Echtzeit-Test 210 ff.
Echtzeit-Emulation 182, 210
Echtzeit-Testadapter 201, 210
Editor 178, 208 ff.
EEPROM-Baustein 40 ff.
Einadreßbefehl 54, 328
Ein-Segment-Programm 347
Ein-/Ausgabe
-, bitseriell 110 f., 256 ff.
-, interruptgesteuert 270 ff.
-, isoliert 225 f.
-, parallel 250 ff.
-, programmiert 265 ff.
-, speicherbezogen 225 f.

-, 8255 277 ff.
-, wortweise 355 ff.
Ein-/Ausgabeadresse
-, direkt 62, 226 ff., 355 f.
-, indirekt 355 f.
Ein-/Ausgabebaustein 60, 62, 277, 295
Ein-/Ausgabeschaltung 231,357
Ein-Platinen-Mikrocomputer 222
Einzelbefehlsmodus 194, 320
Einzelbitverarbeitung 131,136
Emulator 179, 182, 210 ff., 213, 247
Entwicklungssystem 180, 199
Entprellung 253
EPROM-Baustein 40 f.
Ergänzungseinheit 64
execution unit 315
EXTRN-Direktive 351

Festpunktarithmetik 66 ff.
Festpunktzahlen 13 ff.
Festwertspeicher 33, 39
flags 95, 320
flag-Register 48, 94, 318
floppy disk 201
Flußdiagramm 76 ff.
Funktionseinheit 33, 34, 315

Grundtakt 96, 351

Halbleiterspeicher 39 ff.
Haltepunkt 193, 197
Haltezeit 45
Handshake-Schnittstelle 254
-, 8255 286 ff.
Hauptprogramm 169 f.
Hauptspeicher 32, 37 ff.
-, 16-Bit 353 ff.
Hexadezimalzahl 21 f., 184
Hold-Anforderung 101, 275 f.

in circuit emulator 201, 210
Index 22

In port 63

Indizierung 336 f.
Information 11
input/output 59 ff., 249 ff.
input/output address 62
input/output port 34
input/output channel (IOC) 34
instruction fetch 53, 98
Instruction Pointer 318
Interface 249 ff.
Interface-Baustein 61
Interrupt
8259 -, controller 174 ff., 358
-, Eingang 162 ff., 358
-, Flag 318, 320, 358
-, Maske 160, 165
-, Register 94
-, Routine 167 ff., 359
-, Steuerung 64 f., 158
-, Verschachtelung 160
-, Vektor 358 f.
-, Vektor Tabelle 358 f.
ISO-7-Bit-Code 24
isolated IO 225 f.

Kaltstart 51 f., 325
Kanal 62
Kommentar 84
Kompatibilität 314
Komplement 17 ff.

label 83
Ladenwaage 31
Laufpriorität 162
LED-Anzeige 281
Leitwerk 46
Lesezyklus 39, 43 f., 103 f.
LIFO-Prinzip 112
Linienstrom-Schnittstelle 263
linker 178, 348 f.
list-Datei 183
listing 87, 171 ff., 183 ff.
locater 178, 348 f.
Logikbefehle 130 ff.
LSB 15, 303

Manipulation von Einzelbits 136
Makro 204 f.
mapping 211, 217
Marke 83
Markenfeld 83, 85
Maschinencode 29
Maschinenzyklus 95 ff.
Matrixdrucker 201
Maximum-Modus 352 f.
Mehrebenen-Interrupt 175, 358
Mehrplatinensystem 223, 228
Mikrocomputer 32 ff., 218 ff.
   351 ff.
Mikroprozessor 32 ff., 46,
-, 8085 90 ff.
-, 8086, 8088 312 ff.
Minimum-Modus 352 f.
Mnemonik 28 f., 83, 115 ff.
Monitor 179, 190 ff.
Monitorprogramm 179, 190 ff.,
   202, 345 ff.
MSB 15, 19, 303
MULTIBUS 37, 352
Multifunktionsbausteine 235
Multi-Mikrosysteme 36
Multi-Segment-Programm 346
Multiplex-Bus 102, 352 ff.
Multiplex-Ansteuerung 283 ff.
Multiplikation 16, 72
memory mapped I/O 225, 226

Name 83,
NMI 358
NMOS 39

Objektcode 80 f., 182 f., 327
Objektdatei 182 f., 348
Offset 322 f.
Oktalzahl 20 f.
Operand 27, 54
-, immediate 328 ff.
-, Register 328 ff.
-, Speicher 328 ff.
Operanden-/Adressenfeld 83
Operator 341 ff.
Operationscode 29 f., 83, 320
overflow 9, 318, 320 f.

Out port 63

Parallel-Ein-/Ausgabe 250 ff.
-, 8255 277 ff.
-, 16-Bit 357
Parameterübergabe 155 ff.,
    199, 350
parity bit 24
Peripheriegerät 59 ff.
PE (periphere Einheit) 32 f.,
    34, 60, 249
Personal Computer 181, 277
pipelining 315 f.
pointer 322 f.
polling 159, 265 ff.
port 62
Priorität 161, 162, 177
Problemanalyse 76
Programm-Ablaufplan 76 ff.
Programmdokumentation 84
Programmentwicklung 88,
    178 ff., 348
Programmiermodell 93, 316 f.
Programmliste 87, 171 ff.
Programmschleife 140 ff., 346
Programm-Statuswort 94
Programm-Unterbrechung
    158 ff., 358
Programmiergerät 201
Programmiersprache 89
PROM 40 f.
Prozedur 350 f.
Prozeßperipherie 59
Pseudobefehl 84 ff.
Pseudotetraden 21 f.
PVAM 322

Quellprogramm 80 f., 182 ff.
    346 f.

RAM 33, 43
-, dynamisch 39, 41
-, statisch 39, 41
real mode 322 ff.
Rechenwerk 46 ff., 92
re-entrant 157
Referenzversion
-, deutsch 25 f.
-, international 25 f.

Referenz
-, vorwärts 344
-. rückwärts 344
Register 15, 91 ff.
-, universelle 318 ff.
-, Zeiger-, 318 ff
-, Index-, 318 ff.
-, Basis-, 318 ff
Registeradresse 29 f.
Registeradressierung 55
Registerpaar 15, 91 ff.
Restart-Eingänge 163 ff.
ROM 33, 39, 41
Rotierbefehle 131 ff.
RS 232-Schnittstelle 257 ff.
Rückkehrbefehle 142 ff., 350
Rücksetzvorgang 51 f., 325

Schaltwerk 50
Schnittstelle
-, parallel 64
-, seriell 64
Schnittstellen-Umsetzung 241
Schreib-/Lesespeicher 39, 43
Schreibzyklus 39, 43, 45, 104
Segment 322 ff.
-, attribut 342
-, basis 322 ff.
-, definition 341 ff.
-, direktiven 341 f.
-, typen 324
Segmentierung 321 ff.,
    341 ff.
Segment Override Prefix
    326 f., 344
Shift-Befehle 131 ff.
Siebensegmentanzeige 283 ff.
Siebensegmentcode 284 ff.
Signal-Zeitdiagramm 44, 177
single chip-Mikrocomputer 90,
    221 f., 314
single step 194, 198, 320
Sonderbefehle 150 ff.
Source-Datei 183
Speicher 32, 38, 39
-, peripherer 32, 59
Speicheradresse 38
-, physikalische 323

-, logische 322
Speicheradressierung 56 ff.
-, indirekt 56, 331 f.
-, indiziert 58, 331 f.
Speicheranschluß 355
Speicherplan 81
Speicherwort 38, 335
Speicherzyklus 39
Sprungbefehle 137 ff.
-, Intersegment- 349
-, Intrasegment- 349
Stack 111 ff., 345
Stacksegment 343
Stackpointer 94, 318 ff.
Start-Stop-Betrieb 264
Statusbit 271
Statusbyte 63
-, 8255 289, 291
-, 8251A 298
Status-Flag 95, 318, 320
Steuerbus 35 f.
Steuerwort 63, 281
Steuerzeichen 24 ff.
Steuerungsbefehle 150 ff.
Struktogramm 89
Subtraktion 67, 71, 125
Symbol-Querverweis 187, 190
Symboltabelle 87, 187
Systembus 35, 100 ff., 351 ff.
Systembuszyklus 96, 354
Systemmodi 351 f.

Takt 96
Text-Editor 178, 208 ff..
top down design 76
tracer 179, 210
Transferbefehle 119 ff.
trap 167

Überlauf 67, 69 f., 318 ff.
Übertrag 66 f., 69, 318 ff.
Universalregister 92 f., 318
Unterbrechungs-
-, eingang 162 ff.
-, maske 160, 165
-, quittung 99

-, programm 167 ff.
-, system 64 f., 158 ff
-, Steuerbaustein 174 ff.
Unterprogramm 113, 147 f., 154 ff., 350
Unterprogrammbefehle 142, 350
Urladevorgang 201
UART/USART-Baustein 295 ff.
utility 199

V.24-Schnittstelle 257 ff.
V.28-Norm 260
Vektoradresse 162, 175
Vergleichsbefehle 131 ff.
Verschiebebefehle 131 ff.
Virtuelle Adresse 55
VME-Bus 37
Vorzeichen 17
Vorzeichen-Betragszahl 17

Warmstartroutine 197
Wartetakt 106, 109, 353
watch dog 270
Winchester disk 201
word
-, aligned 355 f.
-, unaligned 355 f.
Wort 12
Wortlänge 12, 312

X-ON/X-OFF-Protokoll 27

Zählschleife 148, 149
Zahlendarstellung 13 ff.
Zahlenbereich 15, 17, 19 f.
Zahlenkomplement 17 ff.
Zahlenring 19
Zeitgeber-Baustein 301 ff.
Zeitmultiplexverfahren 285
Zielsystem 179 ff.
Zonenteil 24
Zugriff
-, sequentiell 39
-, wahlfrei 39

Zeitverzögerung (Programm) 148